高等教育"十四五"规划教材

无人机基础概论

主　编　马国利
副主编　石领先　张　鑫　马玉猛　韩孝强

西北工业大学出版社

西安

【内容简介】 本书主要内容包括无人机基本知识、无人机结构、无人机系统、无人机空气动力学与飞行原理、航空气象、无人机管理体系与法律法规以及无人机应用技术等。本书内容覆盖面广,由浅入深,循序渐进,语言简练,系统介绍无人机的基础知识、原理以及应用方法、技术等。

　　本书可作为高等学校无人机专业学生的专业基础课程教材,也可供无人机爱好者和无人机从业人员阅读、参考。

图书在版编目(CIP)数据

　　无人机基础概论/马国利主编 . —西安:西北工业大学出版社,2021.1(2025.9 重印)
　　ISBN 978 - 7 - 5612 - 7434 - 7

　　Ⅰ.①无… Ⅱ.①马… Ⅲ.①无人驾驶飞机-概论
Ⅳ.①V279

　　中国版本图书馆 CIP 数据核字(2020)第 235296 号

WURENJI JICHU GAILUN

无 人 机 基 础 概 论

责任编辑:朱辰浩		策划编辑:杨　军	
责任校对:李阿盟　王　尧		装帧设计:李　飞	
出版发行:西北工业大学出版社			
通信地址:西安市友谊西路 127 号		邮编:710072	
电　　话:(029)88491757,88493844			
网　　址:www.nwpup.com			
印 刷 者:兴平市博闻印务有限公司			
开　　本:787 mm×1 092 mm		1/16	
印　　张:12.5			
字　　数:325 千字			
版　　次:2021 年 1 月第 1 版		2025 年 9 月第 6 次印刷	
定　　价:46.00 元			

如有印装问题请与出版社联系调换

前　言

　　无人驾驶航空器简称"无人机"。与有人驾驶飞机相比,无人机往往更适合那些人们不易执行或者危险性较高的任务。无人机最早在 20 世纪 20 年代出现。战争促进了科技的发展,无人机也应运而生。1914 年第一次世界大战正进行得如火如荼,英国的卡德尔和皮切尔两位将军提议研制一种不用人驾驶,而用无线电操纵的小型飞机。随着时间推移和科技发展,无人机的技术也在逐渐成熟,直至 1982 年以色列首创无人机与有人机协同作战,无人机才重回大家的视线,同时无人机在海湾战争中大放异彩也引起了各国军事高层的重视,开启了无人机真正的发展之路。进入 21 世纪,随着轻型复合材料的广泛应用,卫星定位系统的成熟,电子与无线电控制技术的改进,尤其是多旋翼无人机结构的出现,整个无人机行业进入快速发展阶段。

　　无人机按应用领域,可分为军用与民用。军用方面,无人机分为侦察机和靶机;民用方面,无人机在不同行业领域的应用,是无人机真正的刚需,目前在航拍、农业、植保、微型自拍、快递运输、灾难救援、观察野生动物、监控传染病、测绘、新闻报道、电力巡检、救灾、影视拍摄和制造浪漫等领域的应用,大大地拓展了无人机本身的用途,发达国家也在积极扩展行业应用与发展无人机技术。

　　本书分为 7 章:第 1 章绪论,介绍无人机的定义、分类,航模与无人机的区别,发展历程和现状;第 2 章无人机结构,介绍固定翼、直升机、旋翼机和非常规布局无人机的结构,直升机部分介绍其气动结构和旋翼头的结构;第 3 章无人机系统,介绍动力系统、飞控系统、舵机、传感器、遥控器、数据链系统、导航系统和地面站系统;第 4 章无人机空气动力学与飞行原理,介绍空气环境与物理性质,气流特性,固定翼、直升机、旋翼机飞行原理;第 5 章航空气象,介绍大气成分及基本要素,常规天气,气象环境对飞行的影响,气象资料及其来源与服务设施;第 6 章无人机管理系统和法律法规,介绍无人机国际航空条例和国内航空管理条例;第 7 章无人机应用技术,介绍无人机植保、航拍、巡检和测绘技术。

　　本书由马国利主编,各章撰写安排如下:张鑫负责第 1,6 章,石领先负责第 3,4 章,马玉猛负责第 5 章,韩孝强负责第 7 章,马国利负责第 2 章。本书在借鉴同类无人机教材的基础上,根据近几年的教学经验,不断调整、更新、扩充、完善后修订而成。杜玉杰教授对本书提出了修改意见,陈立刚教授在本书的编写过程中提供了大力支持,在此表示感谢! 书中参考和借鉴了众多国内外文献资料,在此对其作者表示衷心的感谢!

　　本书涉及力学、材料、控制理论、电子信息和先进制造等众多学科领域,鉴于笔者水平有限,书中难免有不足之处,恳请各位专家、同行和读者给予批评指正,在此谨表谢意。

编　者

2020 年 6 月 10 日

目　　录

第1章 绪 论

内容提示

无人机经历了长久的发展,随着相关领域科技的发展,现阶段无人机产业正处于飞速发展的时期,无人机得到了越来越广泛的应用,在新闻、快递、农业和巡检等各个领域的应用都得到了巨大的发展。本章主要介绍无人机的基本概念、无人机的分类、无人机与航模的区别和无人机发展现状与应用。

教学要求

(1)掌握无人机相关基本概念,了解无人机的分类;
(2)了解无人机发展现状和基本应用。

内容框架

```
                              ┌── 相关概念
               ┌─ 无人机基本知识 ─┤
               │              └── 无人机的特点
               │
               │              ┌── 按照用途分类
               ├─ 无人机分类 ──┤
               │              └── 按照飞机平台构型分类
      绪论 ────┤
               ├─ 航模与无人机 ──── 主要区别
               │
               │                  ┌── 国外无人机发展
               │                  ├── 国内无人机发展
               └─ 无人机的发展历程和现状 ─┤
                                  ├── 无人机应用现状
                                  └── 未来发展方向预测
```

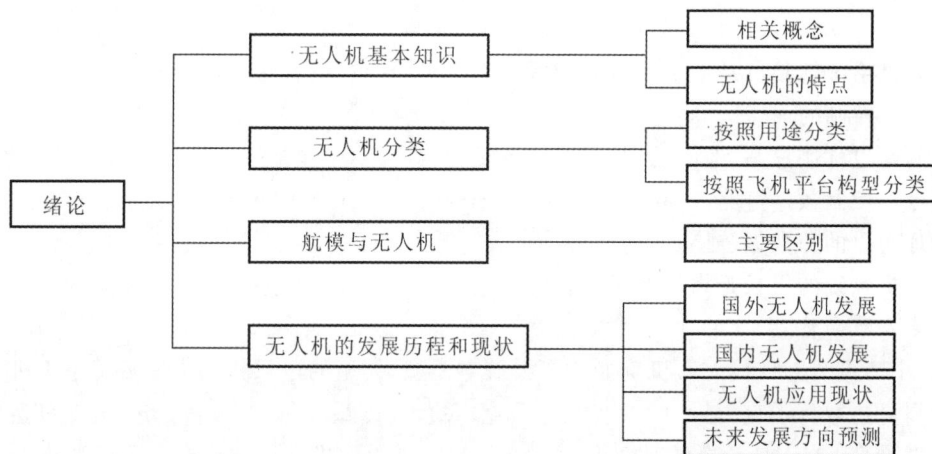

1.1 无人机基本知识

1.相关概念

中国民用航空局飞行标准司在 2016 年 7 月 11 日颁布的《民用无人机驾驶员管理规定》(AC‑61‑FS‑2016‑20‑R1),对无人机及其相关概念作了定义。

无人机的全称是无人驾驶飞机,从广义上讲有翼导弹也可以算一种无人驾驶飞机,但本书所提及的主要是指没有驾驶员的飞机。

无人驾驶航空器(Unmanned Aircraft,UA)是一架由遥控站管理(包括远程操纵或自主飞行)的航空器,也称遥控驾驶航空器(Remotely Piloted Aircraft,RPA),以下简称无人机。

无人机系统(Unmanned Aircraft System,UAS),也称无人驾驶航空器系统,是指一架无人机、相关的遥控站、所需的指令与控制数据链路以及批准的型号设计规定的任何其他部件组成的系统,也称远程驾驶航空器系统(Remotely Piloted Aircraft Systems,RPAS)。一种典型的无人机系统如图1-1所示。

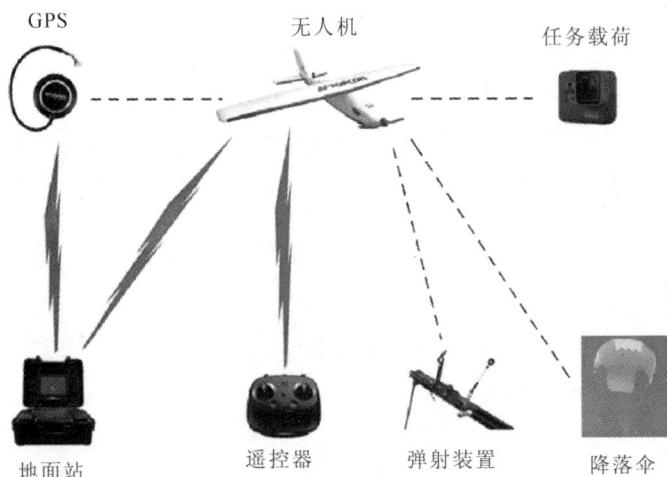

图1-1 一种典型的无人机系统

无人机系统驾驶员是指由运营人指派对无人机的运行负有必不可少职责并在飞行期间适时操纵飞行控制的人。

控制站也称遥控站、地面站,是无人机系统的组成部分,包括用于操纵无人机的设备。

指令与控制数据链路(Command and Control Data Link,C2)是指无人机和控制站之间以飞行管理为目的的数据链接。

无人机系统的机长是指在系统运行时间内负责整个无人机系统运行和安全的驾驶员。

2.无人机的特点

(1)小巧灵活。现代无人机犹如一个大航空模型,大型的也只相当于一般的小飞机。任务载重最高可达数百千克,最小的只有数十千克;飞行高度最高可达30 000 m,最低可达30 m;飞行速度最高4Ma;最长巡航时间可达20 h。它能承受的机动过载比有人飞机高一倍。

(2)成本低廉。由于机上没有驾驶员,省去了有人驾驶飞机上的许多昂贵系统以及整个驾驶舱,同时结构设计所需的安全系数比有人驾驶飞机小得多,所以可采用廉价、轻巧的结构材料和积木式组装。从寿命上考虑也不需要太昂贵的长寿命的发动机。无人机的操纵人员培训费用和使用费用也比有人驾驶飞机低得多。

(3)易于"隐形"。与有人驾驶飞机相比,无人机的机身小,若适当设计机体形状,尽可能采用非金属材料,可使无人机反射雷达电波的能力大大减弱,而不易被敌方雷达发现。无人机的发动机推力小,热辐射特性弱,不易被敌方的红外制导武器跟踪;发动机加装消音器,噪声也很小。

(4)局限性(与有人机相比)。

1)无人机上没有驾驶员和机组人员,对导航系统和通信系统的依赖性更高。

2)无人机放宽了冗余性和可靠性指标,降低了飞行安全。当发生机械故障或电子故障时,无人机及机载设备可能会产生致命损伤。

3)无人机的续航时间相对较短,尤其是电动无人机。

4)无人机遥控器、地面站、图传、数传电台等设备的通信频率和地面障碍物等,限制了无人机系统的通信传输距离,限制了无人机的飞行范围。

5)无人机的体积、质量和动力等,决定了无人机的抗风、抗雨能力有限。

1.2　无人机分类

无人机用途广泛,种类繁多,因此无人机的分类非常复杂,通常根据不同需要,从以下几方面进行分类。

1.2.1　按照用途分类

1. 军用无人机

军用无人机根据实际用途不同,又分为侦察无人机、诱饵无人机、电子对抗无人机、通信中继无人机、无人战斗机及靶机等。目前超过 70% 的无人机应用于军事用途。

在 1939 年 9 月 1 日爆发的第二次世界大战中,无人机开始真正投入战场。在无人机军事领域,纳粹德国有相当建树,如 1943 年 7 月击沉"罗马"号战列舰的无线电遥控炸弹"弗里茨 X(Fritz X)",大名鼎鼎的 V-1 导弹,翼展 6 m,长约 7.9 m,能够携带 850 kg 炸药以 600 km/h 的速度飞行 200 km,以及后来更为"卓越"的 V-2 导弹。

电影《战狼 2》中的人脸识别无人机"大出风头"。从空中武器的"展示"来看,影片中最精彩的就是雇佣军利用基于人脸识别的无人机手控追踪、射击影片主角一行,并一度给他们造成了很多麻烦。雇佣军更使用无人机潜入工厂,利用图像采集和传输获取了工厂里的实时情况。在接下来的战斗中,无人机还能搜寻目标、连续扫射,甚至携带了小型火箭弹,虽然它们的出现只是为了增强影片的视觉效果及精彩程度,但这也代表了无人机的未来趋势。

2. 民用无人机

民用无人机可分为电力巡检无人机、航拍航测无人机、植保无人机、勘探无人机及测绘无人机等。其中无人机在航拍航测、电力巡检和植保方面技术比较成熟,应用频次比较高,市场规模较大;在运输方面技术成熟度较低,但市场规模很大,有待开发。

3. 科研无人机

科研无人机主要为研究、实验、科学目的或类似用途而设计、开发。无人机提供了一个收集数据的有效方式,尤其在极地、火山、核污染和野生生物学等领域取得了重要进展。具有多年研究无人机经验的佛罗里达大学盖恩斯维尔分校的生态学家 Adam Watts 说:"无人机研制将会成为一项不可或缺的革命性技术——它们正在朝这个方向进发。"

但是,技术和法律上的障碍阻挡了无人机更广泛的应用。研究人员正试图提高无人机的自主性、操纵灵敏性和持久性。不过美国法律严格限制使用无人机的场合和方式。如果规定可以放宽(已经有了这样的迹象),将有更多数量的这类"会飞的科学机器人"在天空中大放异彩。

1.2.2 按照飞机平台构型分类

按飞行平台构型的不同,无人机可分为旋翼无人机、固定翼无人机、无人直升机、无人飞艇、伞翼无人机、扑翼无人机和混合式无人机等。

1. 旋翼无人机

旋翼无人机是一类通过多个定距桨(螺旋桨)正反旋转与转速控制提供飞行器升力与飞行器姿态调整的飞行器。这样的定义方式将使我们准确了解多旋翼无人机的旋翼结构、升力来源和姿态控制方式。

由多组动力系统组成的飞行平台,一般常见的有四旋翼、六旋翼、八旋翼……甚至更多旋翼。多旋翼机械结构非常简单,动力系统只需要电机直接连桨就行。其优点是机械简单,能垂直起降;缺点是续航时间短,载荷小。多旋翼无人机是指具有 3 个及以上旋翼轴提供升力和推进力的可垂直起降的无人机。一种典型的多旋翼无人机如图 1-2 所示。与无人直升机通过自动倾斜器、变距舵机和拉杆组件来实现桨叶的周期变距不同,多旋翼无人机的旋翼总距是固定不变的,可通过调整不同旋翼的转速来改变单轴推进力的大小,从而改变无人机的飞行姿态。其特点是结构简单、价格低廉、操作灵活、可向任意方向飞行,但有效载荷较小、续航时间较短。

图 1-2 多旋翼无人机

2. 固定翼无人机

固定翼,顾名思义,就是机翼固定不变,靠流过机翼的风提供升力。跟我们平时坐的飞机一样,固定翼无人机起飞的时候需要助跑,降落的时候必须要滑行,但这类无人机续航时间长、飞行效率高、载荷大。固定翼无人机是指由动力装置产生前进的推力或拉力,由机身固定的机翼产生升力,在大气层内飞行的重于空气的无人机。一种典型的固定翼无人机如图 1-3 所示,其特点是载荷大、续航时间长、航程远、飞行速度快、飞行高度高,但起降受场地限制、无法悬停。

图 1-3　固定翼无人机

3. 无人直升机

无人直升机是指依靠动力系统驱动一个或多个旋翼产生升力和推进力,实现垂直起落及悬停、前飞、后飞、定点回转等可控飞行的无人机。一种典型的无人直升机如图 1-4 所示。按旋翼数量和布局方式的不同,无人直升机可分为单旋翼带尾桨无人直升机、共轴式双旋翼无人直升机、纵列式双旋翼无人直升机、横列式双旋翼无人直升机和带翼式无人直升机等不同类型。

图 1-4　无人直升机

无人直升机的特点是可垂直起降、可悬停、操作灵活、可任意方向飞行,但结构复杂、故障率较高。与固定翼无人机相比,其飞行速度低、油耗高、载荷小、航程短、续航时间短。

4. 无人飞艇

无人飞艇(见图 1-5)是一种轻于空气的航空器,它与热气球最大的区别在于具有推进和控制飞行状态的装置。这类飞行器是一种理想的空中平台,无论是用来空中监视、巡逻、中继通信还是空中广告飞行、任务搭载试验、电力架线,其应用范围都是极其广泛的。

5. 伞翼无人机

一种用柔性伞翼代替刚性机翼的无人机,伞翼大部分为三角形,也有长方形的。伞翼可收叠存放,张开后利用迎面气流产生升力而升空,起飞和着陆滑跑距离短,只需百米左右的跑道,常用于运输、通信、侦察、勘探和科学考察等。

6. 扑翼无人机

这类飞行器(见图 1-6)是从鸟类或者昆虫启发而来的,具有可变形的小型翼翅。它可以利用不稳定气流的空气动力学,以及肌肉一样的驱动器代替电动机。在战场上,微型无人机,特别是昆虫式无人机,不易引起敌人的注意。即使在和平时期,微型无人机也是探测核生化污染、搜寻灾难幸存者、监视犯罪团伙的得力工具。

图 1-5　无人飞艇　　　　　　　　　　图 1-6　扑翼无人机

无人机还有其他多种分类方式,例如按照活动半径分类,按照任务高度分类,等等。

1.3　航模与无人机

航模的定义在国际航联制定的竞赛规则里具有明确规定:"航空模型(以下简称'航模')是一种重于空气的,有尺寸限制的,带有或不带有发动机的,可遥控的不能载人的航空器。"现代航模运动分为自由飞行、线操纵、无线电遥控、仿真和电动五大类。按动力方式又分为活塞发动机、喷气发动机、橡筋动力模型飞机和无动力的模型滑翔机等。航模的最大升力面积为 500 dm²(1 dm² = 0.01 m²);最大质量为 25 kg;活塞发动机最大工作容积为 250 mL。航模主要用于竞技或者玩耍。

无人驾驶飞机简称"无人机",英文缩写为"UAV",是利用无线电遥控设备和自备的程序控制装置操纵的不载人飞机。从技术角度定义可以分为固定翼无人机、无人直升机、多旋翼无人机、无人飞艇和伞翼无人机等。无人机按应用领域可分为军用与民用。军用方面,无人机分为侦察机和靶机。

航模和无人机的区别,首先是体积上,航模比较小,无人机普遍比较大;其次在用途上,无人机更偏重于实用方面,都带有特定的用途,而航模主要用于竞技以及玩耍;最后从结构上看,航模结构比较简单,一般在可视距的范围内操作,无人机更为复杂,可以远程操控。

可以从定义、飞控系统、自动控制、组成、用途和管理这六方面来梳理航模和无人机的区别,让大家从根本上区分开来。

1. 定义不同

目前我们国家对航模的定义是要求能在视距内,即飞行的距离不得超过 500 m,航空的高度不得超过 120 m,并且有尺寸限制。航模有带动力或者不带动力两种模式,而无人机完全不是这样。无人机是一种由无线电遥控设备或自身程序控制装置操纵的无人驾驶飞行器。它可以完全不用遥控器,可以通过电脑、地面站和地面电路来指挥。现在已知的无人机的最大续航时间达到了 48 h,可以飞到数千千米以外,这个是航模远远达不到的。

2. 飞控系统不同

无人机与航模飞控系统的唯一的区别在于是否有导航飞控系统,能否实现自主飞行。通俗来说,无人机通过复杂的中央飞控系统,与地面控制参数进行交互,控制飞机的姿态和机动实现自主飞行。航模虽然也是无人驾驶,但是在操纵人员的视距范围内由操控手遥控实现机动和姿态的调整。也就是无人机的本身是带了"大脑"飞行,但这个"大脑"受限于人工智能控制。但是航模的"大脑"始终是在地面,在操纵人员的手上。

3. 自动控制不同

在自动控制方面,无人机能够智能应对各种情况、要求进行任务执行,与地面站进行数据融合和任务确认,并按要求进行下一步操作。而大多数航模的自动控制只能实现失控后自动返航。

4. 组成不同

无人机的组成比航模要复杂。航模由飞行平台、动力系统和视距内遥控系统组成,主要是为了大众的观赏性,追求的是外表的逼真或是飞行优雅等,科技含量并不高。

无人机系统由飞行平台、动力系统、飞控导航系统、链路系统、任务系统和地面站等组成,主要是为了完成特定任务,追求的是系统的任务完成能力,科技含量高。其实部分高档的航模和低档的无人机在飞行平台、动力系统部分并无太大区别。

5. 用途不同

无人机多执行超视距任务,目前主要应用于军用与特种民用,最大任务半径可达上万千米。通过机载导航飞控系统自主飞行。通过链路系统上传控制指令和下传任务信息。

航模通常在目视视距范围内飞行,控制半径小于 800 m,操纵人员目视飞机,通过手中的遥控发射机操纵飞机,机上一般没有任务设备。很多无人机系统也有类似航模的能力,可以在视距内直接遥控操作。

6. 安全管理不同

在我国,航模由国家体育总局下属航空运动管理中心管理。民用无人机由民航局统一管理,军用无人机由军方统一管理。

1.4 无人机的发展历程和现状

18 世纪后期,热气球在欧洲升空,迈出了人类翱翔天空的第一步。20 世纪初期,美国莱特兄弟的"飞行者"号飞机试飞成功,开创了现代航空的新篇章。20 世纪 40 年代初期第二次世界大战时,德国成功发射大型液体火箭 V-2,把航天理论变成现实。1961 年,苏联航天员加加林乘坐"东方 1 号"宇宙飞船在最大高度为 301 km 的轨道上绕地球一周,揭开了人类载人航天器进入太空的新篇章。

无人机的起源可以追溯到第一次世界大战,1914 年,英国的两位将军提出了研制一种使用无线电操纵的小型无人驾驶飞机用来空投炸弹的建议,得到认可并开始研制。1915 年 10月,德国西门子公司成功研制了采用伺服控制装置和指令制导的滑翔炸弹。1916 年 9 月 12日,第一架无线电操纵的无人驾驶飞机在美国试飞。1917—1918 年,英国与德国先后研制成功无人遥控飞机。这些被公认为是遥控无人机的先驱。

随后,无人机被逐步应用于靶机、侦察、情报收集、跟踪、通信和诱饵等军事任务中,新时代的军用无人机很大程度上改变了军事战争和军事调动的原始形式。与军用无人机的百年历史相比,民用无人机技术要求低、更注重经济性。军用无人机技术的民用化降低了民用无人机市场的进入门槛和研发成本,使得民用无人机得以快速发展。目前,民用无人机已广泛应用于航拍、航测、农林植保、巡线巡检、防灾减灾、地质勘测、灾害监测和气象探测等领域。

未来,无人机将在智能化、微型化、长航时、超高速和隐身性等方向上发展,无人机的市场空间和应用前景非常广阔。

1.国外无人机发展

最早的无人驾驶飞机是指用无线电遥控的飞机。在 20 世纪初便有人开始研究利用无线电控制飞机的可能性。最早出现的只是用无线电遥控的飞机模型,后来出现了自动驾驶仪,才使得有可能研制出真正的无人驾驶飞机。

无人机首先是作为靶机出现的。最初空中使用的"靶标"都是拖靶——小旗或布袋,这样既不安全也不真实。于是在 20 世纪 30 年代有人把有人驾驶飞机改装一番后就成了无人驾驶的靶机。如英国的"蜂后"靶机,美国的 OQ-19、PQ-8 靶机等。第二次世界大战期间,通过改装一些现役轰炸机,美国又研制了无人轰炸机。这些无人机安装了一些必要的自动控制系统,拆卸了一些多余的自卫武器和设备。当进行远距轰炸时,先由驾驶员操纵一段时间,进入攻击区以前驾驶员跳伞离开,随即由伴航飞机遥控进行轰炸。第二次世界大战末德国也曾秘密从事无人轰炸机的研究。V-1 导弹(见图 1-7)就是当时他们的无人轰炸机。V-1 导弹外形很像一架普通飞机。它具有中单翼、平尾和垂尾,有一台脉冲式喷气发动机装在垂尾上方。虽然 V-1 导弹的命中率不高,但它是第一架完全由控制系统自动导航完成全部飞行过程的无人机。在 V-1 导弹的促进下,到了二十世纪五六十年代,无人机有了很大的发展。这时除了将一些有人驾驶飞机改装成无人驾驶飞机外,还成功地设计了一些无人靶机、无人侦察机和无人驾驶研究机。随着电子仪器的微型化,无人机在 20 世纪 70 年代进入了一个崭新的时期。无人机向着小尺寸、高精度和多用途方向发展。到目前为止无人机仍在继续研究发展。

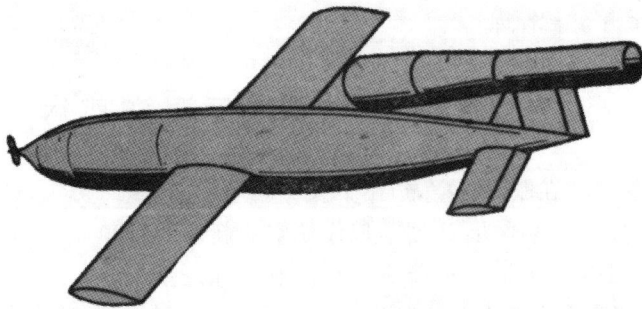

图 1-7 V-1 导弹

二十世纪八九十年代,除了美国和以色列外,其他国家的许多飞机制造公司也在从事无人机的研制与生产。西方国家中在无人机研制与生产领域占据领先位置的是美国。今天,美军有用于各指挥层次——从高级司令部到营、连长的全系列无人侦察机。许多无人机可以携带制导武器(炸弹、导弹)、目标指示和火力校射装置。最著名的是"捕食者"可复用无人机、世界上最大的无人机——"全球鹰"、"影子-200"无人机、"扫描鹰"小型无人机及"火力侦察兵"无人直升机等(见图 1-8)。

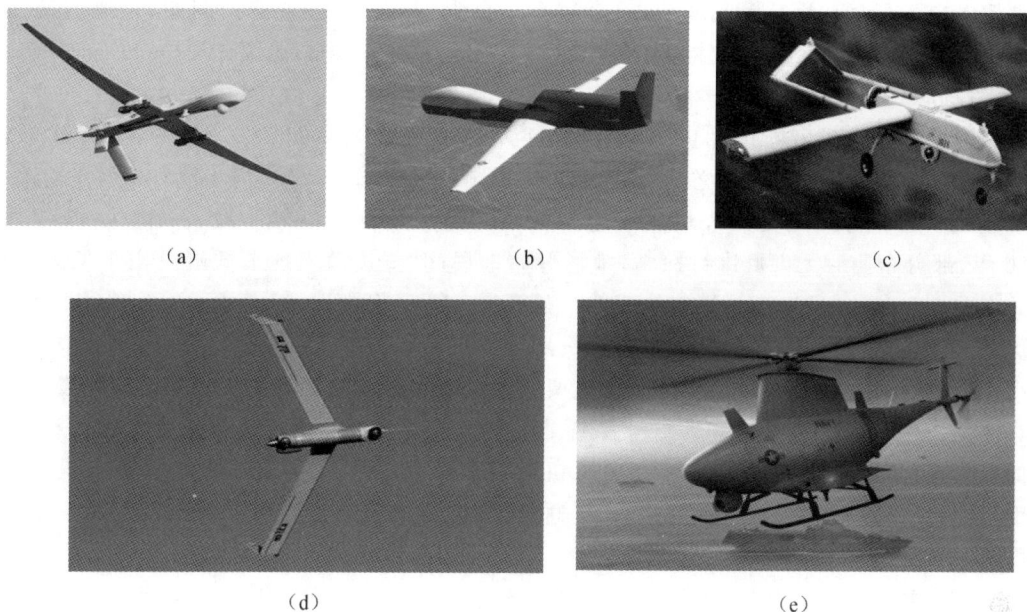

图 1-8 无人机型号
(a)美国"捕食者"无人机； (b)美国"全球鹰"无人机； (c)美国"影子-200"无人机；
(d)美国"扫描鹰"无人机； (e)美国"火力侦察兵"无人直升机

2. 国内无人机发展

从国内民用无人机的市场来看,无人机的应用需求正在逐步增加,但更多的是低端为主、实验试用为主,尚未形成稳定的市场。行业单位在加大成本控制、应用研究和市场策划的基础上,以军转民用的中端无人机系统,并提供一体化解决方案,是开拓市场较好的选择。据了解,"十二五"期间,国家环境管理对无人机航空遥感具有大量需求,目前正在参照国内外通行的"航天不足航空补"这一做法,大力发展环境保护航空无人机遥感技术,同时探索无人机航空遥感监测与卫星遥感监测、地面监测的耦合机制,推进"天-空-地"一体化的先进环境监测预警体系建设。

近年来,我国民用无人机的兴起源于两个大的产业背景:一是我国工业产业链配套的成熟,尤其在深圳,可以方便地采购到所有硬件。此外,很多企业从传统的代工开始投入研发创新。2014 年"全球创新 1 000 强"中,中国企业研发总支出达 299.6 亿美元,比上一年大增 46%,显著高于全球研发支出 1.4%的增速,而上榜的北美和欧洲企业的研发支出仅仅增长 3.4%和 2.5%,日本企业的研发支出则下降 14%。二是硬件成本曲线不断下降。随着智能手机的大规模批量生产,大部分传感器成本大幅降低,智能化进程迅速向更加小型化、低功耗的设备迈进,这为我国无人机的发展创造了强大的成本优势。例如 MEMS 惯性传感器从 2011 年开始大规模兴起,成本仅为几美元。磁罗盘从千元级别的商用设备,降到了不足 10 元的零部件。

除上述两大产业背景外,民用无人机兴起的另一个原因是制作的门槛较低。尤其是多旋翼无人机,由于结构简单,加上市场上已有开源的飞行控制系统,所以很多发烧友完全可以购买部件 DIY 自己开发制作一款简单的无人机。在上述的产业背景下,国内的民用无人机企业的创始人也大都是从玩航模起家的,只是后来选择了不同的发展方向。例如,大疆创新 2006 年成立之初是做工业级的直升机飞控,2010 年转向消费级市场;零度智控是从做工业级的固定翼飞控起家的,后来转向做多旋翼飞控。

中国民用无人机市场经历了 30 多年,从军用到民用的发展,分为三个阶段:第一阶段,20 世纪 80 年代,市场需求主要为军用、惯性组建、控制系统技术不成熟、成本高,80 年代初期,西北工业大学尝试将固定翼无人机用于地图测绘和地质勘探。第二阶段,20 世纪 90 年代至 2006 年,部分企业对无人机进行探索,市场开始向民间"渗透",出现了低端民用小型无人机。产品主要用于科研,面向市场销售的成熟产品极少。第三阶段,2007 年至今,军工企业利用技术优势开始涉足民用领域,大量民企进入民用无人机行业。专业级无人机开始走向市场,应用在灾害救援、地图测绘等领域;多旋翼无人机技术的成熟带动民用无人机市场的快速发展。

当前民用无人机行业的市场参与者主要是军工集团下属单位和科研院所、民营企业。一方面,消费级无人机市场火爆,专业级无人机市场容量大,促使专业级与消费级无人机厂商融合发展。另一方面,市场参与者增多,如金通灵、宗申动力和隆鑫通用等传统重工业上市公司借助技术优势入局专业级无人机市场;小米、腾讯等互联网公司借助资金、平台优势入局消费级无人机市场。

无人机发展的最终目标是改变人类的生活,为之带来包括品质、品味和功能上的全面提升;而目前的市场需求仍未被完全开发。无人机未来发展的大方向,是与生活的刚性需求结合,用技术服务于生活。企业在今后的发展中如何把规范、培训做好是重中之重。消费、培训、使用、售后服务、法律保障及保险理赔做成一个真正的产业链,是无人机行业今后发展的大体趋势。

与传统制造业相比,产品销售、无人机操纵人员培训等服务是民用无人机行业产业的重要环节。专业级无人机与消费级无人机的销售渠道、服务具有差异性,专业级依赖厂家直营渠道,提供数据采集服务;消费级依赖线上渠道。无人固定翼机、无人直升机市场尚未形成完善的产业链,难以实现规模效应。

3.无人机应用现状

无人机在军事方面的用途如下。

(1)用作靶机。为了训练歼击机驾驶员、高射炮兵、雷达操纵员、导弹操纵员以及鉴定各种导弹的性能,就需要有一个模拟某些性能的靶机。最有名的靶机系列是美国瑞安航空公司生产的"火蜂"系列无人机(见图 1-9),还有 ASN-12 型靶标无人机(见图 1-10)。

图 1-9 "火蜂"无人机

(2)用作侦察机。由于有人驾驶间谍飞机被击落的事件屡有发生,所以无人侦察机便应运而生了。这种侦察机大多体积小巧,机动灵活,不易被人发现,机上装备先进的摄影、摄像设备,可以完成各种侦察任务。例如西安爱生技术集团公司研制的一种小型低空低速无人侦察机——ASN-104型无人侦察机(见图1-11),以色列飞机工业公司研制的中空战术长航时无人驾驶侦察机——"搜索者"无人侦察机(见图1-12),主要用于实时监控、火炮校正、战场损伤评估和通信中继等。

图1-10　ASN-12型靶标无人机

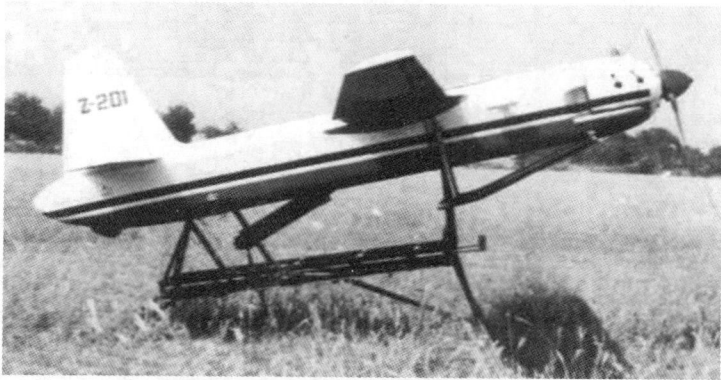

图1-11　ASN-104型无人侦察机

图1-12　"搜索者"无人侦察机

（3）用作电子对抗机。在现代战争中，电子对抗是一种十分重要的作战手段。无人机利用自身体积小、隐蔽性好的优势可以进行以下电子对抗：

1）装载主动式电子干扰机，对敌方雷达实施主动式电子干扰；

2）在空中抛撒金属箔条等干扰物，为己方作战飞机铺设安全空中走廊；

3）向敌方阵地投放电声窃听器，收集电子情报或音响情报；

4）作小型伴飞无人机，吸引火力，辅助作战飞机突防；

5）作诱饵机，诱使敌方发射地空导弹，诱骗消耗敌防空力量。

（4）用作无人作战机。这种无人机可外挂武器装备，由人遥控发射，发射后立即返航。这样既可执行高度危险的攻击任务又可减少人员伤亡，如图1-13所示。

图1-13 RQ-1"掠夺者"无人驾驶飞机

（5）用作取样、观测机。有些科学实验对人体的危害和对空域的污染是相当严重的，如核爆炸和化学战等就是如此。为了分析研究实验效果所进行的空气取样或对现场的观测，使用无人驾驶飞机完成这项工作最为适宜。图1-14所示为几种常用无人机。

(a)   (b)   (c)

图1-14 几种常用观测取样无人机

(a)ASN-7型无人机； (b)ASN-9型无人机； (c)D-4多用途无人机

（6）用作无人驾驶研究机。无人驾驶飞机作为新技术具有特殊的优越性。当设计一架新型飞机后，一般是先把飞机按比例缩小制成模型，放到风洞里进行空气动力特性试验。但这只是静态特性，还可以把模型作成能遥控的无人机，以达到动态特性试验的目的，同时还很安全，如具有隐身性能的舰载战斗无人机X-45(见图1-15)。

图 1-15 具有隐身性能的舰载战斗无人机 X-45

(7)用作地质勘探机。航空地质勘探仪器具有较高的灵敏度,如在 2 km 高空,进行光学摄影,可以发现地面上 1 cm 宽度的线状物体和直径 30～50 cm 的岩石碎片。尤其由于近代技术物理的发展,可以利用遥感遥测技术,所以使勘测工作的进行更加迅速、准确。例如"开路者"无人机(见图 1-16)是美国国家航空航天局研制的太阳能无人驾驶飞机,它能飞到离地约 9 km 的高空,因为有太阳能作为能源,所以它可以在空中飞行几个月,适合用于观测海洋、农田和森林等枯燥无味又需要长时间观测的工作。其他还有"海鸥"号共轴双旋翼无人直升机、M22 多用途无人直升机等。

图 1-16 "开路者"无人机

民用无人机的应用现状如下。

随着技术进步(飞控技术升级)、工业产业链配套(智能手机推广带动电子元器件材料价格下降,硬件材料易于获得且形成产业链)以及通航产业发展趋势(政策监管门槛逐步放松的降低),为无人机由军用进入民用,由消费级转向行业运用提供了可能。

当前,民用无人机的发展方向主要有警用、巡线、农林植保、航拍、快递和科研等。随着无人机价格降低和性能的提升,无人机在各个行业的渗透率将大幅度增加。未来的偏远地区以及危险性作业都可以考虑使用无人机来替代。

未来,无人机与传统行业结合前景广阔、大有可为,一些互联网巨头,如谷歌、亚马逊、Facebook、腾讯和小米等,纷纷高调开展无人机业务。业界预期,无人机将成为未来热门新产业,受到资本热捧。

当前,中国在"无人机+消费"领域已经走在世界前列。以民营企业为生产主体所生产的"中国制造"无人机已占领全球消费级无人机 70% 的市场份额。

(1)无人机+快递。无人机在快递行业的未来,最被业界看好(见图 1-17)。在欧美,亚马逊、谷歌和快递巨头 DHL 等都已加入无人机试验行列。DHL 曾使用无人机将运送药品投递至目的地,飞行时间约 2 min,飞行距离为 1 km。2014 年 9 月,谷歌旗下实验室表示,目前正在开发能够运送快递的无人机系统。在国内,进行无人机配送试验的不仅有淘宝、京东,顺丰速运早在 2013 年就已经开始了尝试。

图 1-17 快递无人机

(2)无人机+送餐。继无人机送快递之后,这个备受关注的新型运输工具又跨界到了餐饮 O2O 行业。自 2015 年起,百度外卖在北京试水国内第一个无人机送餐案例。北京五环外回龙观、西二旗这两个区域内的用户,可登录百度外卖下单享受无人机送披萨服务。整个操作方式是,用户下单后,快递员亲自使用手机 App 操控无人机,将外卖送到用户手中,而整个送餐时间可在高峰段 30 min 送达。当然,你不要幻想无人机可以送到窗户外,伸手就能够着。目前这一服务还只能送到离人们送餐地址最近的地方(见图 1-18)。

图 1-18 送餐无人机

(3)无人机+新闻。无人机被运用到传媒行业正在成为趋势,当前,美联社、CNN、纽约时报和华盛顿邮报等 10 多家海外媒体,开始测试通过无人机航拍,采集新闻图片、视频等素材。新华网组建新闻网站首家无人机队,超前布局国内无人机新闻报道领域,以多维视角采集新闻,建立重大突发事件的无人机新闻采集和传播机制(见图 1-19)。

图 1-19　新闻直播无人机

(4)无人机+农业。无人机携带农药可进行超低空喷洒,操作简单,较人力喷洒大幅提高了效率,降低了成本;较有人飞机作业降低了飞行高度,提高了喷洒精度,避免了农药浪费和扩散伤害。其携带病虫色谱摄影设备,可对农林植被进行病虫害监测和预警;携带实时图传或热成像仪等,又可在大面积无人森林的火灾预防、偷伐制止等方面发挥巨大作用(见图 1-20)。据测算,我国仅农药喷洒和森林防护两项,所需无人机数量就超过 2 000 架。而澳大利亚牧民用无人机看管牧场和牲畜的实例,也说明无人机在农林牧副渔产业的应用还有巨大的想象空间。

图 1-20　植保无人机

（5）无人机＋电力。现代无人机可以穿越高山、河流，对输电线路进行快速巡线，专用的无人机也可以在恶劣环境中开展架线工作，节约工作成本，保障人员安全。借助机载设备，无人机还能使肉眼难以发现的、处于萌芽状态的隐患通过红外、紫外成像显现出来（见图1-21）。据测算，我国在电力领域的无人机需求约为4 000架。而构建电力行业的"大数据"系统，可以为电网管理和维护提供数据分析，以便管理部门做出决策。

图1-21　电力巡检无人机

（6）无人机＋环保。无人机遥感可对地面覆盖、水环境及变化情况提供定量和直观的监测，为各级环保部门提供执法判断依据；红外设备的无人机可对深埋地下的输油管道进行快速巡检，通过热成像及时发现油管堵塞或漏油；对于海上溢油事件，无人机可以指挥开展海平面的除污工作；在可能发生爆炸或有毒的区域，无人机可以进行采样，以便分析处理。根据常态化环境监测与应急污染事故处理的需要，搭配使用不同类型的无人机，可为环境信息化建设提供一体化的解决方案，同时满足环境应急响应的需求。

（7）无人机＋救援。火灾蔓延的判断、高层建筑起火的救援等方面都是消防工作部署的关键，无人机可将详细情况实时传送至地面指挥车；当发生洪水时，无人机可携带救生绳或救生圈，并将其投送到需要者身边；中高空无人机可提供洪水受灾面积、地震毁坏程度等评估，为救灾部门提供最真实、最及时的资料；携带生命探测仪的无人机是搜救幸存者的有利工具；有些海水浴场配备了监测、救援两用无人机，发现有人溺水就第一时间报警、定位并投递救生圈；而在马拉松、登山等比赛中，无人机可携带常用急救药品飞到患者身边……可见，无人机救援应用会越来越普及（见图1-22）。

（8）无人机＋娱乐。传统的航摄直升机体积庞大、维护成本高昂，摄像师吊在直升机下方工作辛苦且危险。多旋翼无人机通过云台携带高清摄像机，不仅将传统航摄的大场面优势发挥得淋漓尽致，而且以其机动灵活等性能收到动感震撼的视频效果。飞行爱好者可以通过运动娱乐型无人机的地面第一视角操控舱，安全地体验翱翔蓝天的感觉。新一代航摄无人机不仅防水防摔，而且操控简单，可以自动对运动者进行智能跟拍（见图1-23）。

图 1-22 救援无人机

图 1-23 娱乐无人机

4. 未来发展方向预测

(1)行业整体展望——无人机将会成为大数据入口。据美国市场研究公司 ABI Research 2015 年 1 月发布的研究报告显示,到 2018 年,小型民用无人机市场规模将超过 84 亿美元。而据投中研究院调研显示,结合无人机的行业应用前景和市场评估,民用无人机的市场规模可能要远超过这一数字。目前,在消费级市场,无人机在航拍领域获得了较为广泛的应用;在工业级市场,如电力巡线、农业植保、森林防火、灾害搜救、警用巡视和地图测绘等领域的应用也在逐步推广。投中研究院认为,这些应用可以统一归为传统模式的应用。

无人机是一个会飞的传感器。无人机最重要的一个功能便是采集数据,无论是航拍还是电力巡线、测绘和警用巡视等,本质都是在采集数据,因此可以把无人机视为一个会飞的传感器。由于监管政策不明确以及无人机尚未得到大规模的推广,因此目前无人机在各行业所采集的数据没有相互连接,处于信息孤岛的状态。投中研究院认为,未来随着无人机的大范围推广,无人机将会成为一个大数据入口。后端的大数据挖掘、与行业应用的结合将会是无人机服务的核心。投中研究院认为,在掌握大量的各行业一线数据后,无人机行业肯定会出现一种很好的商业模式将大数据变现。进一步,如果深度学习和人工智能获得突破性进展,结合采集的大数据,无人机将会成为会飞的机器人。

(2)消费级市场持续火热。消费级无人机市场的火爆引发了各创业企业以及互联网巨头的介入。2015年,小米投资了一家名为"飞米"的无人机团队,腾讯和九星科技合作推出一款四旋翼无人机。国外有3DRobotics,Parrot在做无人机,POV相机巨头也在2015年推出配备高清摄像头的四轴螺旋桨飞机。这么多企业进军无人机市场,那么问题来了,消费级无人机的门槛低吗?答案是"否"。据投中研究院调研显示,DIY一款自己的无人机并不难,市场上有开源的飞行控制器(以下简称"飞控"),其他构件也很容易找到,尤其在像深圳这种电子产业链非常成熟的城市。但是,若要批量出货且保证良品率很高,做到这一点很难。原因主要有两点:一是一些功能模块如视频采集、图像传输和手机操控等处于相对封闭的状态,需要企业以低廉的方案将这些模块进行有机整合,这需要一定的研发能力;二是开源的飞控由于没有进行过充分的测试,所以故障率高,无法保证产品的稳定性和良品率。

但是,高通等企业目前正在开发飞控的芯片和方案,一旦推出,无人机则将会像现在制造手机一样简单。投中研究院认为,届时,无人机行业将会迎来惨烈的价格战。最终胜出者,将是那些有很好的商业模式、极致的用户体验以及强大的现金储备的企业。

(3)工业级市场细分行业垄断。与消费级无人机市场不同,工业级市场由于主要侧重于飞机的技术性能和行业应用,在实际运用中需要与行业客户进行反复的沟通和不断地改进方案,所以具有很强的客户黏性和壁垒。这一特点导致了工业级无人机企业很容易在某个细分市场垂直下去,最终形成细行业垄断。垄断之后,可以将这个过程复制到不同的市场。根据ABI Research的研究结果显示,到2019年小型工业级无人机年收入将超过51亿美元(2014—2019,51%CAGR),大约是消费级市场的5倍多。可见,源于行业应用的广泛,工业级无人机市场将会有更大的市场规模和容量。

据投中研究院调研显示,部分市场嗅觉敏锐的VC/PE投资机构,已转向投资工业级无人机。其看中的即是工业级无人机市场大的市场容量以及容易在细分市场垂直垄断。此外,以上市公司为代表的产业资本和产业基金也对工业级无人机表现出浓厚的兴趣。除了不受快速变现的限制外,上市公司和无人机企业还可以共享行业资源。例如,雷柏科技的生产线中轻量级机器人的应用率非常高,其与零度智控合作,对无人机的生产可能会率先采取自动化,从而大幅降低无人机的生产成本。零度智控输出技术,雷柏科技负责市场,双方的合作,是一个共赢的结果。

本 章 习 题

1. 无人机的特点有哪些?
2. 从用途来看,无人机分为哪几类?
3. 简要概述航模与无人机的区别。

第2章 无人机结构

无人机实际上是无人驾驶飞行器的统称,从技术角度和结构上来定义,可以分为固定翼无人机、垂直起降无人飞机、无人飞艇、无人直升机、多旋翼无人机和伞翼无人机等。本章主要介绍目前应用较广的3大类无人机结构:固定翼无人机结构、无人直升机结构和多旋翼无人机结构。

对于固定翼无人机而言,到目前为止,除了少数特殊形式的飞机外,大多数常规布局飞机都由机翼、机身、尾翼、起落装置和动力装置5个主要部分组成。固定翼无人机的空气动力效率最高,因而应用最广。

无人直升机结构系统大体上由直升机本体、控制与导航系统、综合无线电系统和任务载荷设备等组成。直升机本体结构包括主旋翼、副翼、尾桨、机体、操纵系统和动力装置等。无人直升机的控制与操作较难,对无人机本身及控制技术要求较高。

多旋翼无人机结构组成一般包括机架、起落架、电机和电调、电池、螺旋桨、飞控系统、遥控装置、GPS模块、任务设备和数据链路。多旋翼无人机具有垂直起降的特点,在没有跑道的场合应用较广。

教学要求

(1)理解固定翼无人机结构;
(2)理解无人直升机结构;
(3)理解多旋翼无人机结构;
(4)掌握不同类型无人机在结构上的差异和特点。

内容框架

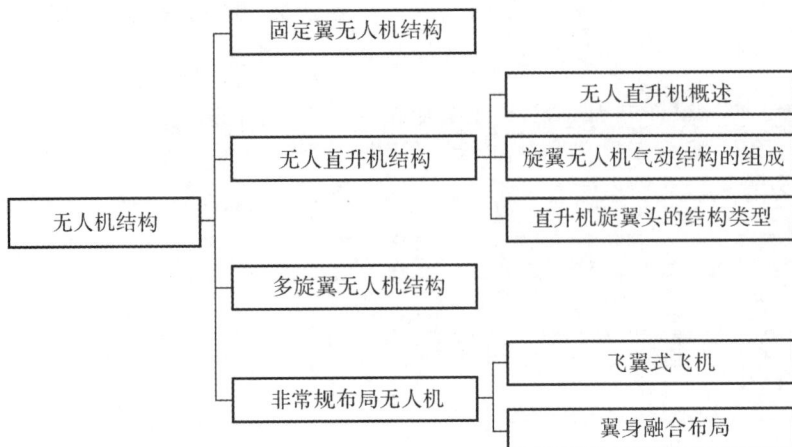

2.1　固定翼无人机结构

到目前为止,除了少数特殊形式的飞机外,大多数常规布局的飞机都由机翼、机身、尾翼、起落装置和动力装置 5 个主要部分组成,固定翼无人机的结构组成如图 2-1 所示。

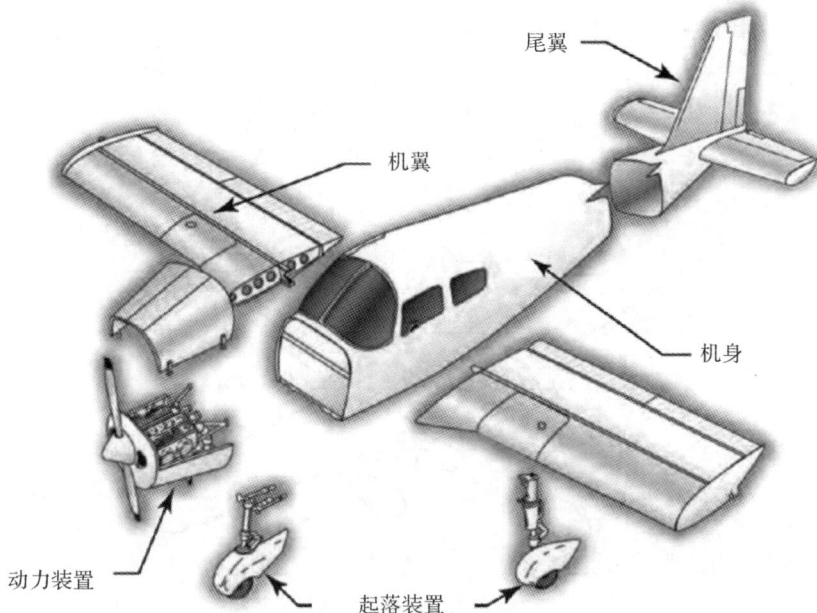

图 2-1　固定翼无人机结构组成

一般来说,无人机前面部分包含许多航空电子设备。无人机的中段包括机翼、油箱和任务载荷。燃油和任务载荷布置在飞机的质心附近,因为在执行任务的过程中,燃油会被消耗,任务载荷可能被投放消耗,使质量上产生剧烈的变化,所以将这些物品布置在质心附近,可使质心在整个任务过程中不会有明显的改变。发动机和部分飞行控制系统一般放置在飞机头部或尾部。下面介绍固定翼无人机结构组成的主要功能。

1. 机翼

机翼是飞机产生升力的部件,以支持飞机在空中飞行,同时也起到一定的稳定和操作作用。机翼后缘一般有可操纵的活动面,靠外侧的叫作副翼,用于控制飞机的滚转运动;靠内侧的则是襟翼,放下襟翼可使升力增大,用于增加起飞着陆阶段的升力。无人机的副翼和襟翼如图 2-2 所示。机翼内部可以安装油箱,机翼下面则可供挂载副油箱和任务载荷等附加设备。有些飞机的发动机和起落架也被安装在机翼下方。不同用途的飞机其机翼形状、大小也各有不同。

根据伯努利定律,机翼的上半部较下半部突起,以机翼侧面剖面来看,这让机翼上半部气流的流动路线比下半部长,因此机翼上半部气流流动速度较下半部快、气压较小,飞机在跑道上冲刺到一定速度后,这两部分的气压压力差就可产生足够升力让飞机起飞。机翼有各种形状,数目也各有不同。在航空技术不发达的早期,为了提供更大的升力,固定翼机以双翼机甚至多翼机为主,但现代飞机一般是单翼机。

机翼由一根或更多的沿机翼展向(根部到翼尖)的翼梁以及几个沿着弦向(前缘到后缘)的翼肋或肋组成。翼梁有上、下缘条,由坚固的腹板或撑杆连接起来。翼肋形成机翼的空气动力学外形或翼型,并且作为一个刚性的结构或构架来构造,非常坚固,就像一个隔板。翼梁和翼肋之上的机翼蒙皮提供飞机的主要升力平面。蒙皮如果太薄,可以用较轻的长桁的展向部件来加强。翼梁、翼肋以及加强蒙皮的整体形成盒梁或扭矩盒,盒式梁或者以悬臂梁形式与机身相连,或者从一侧翼尖连通到另一个翼尖。

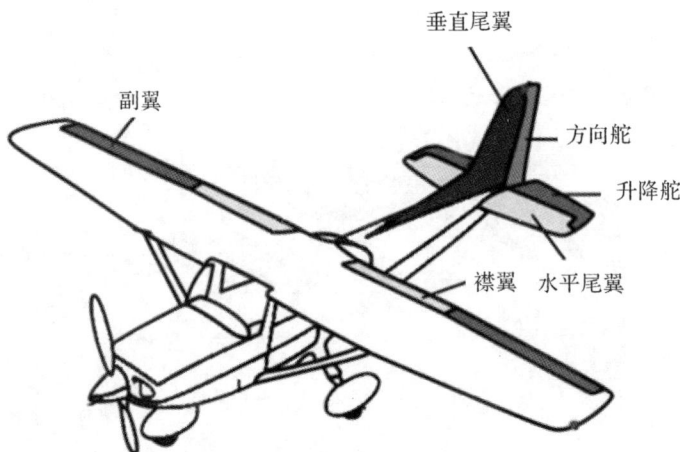

图 2-2 无人机副翼、襟翼与尾翼示意图

2. 机身

机身的主要功用是装载乘员、旅客、货物、各种设备、燃料和武器等,也是飞机其他结构部件的安装基础,将飞机的其他部件如尾翼、机翼及发动机等连接成一个整体。但飞翼机是个例外,它的机身被隐藏在其机翼的内部。

典型的机身结构是半硬壳结构,通常被分为前部、中部和尾部三部分。应力蒙皮的半硬壳结构中,机身蒙皮由一些沿机身方向的部件加强,当这些部件很轻时,它们被称为长桁;当它们很重时,称为机身大梁。蒙皮的形状由一些横向的结构框或隔板来维持。主要的一根纵向机身梁称为龙骨。

3. 尾翼

尾翼是用来平衡、稳定和操纵飞机飞行姿态的部件,通常包括垂直尾翼(垂尾)和水平尾翼(平尾)两部分,如图 2-2 所示。垂直尾翼由固定的垂直安定面和安装在其后部的方向舵组成。水平尾翼由固定的水平安定面和安装在其后部的升降舵组成,一些型号的高速飞机升降舵由全动式水平尾翼(将水平安定面和升降舵合为一体)代替。方向舵用于控制飞机的航向运动,升降舵用于控制飞机的俯仰运动。尾翼的作用是操纵飞机俯仰和偏转,保证飞机能平稳飞行。

尾翼部分连于后部机身,通常由一至多个垂尾或垂直安定面和一个水平安定面或全动半尾组成。当机翼的后缘向后延伸至机身的后部末端时,水平安定面便被完全取消,或被安装在前机身两侧的小安定面(称作鸭翼)取代。垂直或水平安定面的结构与机翼相似。安定面被牢牢地安装在机身上,或通过扭矩管及轴承布置来连接,允许整个安定面旋转。安定面的作用是提供升力面,升力面提供用于控制飞机飞行所必需的空气动力。

4. 起落装置

起落架是用来支撑飞机停放、滑行、起飞和着陆滑跑的部件,由支柱、缓冲器、刹车装置、机轮和收放机构组成。陆上飞机的起落装置一般由减震支柱和机轮组成,此外还有专供水上飞机起降的带有浮筒装置的起落架和雪地起飞用的滑橇式起落架。

5. 动力装置

动力装置主要是用来产生拉力或者推力,使无人机前进。军用无人机大多使用航空燃气涡轮发动机或者航空活塞式发动机,民用无人机大多使用电动机或者航空活塞式发动机。

另外,飞机上除了这五个主要部分外,根据飞机操作和执行任务的需要,还装有各种仪表、通信设备、领航设备和安全设备等其他设备。

2.2　无人直升机结构

2.2.1　无人直升机概述

无人直升机,是指由无线电地面遥控飞行或/和自主控制飞行的可垂直起降(VTOL)不载人飞行器,在构造形式上属于旋翼飞行器,在功能上属于垂直起降飞行器。近十几年来,随着复合材料、动力系统、传感器,尤其是飞行控制等技术的研究进展,无人直升机得到了迅速的发展,正日益成为人们关注的焦点。

无人直升机具有独特的飞行性能及使用价值。与有人直升机相比,无人直升机由于拥有无人员伤亡、体积小、造价低和战场生存力强等特点,所以在许多方面具有无法比拟的优越性。与固定翼无人机相比,无人直升机可垂直起降、空中悬停,朝任意方向飞行,其起飞着陆场地小,不必配备像固定翼无人机那样复杂、大体积的发射回收系统。在军用方面,无人直升机既能执行各种非杀伤性任务,又能执行各种软、硬杀伤性任务,包括侦察、监视、目标截获、诱饵、攻击和通信中继等。在民用方面,无人直升机在大气监测、交通监控、资源勘探、电力线路检测和森林防火等方面具有广泛的应用前景。

无人直升机系统大体上由直升机本体、控制与导航系统、综合无线电系统和任务载荷设备等组成。

直升机本体包括主旋翼、副翼、尾桨、机体、操纵系统和动力装置等,如图 2-3 所示。

控制与导航系统包括地面控制站、机载姿态传感器、飞控计算机、定位与导航设备、飞行监控及显示系统等。这一部分是无人直升机系统的关键部分,也是较难实现的部分。

综合无线电系统包括无线电传输与通信设备等,由机载数据终端、地面数据终端、天线和天线控制设备等组成。

任务载荷设备包括光电、红外和雷达侦察设备以及电子对抗设备、通信中继设备等。

某种超低空遥控植保机整机框架及机体构件大部分采用 7075 型航空铝加工而成,具有密度低、强度高和一致性好等特点。其中,尾管、主旋翼、尾旋翼、喷酒杆和起落架等采用 3K 碳纤维复合材料加工而成,具有极高的载荷能力和抗变形特性。

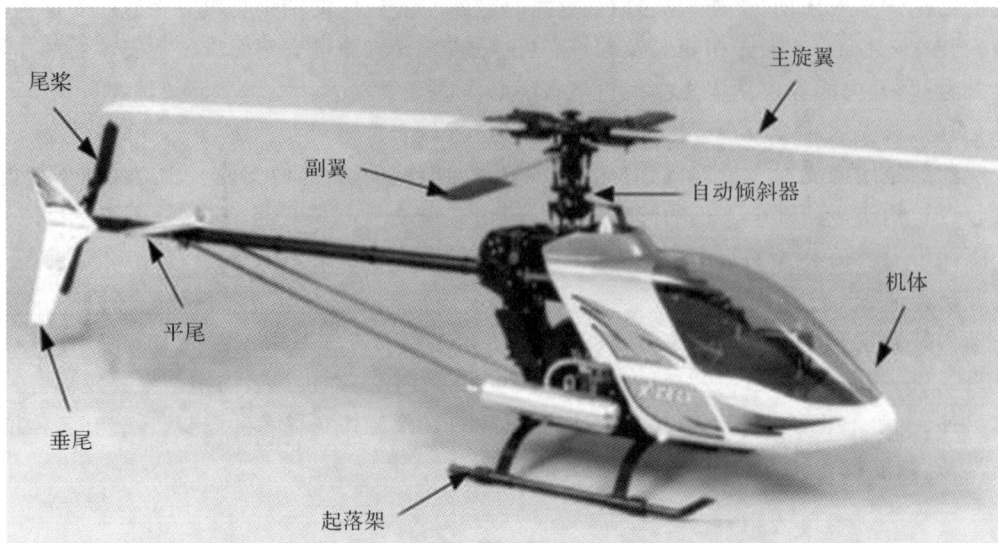

图 2-3 无人直升机本体结构

2.2.2 旋翼无人机气动结构的组成

在空气动力结构方面,旋翼无人机与固定翼无人机的最大区别在于旋翼无人机的升力主要由旋翼提供,而固定翼无人机则是由固定机翼提供的。在阻力方面,旋翼无人机与固定翼无人机类似,各部分部件都会产生阻力,并且各部件之间也同样存在着相互干扰作用,因此总的阻力可能要高于各部件阻力之和。

旋翼无人机气动结构设计是在其系统总体设计技术的框架体系下,运用传统直升机设计的相关理论与技术方法,设计出满足旋翼无人机系统任务技术要求的旋翼无人机平台,解决直升机平台性能与所执行任务特性、搭载载荷及飞行性能要素之间的匹配性问题。因此,旋翼无人机的气动结构通常是在有人直升机空气动力学的理论基础上经无人化设计发展而来的,其基本组成部分与有人直升机大致相同,传统直升机空气动力学的基本理论在旋翼无人机上仍然适用。除了少数特殊形式的旋翼无人机外,大多数旋翼无人机都由旋翼系统、机体结构、尾桨、起落装置和动力装置等五部分组成(见图 2-3)。

1. 旋翼系统

旋翼无人机是利用旋翼转动产生升力的飞行器,旋翼系统是旋翼无人机能够升空飞行最重要的系统。旋翼由桨毂和数片桨叶构成。桨毂安装在旋翼轴上,形如细长机翼的桨叶则连在桨毂上。一副旋翼最少有 2 片桨叶,最多可达 8 片。桨叶旋转时与周围空气相互作用,产生沿旋翼轴向上的拉力(升力)。如果相对气流的方向或各片桨叶的桨距不对称于旋翼轴,还将产生垂直于旋翼轴的分力。因此旋翼具有产生升力的功能,以及具有类似于旋翼无人机推进装置的功能,产生向前的力;同时还具有类似于无人机操纵面的功能,产生改变机体姿态的俯仰力矩或滚转力矩。

2. 机体结构

机体结构的主要功用是将旋翼无人机的其他部件(例如,旋翼、尾桨、起落装置及发动机等)连接成一个整体,并承受来自于旋翼无人机外部环境及内部设备等作用下的所有载荷,同时有效保护旋翼无人机内部的仪器设备,使得旋翼无人机系统能够完成任务使命。

旋翼无人机的机体结构形式有桁架式、硬壳式等多种。在旋翼无人机平台中,较多采用的是桁架结构形式,由金属管材焊接成形基本结构,外表面铺设承力蒙皮。随着材料技术的进步,复合材料在旋翼无人机上的应用也越来越多,复合材料具有比金属更轻的质量,同时自身具有一定的结构阻尼,有助于降低直升机的振动和提高结构的疲劳寿命。

3.尾桨

尾桨是用来平衡反扭矩和对直升机进行航向操纵的部件。旋转着的尾桨相当于一个垂直安定面,能对直升机航向起稳定作用。虽然尾桨的功用与旋翼不同,但是它们都是由桨叶旋转而产生空气动力、在前飞时处于不对称气流中工作的状态,因此尾桨结构与旋翼结构有很多相似之处。

无人直升机的尾桨桨叶多为 2 片。有人直升机的尾桨相比于无人直升机,较为复杂。

(1)尾桨的结构形式有跷跷板式、万向接头式、铰接式、无轴承式和"涵道尾桨"式等(见图 2-4)。前面几种形式与旋翼形式中的讨论相似,只是铰接式尾桨一般不设置摆振铰。后来又发展了无轴承式尾桨(包括采用交叉式布置无轴承尾桨)及"涵道尾桨"。"涵道尾桨"是把尾桨置于机身尾斜梁的"涵道"之中。

图 2-4　直升机尾桨

(2)尾桨是单旋翼直升机的一个重要组成部分,它安装在直升机的尾部。发动机产生的功率通过传动装置,按需要转速带动尾桨转动。在直升机飞行时,旋翼旋转的反作用扭矩会使直升机向与旋翼旋转的相反方向转动,尾桨产生的拉力可抵消这种转动而实现航向稳定。改变尾桨拉力的大小,可以操纵航向。有人直升机的尾桨桨叶多为 2~6 片;桨盘直径最小约 1 m,最大可达 6 m 以上。有少数直升机的尾桨安装在一个具有流线型的环形通道内,这种尾桨直径小,桨叶数多,称为涵道尾桨,与常用的尾桨相比,其尺寸小,使用安全,但直升机在悬停和低速飞行时,其气动效率较低。

(3)现多采用金属或复合材料的桨叶。实际应用的尾桨型式有"跷跷板"式、铰接式、万向接头式、无轴承式和涵道风扇式。轻型直升机上常用的双叶尾桨多为"跷跷板"式。双叶以上的尾桨以铰接式居多,结构与铰接式旋翼类似,不过一般不带垂直铰。个别直升机采用万向接头式尾桨。有些直升机采用全复合材料无轴承式尾桨,结构与无轴承式旋翼类似。此外,少数直升机使用涵道风扇式尾桨,桨叶短而片数多,整个尾桨安装在流线型的环形通道内。这种型式的尾桨尺寸小,使用安全,但在悬停及低速飞行时气动效率较低。少数单旋翼直升机不用尾桨,而用尾部侧向喷气或其他方法实现航向稳定和操纵功能。

综上所述,尾桨是用来平衡机械驱动式单旋翼无人机旋翼反扭矩和进行航向操纵的部件。通过尾桨产生一个侧向力,形成对直升机中心的侧向力矩,平衡旋翼反扭矩,以保持旋翼无人机的稳定飞行。另外,旋转着的尾桨相当于一个垂直安定面,能对旋翼无人机航向起稳定作用。

驱动尾桨的功率来自于发动机的输出功率。当进行航向操纵时,主要是通过增大尾桨桨距来产生侧向力,此时尾桨消耗的功率将增加,使得用于主旋翼的功率减少,产生的升力减小。为了避免转弯时航向操纵带来的飞行平台掉高度,这时可以加入航向补偿,增大旋翼的桨距,以补偿升力的损失。

4.起落装置

起落装置是指旋翼无人机在地面停放时用于支撑旋翼无人机重力,承受相应载荷,以及着陆时吸收撞击能量的部件,有轮式起落架和滑橇式起落架两种。

(1)轮式起落架。和固定翼飞机相似,直升机轮式起落架由油气式减震器和橡胶充气机轮组成。优点是可以收放,有利于减小飞行阻力,地面滑行、移动方便,对起降地点有很好的适应性。缺点是结构较复杂,质量较大,容易损坏,不适合小型直升机使用。

(2)滑橇式起落架。滑橇式起落架的优点是结构简单,质量轻,可靠性高,不易损坏。缺点是无法收放,容易增大阻力,地面滑行、移动不便,且对起降地点适应性差,不适合大中型直升机。

5.动力装置

动力装置主要用来驱动旋翼系统旋转,从而使旋翼系统产生向上的升力和向前的推力,以确保旋翼无人机升空飞行,还可为旋翼无人机上的其他用电设备提供电源等。旋翼无人机动力装置应用较广泛的有无刷直流电动机、航空活塞式发动机和涡轮轴发动机。除了发动机本身,动力装置还包括一系列保证发动机正常工作的系统。

2.2.3 直升机旋翼头的结构类型

当前,应用于无人直升机及中小型航模的普通布局形式的直升机中,其旋翼头结构类型众多,样式各异,如贝尔操作形式、希拉操作形式、无副翼操作形式和新型无轴承旋翼头等。

最常见、应用最多的旋翼头有两种:贝尔-希拉式旋翼头和近几年逐步流行的无副翼旋翼头。下面针对这两种旋翼头作以简单介绍。

1.贝尔-希拉式旋翼头

贝尔-希拉式操作形式是目前航模及微小型无人机最常见的旋翼头操作形式之一,它分为上副翼和下副翼两种类型。图2-5所示为下副翼形式的旋翼头。

直升机的副翼(flybar)即贝尔-希拉小翼,又称伺服小翼。在直升机旋翼系统中具有以下非常重要的意义。

(1)起到非常重要的陀螺稳定效应。当主旋翼受到微小扰动时,贝尔-希拉小翼具有明显的抗扰动能力,使飞机保持一定的稳定状态。

(2)为主旋盘提供操作力。当打舵操作旋盘时,伺服小翼会首先改变原来的运动状态,从而带动主旋盘的倾转,这样就有效避免了主旋盘强大的交变载荷直接作用到伺服器上。

图 2 - 5　下副翼形式的旋翼头

(3)对于上、下副翼的不同形式的作用。

1)上副翼形式的旋翼头由于伺服小翼处于主旋盘的上方,不受主旋盘下洗流的影响,所以具有非常优越的静态稳定性,直升机悬停时表现尤为明显。因此,大部分大型无人直升机或用于 F3C 比赛的中小型航模多采用这种布局。

2)下副翼形式的旋翼头布局多出现于要求飞行操作灵敏、动态稳定性(航行稳定性)较好的运动型直升机上,如作 3D 飞行表演的航模(见图 2 - 6)。由于伺服小翼在主旋盘下方,旋翼头的三角补偿系数较高,所以操作较为灵敏,可谓动如脱兔。

图 2 - 6　倒飞的 3D 直升机

2.无副翼旋翼头

贝尔-希拉式操作形式虽然解决了遥控直升机操控稳定性的问题,但是其复杂的机械结构却隐藏着极大的机械故障风险,遥控直升机机械故障中,带副翼系统的旋翼头占据了绝大部分。一方面其复杂的结构,多采用塑料尼龙材料的球头连杆,极容易出现疲劳磨损现象;另一方面复杂的机构难于维护检查,更加深了其出现问题的风险。

随着科学技术的发展,各国逐渐出现了仿载人机结构类型的无副翼结构旋翼头(见图2-7)。无副翼旋翼头由于没有伺服小翼的增稳作用,所以在遥控控制状态下较难实现精准的操控。高灵敏度微小型三轴陀螺仪的出现解决了无副翼系统静态不稳定结构的控制问题。

一方面,无副翼系统采用自动控制增稳功能的陀螺仪系统,在直升机受到微小扰动时能自动修正飞行姿态;另一方面,由于取缔了伺服小翼,不但使得主旋盘效率大大提升,而且规避了主要的机械可靠性问题。

同时,随着技术的革新,能够承受更大载荷、寿命更长的高性能伺服器的出现,解决了无副翼系统中伺服器需承受的巨大交变载荷的问题。

图 2-7　DFC 无副翼结构旋翼头

3. 十字盘的结构类型

直升机自动倾斜盘简称倾斜盘,俗称十字盘,如图2-8所示。

图 2-8　无副翼结构旋翼头与十字盘

　　十字盘是用于传递操作指令实现总距操纵和周期变距操纵的机械机构。自动倾斜器发明于 1911 年，它的出现使直升机的复杂操纵得以实现，现已在所有直升机上得以应用。其构造形式虽有多种，但工作原理基本相同。一般由与操纵线系相连的不旋转件和与桨叶变距拉杆相连的旋转件组成。不旋转件通过轴承与旋转件相连。由操纵线系输入的操纵量，经过不旋转件转换成旋转件的上下移动和倾斜运动，再由旋转件通过与桨叶变距摇臂相连的桨叶变距拉杆去改变桨叶桨距，使旋翼拉力的大小和方向改变，从而实现直升机的飞行操纵。倾斜盘旋转件的转动由与旋翼桨毂相连的扭力臂带动。倾斜盘在结构上要保证纵向、横向和总距操纵的独立性。

　　总距操纵（collective fitch）：总距即直升机旋翼的相对水平面的攻角（迎角）。当需要控制直升机上升或者下降时，操作总距杆上移，此时十字盘总体上移，通过十字盘转动部分连杆的传递作用使桨叶的攻角加大，从而控制飞行器的上升（直升机的旋翼通常是以相对固定的转速工作的，它通过改变旋翼的攻角来改变飞行状态），反之则下降。

　　周期距操纵（cyclic pitch）：所谓周期距又称为循环螺距，是指在直升机旋翼作滚转或俯仰操作时，旋翼每旋转一周，旋翼总距的最大变化量。当操纵控制飞机前、后、左、右运动的操作杆时，通过一定的机械结构传动，最终使十字盘相应地前、后、左、右倾斜，达到控制直升机旋盘相应地前、后、左、右倾斜，从而实现控制飞行器的前、后、左、右运动。

　　国内主要无人直升机性能见表 2-1。

表 2-1　国内主要无人直升机性能

	V750	Z-5	Z-3	U8
起飞质量/kg	757	450	100	230
任务载荷/kg	80	100	20	40
测控半径/km	150	100	30	100
最大速度/(km·h^{-1})	161	180	108	150
巡航速度/(km·h^{-1})	145	126	—	120
最大升限/m	3 000	3 500	1 000	300
续航时间/h	4	6	1	4

2.3　多旋翼无人机结构

　　多旋翼无人机出现在 21 世纪初，依靠对若干个旋翼的速度调整实现无人机的悬停、前进运动。引擎和直接安装的螺旋桨是唯一可以活动的部件。使用这种无人机需要对旋翼旋转进行精准的同步调制，只有电动机才能完成这一任务。目前的多旋翼无人机，根据旋翼的数量，主要有 4 旋翼无人机、6 旋翼无人机和 8 旋翼无人机等（见图 2-9）。

　　多旋翼无人机结构组成一般包括机架、起落架、电机和电调、电池、螺旋桨、飞控系统、遥控装置、GPS 模块、任务设备和数据链路。

　　1. 机架

　　机架是大多数设备的安装位置，也是多旋翼无人机的主体，也称为机身。电机、电调和飞控板(飞行控制器)等设备都要安装在机架上面。根据机臂个数不同分为 3 旋翼、4 旋翼、6 旋翼、8 旋翼、16 旋翼、18 旋翼,也有 4 轴 8 旋翼等,结构不同,叫法也不同。

图 2-9 4 旋翼与 6 旋翼

机架按材质一般分为以下几种类型。

(1)塑胶机架。主要特点是具有一定的刚度、强度和可弯曲度,价格比较低廉。

(2)玻璃纤维机架。主要特点是强度比较高,而且需要的材料很少,可以减轻整体机架的质量。

(3)碳纤维机架。其特点是价格要高一些,但质量要轻一些。

(4)铝合金机架。在大型植保机等任务载荷重的多旋翼无人机上使用。

出于结构强度和质量考虑,一般采用碳纤维材质。一般机架如图 2-10 所示。

图 2-10 机架与起落架

机架的主要作用如下。

(1)提供安装接口。这些接口包括安装和固定电机、电调、飞控板的螺丝孔。

(2)提供整体的稳定和坚固的平台。飞行器飞行过程中需要一个稳定坚固的平台,这样可以使得在电机转动过程中不会毁坏其他设备,并为传感器提供一个稳定的平台。

(3)起落架等缓冲设备。这些可以为飞行器提供安全的起飞和降落条件,避免损坏其他仪器。

(4)保证足够低的质量。这样就可以给其他设备提供更多的余量。

(5)提供相应的保护装置。保护装置用于保护飞行器本身和可能接触到的操作人员。

2.起落架

起落架是多旋翼无人机唯一和地面接触的部位。作为整个机身在起飞和降落时候的缓冲,也是为了保护机载设备,要求其强度高,结构牢固,和机身保持相当可靠的连接,能够承受一定的冲力。一般在起落架前后安装或者涂装上不同的颜色,用来在多旋翼无人机远距离飞行时能够区分多旋翼无人机的前后。

3.电机

电机是多旋翼无人机的动力机构,提供升力、推力等。电机的转速快慢决定了飞行器可以承载的质量,同时,其转速改变的快慢可以影响飞行姿态的变换。无刷电机去除了电刷,最直接的变化就是没有了有刷电机运转时产生的电火花,这样就极大地减少了电火花对遥控无线电设备的干扰。无刷电机没有了电刷,运转时摩擦力大大减小,运行顺畅,噪声会低许多,这个优点对于无人机运行稳定性是一个巨大的支持。无刷电机如图 2-11 所示。

图 2-11　无刷电机

电机 4 个数字的含义:2212 电机、2018 电机等,这表示电机的尺寸。不管什么牌子的电机,具体都要对应 4 位数字,其中前面 2 位是电机转子的直径,后面 2 位是电机转子的高度。注意,不是外壳。简单来说,前面 2 位越大,电机越粗,后面 2 位越大,电机越高。又高又大的电机,功率就更大,适合做大四轴。通常 2212 电机是最常见的配置了。

无刷电机 KV 值定义:意思为输入电压增加 1 V,无刷电机空转转速的增加量。例如:1 000 KV电机,增加 1 V 电压,电机空转时转速增加 1 000 r/min,增加 2 V 电压,电机空转时转速就增加 2 000 r/min 了。单从 KV 值不可以评价电机的好坏,因为不同 KV 值有不同的适用尺寸的桨,绕线匝数多的,KV 值低,最高输出电流小,但扭力大,上大尺寸的桨;绕线匝数少的,KV 值高,最高输出电流大,但扭力小,上小尺寸的桨。

4.电调

电子调速器(以下简称"电调")将飞控的控制信号转变为电流信号,用于控制电机转速。因为电机的电流是很大的,通常每个电机正常工作时,平均有 3 A 左右的电流,如果没有电调的存在,飞控根本无法承受这样大的电流,而且飞控也没有驱动无刷电机的功能。同时电调在多旋翼无人机中也充当了电压变化器的作用,将 11.1 V 电压变为 5 V 电压给飞控供电。电调如图 2-12 所示。

图 2-12　电调

平时用的商品电调是通过接收机上的油门通道进行控制的,这个接收机出来的控制信号一般都是 20 ms 间隔的 PPM 脉宽控制信号,而 4 轴为了提高响应的速度,需要控制命令的间隔更短,比如 5 ms,因此就需要特殊的电调而不能用普通的商品电调,但是为什么要使用 I^2C 总线跟电调联接呢?这个跟电路设计以及软件编写等有关,I^2C 总线在硬件连接上可以多个设备直接并联在总线上,它有相应的传输机制保证主机与各个从机之间顺畅沟通,这样连接就比较方便,因此 4 个电调的控制线并接在一起连到主控板上,这也跟选用的芯片相关,很多单片机都有集成 I^2C 总线的,软件设计起来得心应手。

5.电池

电池是电动多旋翼无人机的供电装置,给电机和机载电子设备供电。最小是 1S 电池,常用的是 3S,4S,6S。1S 代表 3.7 V 电压。图 2-13 所示为锂电池。

图 2-13　锂电池

6.螺旋桨

螺旋桨如图 2-14 所示,安装在电机上,多旋翼无人机安装的都是不可变总距的螺旋桨,主要指标有螺距和尺寸。

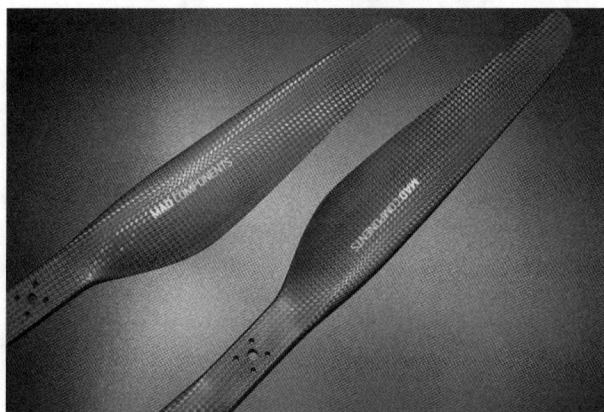

图 2-14　多旋翼无人机的螺旋桨

螺旋桨的指标是 4 位数字,前面 2 位数字代表螺旋桨的直径(单位:in,1 in＝25.4 mm),后面 2 位数字是螺旋桨的螺距(单位:in)。例如 8331 螺旋桨,直径×螺距:8.3 in×3.1 in,即210.82 mm×78.74 mm。

多旋翼无人机正反桨:4 轴飞行器为了抵消螺旋桨的自旋,相邻的桨旋转方向是不一样的,因此需要正反桨。正反桨的风都向下吹。适合顺时针旋转的叫正桨,适合逆时针旋转的叫反桨。安装的时候,一定记得无论正反桨,有字的一面是向上的(桨叶圆润的一面要和电机旋转方向一致)。

电机与螺旋桨的搭配:这是非常复杂的问题,建议采用常见的配置,原理如下:螺旋桨越大,升力就越大,但对应需要更大的力量来驱动;螺旋桨转速越高,升力越大;电机的 KV 值越小,转动力量就越大。

综上所述,大螺旋桨就需要用低 KV 值电机,小螺旋桨就需要高 KV 值电机(因为需要用转速来弥补升力不足)。如果用高 KV 值电机带动大桨,力量不够,那么就很困难,实际还是低速运转,电机和电调很容易烧掉;如果用低 KV 值电机带动小桨,完全没有问题,但升力不够,可能造成无法起飞。例如常用 1 000 KV 电机,配 10 in 左右的桨。

7. 飞控系统

飞控系统是多旋翼无人机的核心设备,飞控系统的好坏从本质上决定了无人机的飞行性能。它包括陀螺仪、加速度计、电路控制板和各外设接口。飞控系统如图 2 - 15 所示。

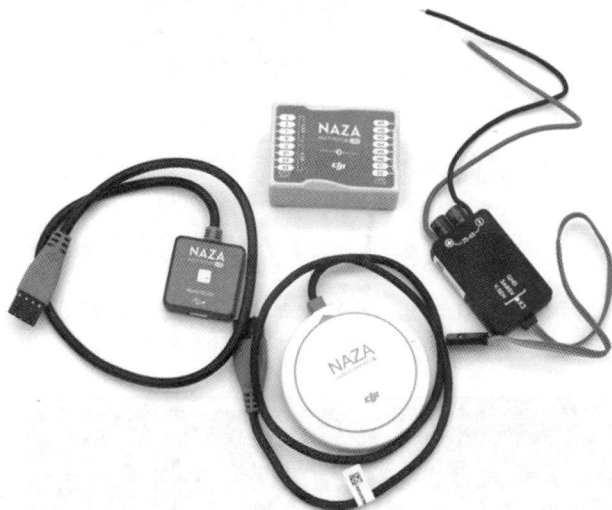

图 2 - 15 飞控系统

(1)陀螺仪。理论上陀螺只测试旋转角速度,但实际上所有的陀螺都对加速度敏感,而重力加速度在地球上又是无处不在的,并且在实际应用中,很难保证陀螺不受冲击和振动产生的加速度的影响,因此在实际应用中陀螺对加速度的敏感程度就非常重要,因为振动敏感度是最大的误差源。两轴陀螺仪能起到增稳作用,三轴陀螺仪能够自稳。

(2)加速度计。一般为三轴加速度计,测量三轴加速度和重力。

多旋翼无人机飞控系统完成的主要功能有以下 3 种。

(1)处理来自遥控器或自动控制的信号,这时飞控系统需要识别遥控器或自动控制的信号,完成要求的飞行姿态或其他指令。

(2)控制电调,此时飞控系统要做的就是给电调发送信号以调节电机的转速,实现控制改变飞行姿态的功能。

(3)可以通过一些机载的测量元件,在没有任何控制的情况下,通过控制电调的输出信号保持多旋翼无人机的稳定。

8. 遥控装置

遥控装置包括遥控器和接收机,接收机装在无人机上。一般按照通道数将遥控器分成 6 通道、8 通道和 14 通道遥控器等。连接手机的遥控器与带屏幕遥控器如图 2 - 16 所示。

遥控通道,即遥控设备同时可以控制的动作数量。遥控器上的通道数即表示几个信号模式,一个通道相对应一个信号,这个信号使得模型可以做出相应的动作,前进后退、左转右转,这样都各算一个通道,就像家里的灯一样,不同的开关管理着不同的灯泡、灯管,一个开关控制一路,即一个通道。在产品里通道越多,则表示模型功能越多,可以做的动作越多,当然价钱也就越贵。

图 2-16　连接手机的遥控器与带屏幕遥控器

9. GPS 模块

测量多旋翼无人机当前的经纬度、高度、航迹方向和地速等信息(见图 2-17)。一般在 GPS 模块中还会包含地磁罗盘(三轴磁力计)以测量飞机当前的航向。

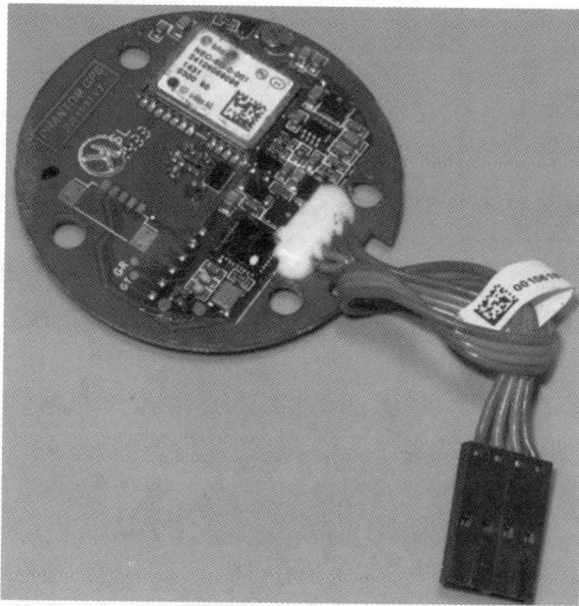

图 2-17　某 GPS 模块

10. 任务设备

任务设备目前最多的就是云台,常用的有两轴云台和三轴云台。云台作为相机或摄像机的增稳设备,提供两个方向或三个方向的稳定控制。云台可以和控制电机集成在一个遥控器中,也可以用单独的遥控器控制。

11. 数据链路

数据链路包括数传和图传。数传就是数字传输,数传终端和地面控制站(笔记本或手机等数据终端)接受来自飞控系统的数据信息。图传就是图像传输,接受机载相机或摄像机拍摄的图像,一般延迟在几十毫秒,目前也有高清数字图传,传输速度和清晰度都有很大提高。

综上所述,多旋翼无人机是一种具有三个及以上旋翼轴的特殊的无人驾驶直升机。其通过每个轴上的电机转动,带动旋翼,从而产生升推力。旋翼的总距固定,而不像一般直升机那样可变。通过改变不同旋翼之间的相对转速,可以改变单轴推进力的大小,从而控制飞行器的运行轨迹。

小型的四轴飞行器可以自由地实现悬停和空间中的自由移动,具有很大的灵活性。此外,因为它结构简单、机械稳定性好,所以成本低廉、性价比很高。主要的应用是玩具、航模和航拍,新的应用也在不断地拓展之中。

四轴飞行器的控制已经不再是学术研究问题,而是成熟的技术。学术研究的方向也转向了基于四轴飞行器做智能导航或者多飞行器的编队控制。四轴飞行器的智能导航是指利用机器视觉技术、人工智能技术让四轴飞行器能像人一样在复杂环境中活动。多飞行器的编队控制是指同时控制多个飞行器,或者让多个飞行器自主编队飞行。世界上较为优秀的四轴飞行器研究机构有美国宾夕法尼亚大学、瑞士联邦苏黎世理工学院和中国香港科技大学等。

2.4 非常规布局无人机

2.4.1 飞翼式飞机

飞翼式飞机是一种没有尾翼和机身,只有巨大机翼的飞机。飞翼式飞机由无尾飞机发展而来,当巨型无尾飞机的机翼大到足以容纳人员和货物时,机身和机翼融为一体,成为飞翼式飞机。飞翼式飞机具有结构质量轻和飞行阻力小的特点,而且隐身性好,如美国的 B-2 轰炸机。

美国诺斯罗普公司在第二次世界大战期间研发了飞翼式轰炸机。当时计划作为美国陆军航空队(后更名为美国空军)波音 B-29 的后继机使用。

飞翼式飞机的主要特征是无尾翼,主翼加上机身构成了整个机体。美国和德国几乎同时开始研究飞翼式飞机。德国研发并生产了霍顿 H0229(在试验机制作阶段,第二次世界大战结束)。

飞翼式飞机的创意是由诺斯罗普公司创始人杰克·诺斯罗普提出的,这一创意得到了美国陆军航空队的支持。他们想开发出"10×10"的轰炸机并运用到欧洲战场上。1942 年末开始研究开发大型飞翼式飞机,但因为技术上还有很多不成熟之处,所以试验机 XB-35 一直到 1946 年才得以完成。

然而出于发动机配置的原因,飞翼式飞机的排气系统设计起来比较复杂,由此引发的结构、材料等问题,导致包括试验机 XB-35 在内的总共 15 部飞机完成后,计划不得不中止(之后又制作了一部搭载了喷气发动机的 YB-49)。

这样一来,飞翼式飞机似乎成了一种幻想。出于飞机操纵困难、机体振动严重等原因,导致人们最终放弃了此项研究。进入 20 世纪 70 年代以后,随着主动控制技术的日趋成熟,飞机相关技术进行了后续改进。飞翼式飞机在操纵上所存在的问题得到了比较好的解决,终于在 1989 年完成了可实际使用的飞翼式飞机,美国成功研制了处于世界领先水平的采用飞翼式布局的战略轰炸机 B-2,如图 2-18 所示。

图 2-18　飞翼式 B-2 隐形战略轰炸机

采用飞翼式布局的飞机没有尾翼,机身与机翼融为一体,飞行时的升力大,阻力小,升阻比高。此外,飞翼式飞机所承受的全部重力基本上是沿展向分布的,与机翼的气动载荷分布情况基本一致;而不像普通飞机那样,重力主要集中在飞机中部,机翼要承受很大的弯曲载荷,因此,结构质量也比较轻。此外,由于没有垂尾,所以有利于提高飞机的隐身性。

2.4.2　翼身融合布局

翼身融合(BWB)是一种飞机设计概念,指从机翼到机身的外形是平滑过渡的,将传统的机身与机翼结构融合,可提升飞机的升力和燃油效率。采用翼身融合技术的飞机具有耗油率低、航程远、承载能力强、噪声小和起降距离短等突出优势。翼身融合,装载区完全浸没在庞大的机翼里面,整个机体皆成为升力面。同时去除平尾、垂尾等外形突起部件,可有效降低浸润面积,有助于阻力的减少。翼身融合具体有下述优点。

(1)结构质量轻,刚性好,明显减少飞机质量。整个飞机的质量更加合理地转向沿机翼翼展分布,降低了机翼的弯曲以及扭转载荷,使得结构质量进一步减轻。因翼身融合的超宽短机身设计,所以结构强度更高。

(2)空气动力效率高,明显减少阻力提高升力,气动载荷的分布可达到最佳。翼身融合大大减小了传统布局翼身间的干扰阻力和诱导阻力。

(3)低雷达反射面特性,战场生存能力强。翼身融合是无尾布局,外形上无明显地横向操纵面。全向(0°~360°)雷达反射面减少很多。机载设备埋装于机体内,利于隐身。

(4)减少使用成本,经济性好。在翼身融合布局时,因机体应力减小,所以降低了使用周期的维修保养费用。且无尾部的操纵面及其操纵系统,具有更低的寿命周期成本,经济性显著提高。

(5)最大限度地利用了机内的空间。随着传统飞机的发展已经达到饱和,需要新颖的配置来应对日益增加的飞机运营需求和对未来的严格环境要求。在寻找这样的配置时,诸如翼身融合这样的旧想法似乎很容易提供有吸引力的解决方案。2005 年,美国国家航空航天局

(NASA)发布了 2030 年下一代商用飞机的计划,结合了翼身融合和超导分布式推进系统。国外有学者提出了一种大型翼身融合客机的控制系统设计中的执行器和传感器定位优化和设计方法。也有学者使用计算流体动力学进行研究,以获得关于各种偏航角(β)的空气动力学数据。相关学者研究发现,为了利用 BWB 等紧密耦合配置的优点,减少紧密耦合配置的缺陷,应以良好的处理性和乘坐质量作为目标函数,在可接受的直接运营成本和噪声范围内进行多学科设计综合优化。

在高亚声速飞行时,翼身融合布局与传统的筒状机身加机翼布局相比有明显的先天优势。翼身融合无人机受到各国极大的关注,并将在未来得到更大的发展。波音幻影工厂与 NASA 德莱顿合作研制的 X - 48B 翼身融合原型机将用于继续扩展飞行包线。与常规布局相比,翼身融合布局是气动布局一体化设计的最佳布局,拥有更高的气动效率以及更轻的机身质量。经过国外 Boeing 和 Northrop 这些有名的飞机制造公司的多年研究表明:对民用飞机来说,翼身融合最主要的优点就是明显增大机舱容积。翼身融合外形的气动特点有望应用于实际的大型民航客机中。翼身融合设计环保性好的优点对航空业具有很大的吸引力,人们关心的“静音飞机”也提出这种 BWB 的布局形式。

据研究,当微型飞行器完成同样的飞行任务或承受同样大小载荷时,翼身融合布局时尺寸最小。事实上,国内外大多数微型飞行器都采用翼身融合布局。翼身融合不仅是未来民用客机可能采用的气动布局型式,也是比较理想的无人机气动布局型式。

早在 1924 年世界上就研制出了第一架翼身融合飞机。由于 BWB 布局操纵面力臂短、配平偏角大,所以操纵面偏转对升力、阻力、俯仰力矩具有较大影响。但前期因为空气动力学以及飞控技术的发展不够成熟,翼身融合气动布局存在明显的稳定性和操纵性等难题,所以以往的统计数据和工程算法无法有效地应用于这种布局飞机的概念设计,严重制约了它的发展和应用。但与传统布局飞机相比,翼身融合飞机确实具有许多显著优点,这使翼身融合飞机从未被航空界遗忘。随着电子科学技术与计算机控制技术的发展,线性控制增稳技术与放宽静稳定性技术日益成熟,翼身融合布局再次进入人们的视野。随着计算机技术、电子技术、自动控制技术及飞机控制技术等相关领域和学科的科研突破,稳定性和操纵性难题得到了解决,翼身融合飞机以惊人的姿态出现了,最具代表性的就是绰号为“幽灵”的 B - 2 隐形战略轰炸机。美国 B - 2 隐形轰炸机的问世对于翼身融合布局飞行器的发展来说是一个里程碑。

随着民航需求的不断增加以及环保意识的不断提高,作为下一代大载客量的民航客机,BWB 巨大气动潜力及宽阔的客舱使其具备天然优势。与军机追求高性能与高机动性不同,民机强调经济性、安全性及舒适性。民机要在残酷的市场中竞争,就一定要有很强的竞争力(主要为经济性)。飞机性能更先进才能更多地载客。于是各大航空公司和研究所研究了翼身融合布局飞机。随着翼身融合布局的稳定性和操纵性难题的解决,使其成为下一代新型气动布局飞机的首选方案。在后续的研究中,有必要采用多学科优化方法研究气动、结构和操稳特性等的相互约束与影响,实现飞机总体参数的最优化。NASA 计划进行一系列的大比例翼身融合“X - 飞机”试验,并且已经披露了要在 2020 年之后推出比例为 50% 的翼身融合验证机的预算计划。

(1)军用领域研究现状。翼身融合和其他先进技术的相互结合,使得现代战机的机动性能、大迎角性能、隐身能力、飞行高度、速度范围和作战半径得到大幅度提高。发展和研制侦察打击一体化无人机是未来无人机发展的一个趋势。无人战机注重全方位隐身、高机动性、高升阻比和大航程,因此要采用兼顾气动与隐身的布局方式。无人机在气动布局设计上更自由,应用最新一代主动控制技术,通过高效的气动布局设计,能显著提高飞机的效能和隐身能力。目前,国际最先进的翼身融合无人机主要有以下几种。

1)RQ-170"哨兵"隐身无人机。其采用无尾、翼身融合布局,传感器平滑地安装在机翼的上表面,是高空长航时隐身无人机。其主要用于对指定目标地侦察、监视,应用了很多高新技术,是当今先进无人机的典型代表,美军对其严格保密。其能实时获取战场图像,并将信息传回地面控制站。其翼展约为 27.4 m,机长 12.2 m,升限超过 15 240 m。其表面涂有美军开发的特殊材料,以免被对方的雷达发现。

2)欧洲无人战斗机"神经元"。其采用无尾、翼身融合外形设计,具有低可探测性。其可以不接受指令而独立飞行,在复杂飞行中自我校正。其机身长度约 10 m,机翼翼展约 12 m,最大起飞质量 7 t,飞行速度约为 0.8Ma,续航时间超过 3 h。其隐身性能突出。复合材料的广泛应用成为解决无人机结构轻量化、高刚度设计的重要途径。其使用了全复合材料结构,雷达辐射能量少,智能化程度高,综合了自动容错、神经网络以及人工智能等前沿技术,可自动捕获以及自主识别目标。其对地攻击方式多样,发现目标即可根据指令将其摧毁,也能在友机的引导下自主攻击目标,兼具有人战机和导弹的优点。

3)英国"雷神"无人战斗机。其采用大后掠前缘翼身融合布局,实现了更大的续航能力,能超声速飞行,有跨大洲攻击的能力,具有自动防卫能力。其三角形进气道可满足发动机所需的气流。其尾喷管裹在机体内,可减小雷达及红外信号。其机翼翼展约 9 m,机身长度约 11 m,起飞质量超过 8 t。其能在各种情况下自主飞行,沿机体表面产生矢量推力,从而获得俯仰控制力以及滚转控制力。

4)俄罗斯"鳐鱼"无人攻击机。其追求高隐身性能,可作为对敌防空火力压制武器打击关键目标,并可与有人驾驶飞机协同作战。其机翼翼展为 11.5 m,机身长度为 10.25 m,高度为 2.7 m,最大起飞质量 10 t,最大低空飞行时速为 800 km/h,最大武器载荷超过 2 t,升限为 12 000 m,作战半径为 2 000 km。其大量使用了复合材料来减轻机身质量。2 个分叉的进气道被 1 个垂直隔膜分开,防止雷达波形成强反射源。其能携带大型精确打击武器。

5)美国 X-47B 无人机。它标志着无人机领域的革命性突破。它是史上第一架完全由电脑操纵的"无尾、翼身融合布局、喷气式无人机"。它是全球首架能自主空中加油的无人机,也是第一架从航母上起飞并且自行降落的舰载隐形轰炸机。它的机身长度为 11.63 m,机翼翼展 18.92 m(折叠后 9.4 m),高度 3.1 m,最大起飞质量 20 215 kg,设计时速 800 km/h,最大飞行高度 12 000 m,巡航速度为 0.9Ma,航程 3 889 km。它的最大优势是隐身突防,为后续有人战机打开通路。它的载弹量远远超过了已有的无人机,为美军执行全天候的作战任务提供了支持。

(2)民用领域研究现状。在农业方面,无人机会是由低效益、高成本与繁重体力劳动转向高效益、低成本与解放劳动力的重要手段,使得耕作更高效、更节约资源以及对环境更友好。在交通条件落后地域,无人机的重要应用是快捷地穿越糟糕的道路,运送轻小型物品。电力巡线无人机可为电力线路灾情监控以及输电线路日常巡视工作节约大量的人力物力。小型电动无人机具有清洁、便于储存运输和使用方便的特点。在大城市,无人机可快速运送轻小且急用的物品,解决了交通堵塞所造成的龟速物流问题。

国外早就开始使用各种无人机进行灾害的监测,经长期应用与研究,取得了很好的效果。

我国也加大了对无人机灾害监测应用和研究力度,如在雨雪冰冻灾害和地震灾害监测中的应用、在防洪防汛监测中的应用及在国土资源快速监察中的研究。用无人机对地震灾害损失应急监测、灾后恢复重建跟踪监测取得的效果最为显著。在新疆皮山县,空军无人机实时勘察,回传地震受灾情况。这是空军无人机第一次执行抗震救灾方面的侦察任务。

翼身融合民用运输机有许多潜在优势,发展潜力大。从20世纪90年代开始,欧美和日本就开始致力于下一代翼身融合体运输机概念设计和初步设计的研究。翼身融合民用飞机具有较轻结构、较高的升阻比和较低的燃油消耗,它一直是未来民用飞机的重要课题。它是一种可以提供明显性能优势的新型飞机构型。如何提高空气动力特性,一直是飞机设计的主题。200 t的大型运输机如果减少1%的飞行阻力,一年就可减少约10万美元的燃油。如果从更接近纵向对称平面的燃料箱开始加油,则机翼结构的平均应力水平较低,它可以影响疲劳的速度。由于翼身融合具有更高的气动效率以及更大的航程,所以已经成为未来更经济、更高效民用运输机设计研究的焦点之一。美国完成了一种具有双层客舱,能高效经济地搭载800名乘客的新型翼身融合客机的初步设计。巨型翼身融合飞机有很大的空气动力学优势,但投入运营仍有一定风险——其他技术风险、制造风险、高难度的制造工艺及市场的接受能力。由于BWB飞机客舱不同与传统飞机,所以基于现有适航条款进行符合性验证时,将会面临诸多问题。故波音与空客分别研制787和A380以满足近期航空市场的要求,把研究目标投向更高巡航马赫数($Ma \geqslant 0.9$)的中小型翼身融合布局及翼身融合模块化技术等方面,来满足未来航空市场的需求。

本 章 习 题

1.无人机按飞行平台构型分类,主要的常用的有哪三大类?

2.简述常规布局固定翼无人机在结构上的5个主要组成部分及其作用。

3.简述无人直升机结构组成及其作用。

4.简述多旋翼无人机结构组成及其作用。

第3章 无人机系统

内 容 提 示

本章主要介绍无人机系统，包括动力系统、飞控系统、舵机、传感器、遥控器、数据链系统、导航系统和地面站系统等。

动力系统主要介绍电动机和航空活塞式发动机。

飞控系统主要介绍系统类型和组成、自动驾驶仪的工作原理、飞控板。

舵机主要介绍构造、性能参数、控制原理，以及数字舵机和模拟舵机的区别。

传感器主要介绍陀螺仪、加速度计和磁力计。

遥控器主要介绍各个部分名称、用途，以及动作形式。

数据链系统主要介绍系统的背景知识、数据链功能和理想数据链特性。

导航系统主要介绍全球定位系统GPS、惯性测量单元IMU和惯性导航系统。

地面站系统主要介绍系统的功能、系统结构、关键技术，以及飞行器驾驶。

教 学 要 求

(1)理解无人机各个系统的概念与组成；

(2)掌握无人机各个系统的功能与作用。

内 容 框 架

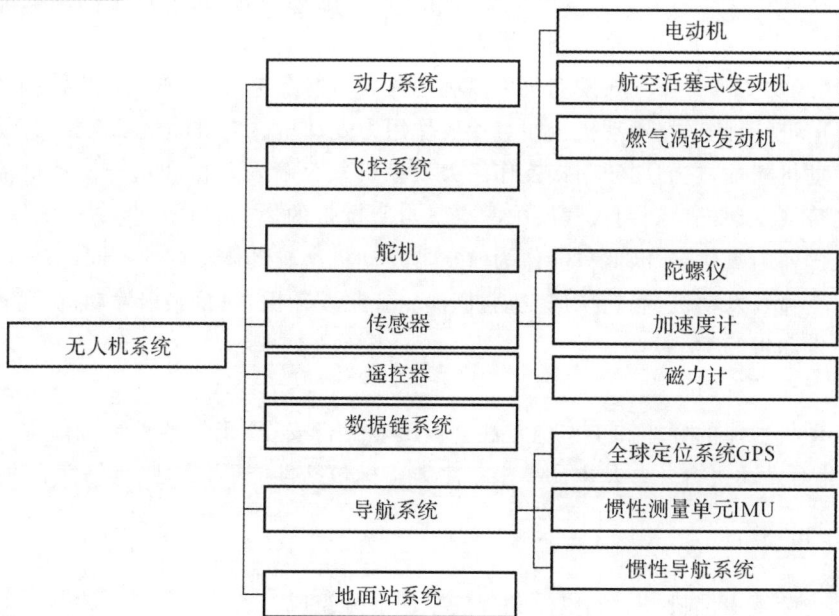

— 41 —

3.1 动 力 系 统

动力系统为无人机提供飞行动力。

无人机的动力系统类型有两种:电池动力的电动机和燃油动力的发动机。

(1)电池动力的电动机按结构形式可分为内转子和外转子两种类型。电动机是把电能转换为机械能的装置。

(2)燃油动力的发动机按结构特点可分为活塞发动机、燃气涡轮发动机、转子发动机、脉冲式发动机和火箭式发动机等。发动机是一种把化学能转换为机械能的装置。

航空发动机是一种高度复杂和精密的热力机械,为航空器提供飞行所需动力。作为飞机的心脏,被誉为"工业之花"和"工业皇冠上的明珠",它直接影响飞机的性能、可靠性及经济性,是一个国家科技、工业和国防实力的重要体现。

目前,世界上能够独立研制高性能航空发动机的只有美国、俄罗斯、英国和法国等少数几个国家,技术门槛很高。

为航空器提供动力,推动航空器前进的装置称为航空发动机,又叫作航空动力装置,其包括发动机本身以及保证发动机正常工作的附件及系统,如燃油系统、冷却系统、滑油系统和螺旋桨等。

1.航空发动机的分类

发动机是一种将某种能量转换成机械功的动力装置。根据能量来源的不同可分为热力发动机、水力发动机、电力发动机和原子能发动机等。

根据能量转换规律,航空发动机可分为两大类型:活塞式发动机和喷气式发动机。

(1)活塞式发动机。活塞式发动机是一种把燃料的热能转化为带动螺旋桨转动的机械能的发动机。螺旋桨高速旋转,使空气加速向后流动,空气对螺旋桨产生反作用力,从而推动飞行器前进。活塞式发动机不能直接产生使飞行器前进的推力,而是通过带动螺旋桨转动产生推力,因此这类发动机也叫间接反作用力发动机。

(2)喷气式发动机。喷气式发动机可以利用向后喷射高速气流,直接产生向前的反作用力推动飞行器前进,因此这类发动机也叫直接反作用力发动机。空气喷气发动机(螺旋桨发动机和涡轮轴发动机除外,它们属于间接反作用力发动机)、火箭发动机和组合发动机都属于这种类型。空气喷气发动机是利用大气层中的空气与所携带的燃料燃烧产生高温气体,它依赖于空气中的氧气作为氧化剂,因此只能作为航空器发动机。按具体结构的不同,空气喷气发动机又可分为涡轮喷气发动机、涡轮风扇发动机、涡轮螺桨发动机、涡轮桨扇发动机、涡轮轴发动机和冲压喷气发动机等类型。

2.对航空发动机的要求

航空发动机性能的好坏和工作稳定性直接影响飞行安全、飞机的性能和航空公司营运经济效益,因此对发动机有一些基本的要求。主要指标包括性能、可靠性、维修性和寿命等。

3.1.1 电动机

电源动力装置由电机、电调、电池和螺旋桨四部分组成。

无人机使用电动机作为动力具有其他动力装置无法比拟的优点,如结构简单、质量轻、使用方便,可使无人机的噪声和红外特性很小,同时又能提供与内燃机不相上下的比功率。它尤其适合作为低空、低速和微型无人机的动力。

1. 电机

民用无人机使用的动力电机可以分为两类:有刷电机和无刷电机。其中有刷电机在无人机领域已经不再使用。

电机常用的参数:T 数、KV 值和尺寸。

(1)电机 T 数:电机 T 数表示线圈绕了多少圈,例如线圈绕了 21 圈,则称为 21 T。无刷电机因为结构限制,常见都是从输入端开始,结束于另外一端,所以常见都是多半圈,于是大多数无刷电机都是 4.5 T,8.5 T 和 21.5 T。

(2)KV 值:KV 值是指输入电压增加 1 V,无刷电机空转转速的增加量。例如:1 000 KV 电机,外加 1 V 电压,电机空转时转速为 1 000 r/min,外加 2 V 电压,电机空转转速就变为 2 000 r/min 了。计算方法为:电机的转速(空载)＝KV 值×电压;例如 1 000 KV 的电机在 10 V 电压下它的转速(空载)就是 10 000 r/min。

(3)尺寸:电机 4 个数字的含义,其中前面 2 位是电机转子的直径,后面 2 位是电机转子的高度。注意,不是外壳。

2. 电调

动力电机的调速系统统称为电调,全称为电子调速器,针对动力电机不同,可分为有刷电调和无刷电调。

电调的作用就是将飞控板的控制信号,转变为电流的大小,以控制电机的转速。

对于它们的连接,一般情况下,电调的输入线与电池连接;电调的输出线(有刷两根,无刷三根)与电机连接;电调的信号线与接收机连接。

另外,电调一般有电源输出功能,即在信号线的正负极之间有 5 V 左右的电压输出,通过信号线为接收机及舵机供电。

电调都会标上电流数,如 20 A,40 A,这个数字就是电调能够提供的电流。大电流的电调可以兼容用在小电流的地方,而小电流的电调不能超标使用。常见新西达 2212 加 1045 桨最大电机电流有可能达到 5 A,为了保险起见,建议这种配置使用 40 A 电调(20 A 电调也多有使用)。

3. 螺旋桨

螺旋桨安装在电机上,多旋翼无人机安装的都是不可变总距的螺旋桨,主要指标有螺距和尺寸。

桨的指标是 4 位数字,前面 2 位代表桨的直径(单位:in,1 in＝25.4 mm),后面 2 位是桨的螺距。

电机与螺旋桨的搭配:螺旋桨越大,升力就越大,但对应需要更大的力量来驱动;螺旋桨转速越高,升力越大;电机的 KV 值越小,转动力量就越大。

综上所述,大螺旋桨就需要用低 KV 值电机,小螺旋桨就需要高 KV 值电机(因为需要用转速来弥补升力不足)。

如果用高 KV 值电机带动大桨,力量不够,那么就很困难,实际还是低速运转,电机和电调很容易烧掉;如果用低 KV 值电机带动小桨,完全没有问题,但升力不够,可能造成无法起飞。

对于电机需要使用对应的螺旋桨,表 3-1 中列出了几种电机与桨的选择。

表 3-1　电机与桨的选择

电机/KV 值	桨/in
800～1 000	11～10
1 000～1 200	10～9
1 200～1 800	9～8
1 800～2 200	8～7
2 200～2 600	7～6
2 600～2 800	6～5
2 800 以上	4530 桨

4.电池

(1)飞机蓄电池。蓄电池(storage battery)是将化学能直接转化成电能的一种装置。

按照电解质的性质不同,航空蓄电池可以分为酸性蓄电池和碱性蓄电池两大类。

1)铅酸(酸性)蓄电池。充放电时的化学方程式如下:

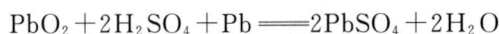

$$PbO_2 + 2H_2SO_4 + Pb \Longrightarrow 2PbSO_4 + 2H_2O$$

2)镍镉(碱性)蓄电池。镍镉蓄电池的充放电化学方程式如下:

$$2NiO(OH) + 2H_2O + Cd \Longrightarrow 2Ni(OH)_2 + Cd(OH)_2$$

(2)电池的性能参数。

1)额定电压。额定电压(或公称电压)是指该电化学体系的电池工作时公认的标准电压。例如,锌锰干电池为 1.5 V,镍镉电池为 1.2 V,铅酸蓄电池为 2 V,锂聚合物电池为 3.7 V。

2)开路电压。电池的开路电压是无负荷情况下的电池电压。开路电压不等于电池的电动势。必须指出,电池的电动势是从热力学函数计算而得到的,而电池的开路电压则是实际测量出来的。

3)工作电压。工作电压是指电池在某负载下实际的放电电压,通常是指一个电压范围。例如,铅酸蓄电池的工作电压为 2～1.8 V;镍氢电池的工作电压为 1.5～1.1 V;锂离子电池的工作电压为 3.6～2.75 V;锂聚合物电池的工作电压为 3.7～4.2 V。

4)充电电压。充电电压是指外电路直流电压对电池充电的电压。一般的充电电压要大于电池的开路电压,通常在一定的范围内。例如,镍镉电池的充电电压为 1.45～1.5 V;锂离子电池的充电电压为 4.1～4.2 V;铅酸蓄电池的充电电压为 2.25～2.5 V。

5)阻抗。电池内具有很大的电极-电解质界面面积,故可将电池等效为一大电容与小电阻、电感的串联电路。但实际情况复杂得多,尤其是电池的阻抗随时间和直流电平而变化,所测得的阻抗只对具体的测量状态有效。

6)容量。电池的容量单位为库仑(C)或安·时(A·h)。表征电池容量特性的专用术语有

以下三个。·

A. 理论容量。理论容量是指根据参加电化学反应的活性物质电化学当量数计算得到的电量。通常，理论上 1 电化学当量物质将放出 1 法拉第电量，即 96 500 C 或 26.8 A·h(1 电化学当量物质的量，等于活性物质的原子量或分子量除以反应的电子数)。

B. 额定容量。额定容量是指在设计和生产电池时，规定或保证在指定放电条件下电池应该放出的最低限度的电量。

C. 实际容量。实际容量是指在一定的放电条件下，即在一定的放电电流和温度下，电池在终止电压前所能放出的电量。

电池的实际容量通常比额定容量大 10%～20%。

电池容量的大小，与正、负极上活性物质的数量和活性有关，也与电池的结构、制造工艺和电池的放电条件(电流、温度)有关。影响电池容量因素的综合指标是活性物质的利用率。换言之，活性物质利用得越充分，电池给出的容量也就越高。

7) 比能量和比功率。电池的输出能量是指在一定的放电条件下，电池所能做的电功，它等于电池的放电容量和电池平均工作电压的乘积，其单位常用瓦时(W·h)表示。

电池的比能量有两种。一种叫重量比能量，用瓦时/千克(W·h/kg)表示；另一种叫体积比能量，用瓦时/升(W·h/L)表示。比能量的物理意义是电池为单位质量或单位体积时所具有的有效电能量。它是比较电池性能优劣的重要指标。需要说明的是，单体电池和电池组的比能量是不一样的。由于电池组合时总要有连接条外部容器和内包装层等，所以电池组的比能量总是小于单体电池的比能量。

电池的功率是指在一定的放电条件下，电池在单位时间内所能输出的能量。单位是瓦(W)，或千瓦(kW)。电池的单位质量或单位体积的功率称为电池的比功率，它的单位是瓦/千克(W/kg)或瓦/升(W/L)。如果一个电池的比功率较大，则表明在单位时间内，单位质量或单位体积中给出的能量较多，即表示此电池能用较大的电流放电。因此，电池的比功率也是评价电池性能优劣的重要指标之一。

8) 储存性能和自放电。电池经过干储存(不带电解液)或湿储存(带电解液)一定时间后，其容量会自行降低，这个现象称为自放电。所谓"储存性能"是指当电池开路时，在一定的条件下(如温度、湿度)储存一定时间后自放电的大小。

电池在储存期间，虽然没有放出电能量，但是在电池内部总是存在着自放电现象。这是由于干储存期间密封不严，水分、空气及二氧化碳等物质使处于热力学不稳定状态的部分正极和负极活性物质构成微电池腐蚀机理，自行发生氧化还原反应而造成电能消耗。如果是湿储存，更是如此，长期处在电解液中的活性物质也是不稳定的。负极活性物质大多是活泼金属，都会发生阳极自溶。酸性溶液中，负极金属是不稳定的，在碱性溶液及中性溶液中也非十分稳定。

自放电的大小，也能用电池储存至某规定容量时的天数表示，称为储存寿命。储存寿命有两种，即干储存寿命和湿储存寿命。对于在使用时才加入电解液的电池储存寿命，习惯上也称为干储存寿命。干储存寿命可以很长。对于出厂前已加入电解液的电池储存寿命，习惯上称为湿储存寿命(或湿荷电寿命)。湿储存时自放电严重，寿命较短。如银锌电池的干储存寿命可达 5～8 年，但它的湿储存寿命通常只有几个月。

9)寿命。电池的寿命有"干储存寿命"和"湿储存寿命"两个概念。必须指出,这两个概念仅是针对电池自放电大小而言的,并非电池的实际使用期限。电池的真正寿命是指电池实际使用的时间长短。

对一次电池而言,电池的寿命是表征给出额定容量的工作时间(与放电倍率大小有关)。

对二次电池而言,电池的寿命分充放电循环寿命和湿搁置使用寿命两种。

A. 充放电循环寿命是衡量二次电池性能的一个重要参数。经受一次充电和放电,为一次循环(或一个周期)。在一定的充放电制度下,电池容量降至某一规定值之前,电池能耐受的充放电次数,称为二次电池的充放电循环寿命。充放电循环寿命越长,电池的性能越好。在目前常用的二次电池中,镉镍电池的充放电循环寿命为 500~800 次,铅酸电池为 200~500 次,锂电池为 600~1 000 次,锌银电池很短,为 100 次左右。

二次电池的充放电循环寿命与放电深度、温度和充放电制式等条件有关。所谓"放电深度"是指电池放出的容量占额定容量的比例。减少放电深度(即"浅放电"),二次电池的充放电循环寿命可以大大延长。

B. 湿搁置使用寿命也是衡量二次电池性能的重要参数之一。它是指电池加入电解液后开始进行充放电循环直至充放电循环寿命终止的时间(包括充放电循环过程中电池处于放电态湿搁置的时间)。湿搁置使用寿命越长,电池性能越好。在目前常用的电池中,镉镍电池的湿搁置使用寿命为 2~3 年,铅酸电池为 3~5 年,锂电池为 5~8 年,锌银电池最短,只有 1 年左右。

(3)无人机常用的电池类型。无人机上常用的电池类型有锂聚合物电池、镍氢电池、镍铬电池和铅酸电池。其中使用最多的是锂聚合物电池,下面做以简单介绍。

锂离子电池的正极材料通常由锂的活性化合物组成,负极则是特殊分子结构的碳。常见的正极材料主要成分为 $LiCoO_2$(氧化钴锂),在充电时,加在电池两极的电势迫使正极的化合物释出锂离子,嵌入负极分子排列呈片层结构的碳中;在放电时,锂离子则从片层结构的碳中析出,重新和正极的化合物结合。锂离子的移动产生了电流。

虽然锂离子电池很少有镍镉电池的记忆效应,记忆效应的原理是结晶化,在锂电池中几乎不会产生这种反应。但是,锂离子电池在多次充放电后容量仍然会下降,其原因是复杂而多样的,主要是正负极材料本身的变化,从分子层面来看,正负极上容纳锂离子的空穴结构会逐渐塌陷、堵塞;从化学角度来看,正负极材料活性钝化,出现副反应生成稳定的其他化合物;物理上还会出现正极材料逐渐剥落等情况,总之最终降低了电池中可以自由在充放电过程中移动的锂离子数目。

过度充电和过度放电将对锂离子电池的正负极造成永久的损坏。从分子层面看,可以这样直观地理解:过度放电将导致负极碳过度释出锂离子而使得其片层结构出现塌陷,过度充电将把太多的锂离子硬塞进负极碳结构里去,而使得其中一些锂离子再也无法释放出来。这也是锂离子电池通常配有充放电的控制电路的原因。

不适合的温度将引发锂离子电池内部产生其他化学反应,生成不希望看到的化合物,因此在不少的锂离子电池正负极之间设有保护性的温控隔膜或电解质添加剂。在电池升温到一定的情况下,复合膜膜孔闭合或电解质变性,电池内阻增大直到断路,电池不再升温,确保电池充电温度正常。

电池在使用过程中应注意以下事项。

1)每次使用建议单片放电电压下限为 3.6 V,最好每次使用时保证充满(单片电压 4.2 V)后使用至 3.6 V 再进行充电。

2)每次使用保证电池冷却后再进行充电。

3)一段时间可做一次保护电路控制下的深充放以修正电池的电量统计,但这不会提高电池的实际容量。

4)长期不用的电池,应放在阴凉的地方以减弱其内部自身钝化反应的速度。

5)避免过充过放。

6)保护电路也无力监控电池的自放电,长期不用的电池,应充入一定的电量以防电池在存储中自放电过量导致过度放电的损坏。

7)过充、过放是电池损坏的最常见形式,单节电池的过充电压为 4.25 V,过放电压为 2.75~2.8 V,一般充电至 4.2 V,放电至 3.6 V。

8)保证电池的温度≤65℃。

9)长期存储时,应把电池单片电压放电至 3.8~3.9 V。

10)可重复充放使用 50~100 次。

镍氢电池使用注意事项如下。

1)镍氢电池可进行充放电 500 次。

2)记忆效应比较严重,尽量在完全没电时才进行充电,以延长使用寿命。

3)镍镉电池在 10 次左右的充放电循环之后,进行一次过充电,即充电时间比正常充电时间延长一倍左右。

4)镍镉电池长期不用时无须充电保存,将电池放电至终止电压后封装存放在原包装纸盒或用布、纸包装后,置于干燥、通风处存放。

3.1.2　航空活塞式发动机

由于活塞式发动机具有燃油消耗率低、运行成本低和工作可靠等特点,所以在喷气式发动机发明之前的近半个世纪内,它是唯一可用的航空动力装置。它目前仍广泛应用于飞行训练用的教练机、施肥与灭虫用的农业机、灭火救生用的直升机、旅游用的轻型客机、特技飞行等各种飞机。

1.类型

航空活塞式发动机类型众多,可以不同角度进行划分。

(1)按油气混合物配制方式分为化油器式(汽化器式)和喷油式航空活塞发动机。

(2)按冷却方式分为液冷式和气冷式。

(3)按是否带增压分为自然吸气式和增压式发动机。

(4)按有无减速器。按曲轴与螺旋桨之间有无减速器,分为直接驱动和非直接驱动的发动机。

(5)按汽缸排列形式分为直列式和星形发动机,如图 3-1 所示。

图 3-1　星形发动机

2.主要组件

航空活塞式发动机的主要组件包括气缸、活塞、连杆、曲轴、火花塞和排气活门等,如图3-2所示。

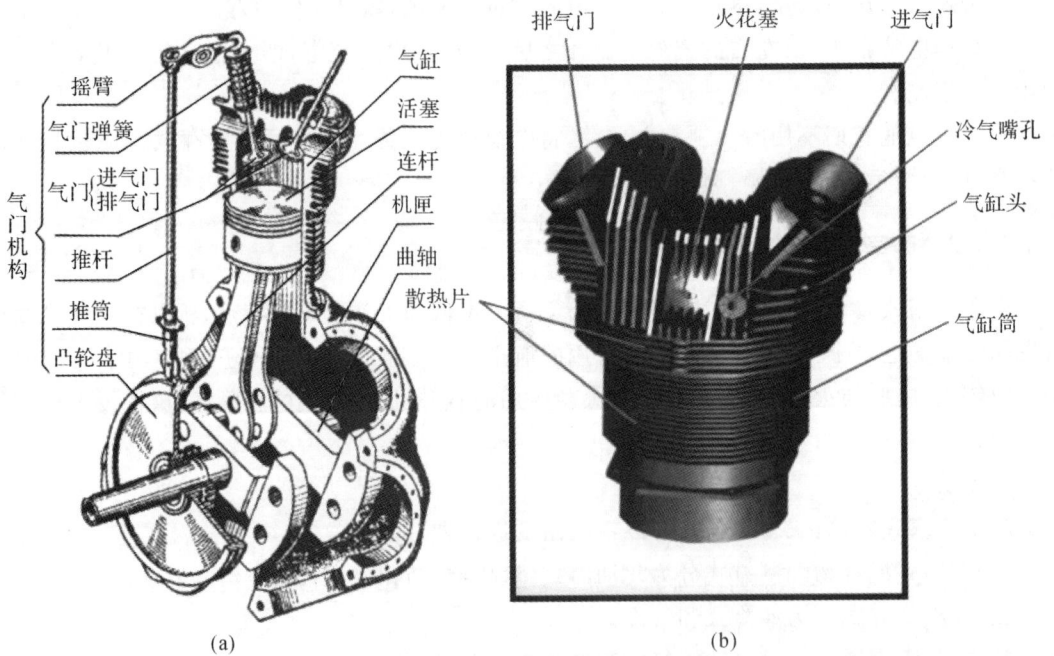

(a)　　　　　　　　　　　(b)

图 3-2　航空活塞式发动机的主要组件

(a)半剖视图;　(b)实物图

(1)气缸。气缸是发动机的工作腔,油气混合气体在气缸内燃烧,产生高温高压燃气推动活塞做直线运动,并带动曲轴旋转。气缸头部装有保证油气混合气体进入气缸的进气活门和将燃烧后的废气排出缸体的排气活门。气缸呈圆筒形,固定在机匣上,其内壁是燃烧室的组成部分。

(2)活塞。活塞用于承受油气混合气体在燃烧时所产生的燃气压力,并将燃料燃烧后的内能转变为活塞运动的机械能,活塞在气缸中处于的最上位置,称为上死点位置;活塞在气缸中处于的最下位置,称为下死点位置。活塞在气缸中做往复运动,如图3-3所示。

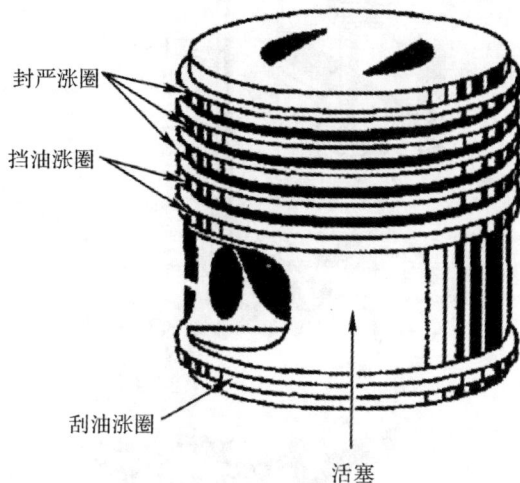

封严涨圈

挡油涨圈

刮油涨圈

活塞

图3-3　活塞与涨圈

(3)连杆和曲轴。连杆将活塞和曲轴连接在一起,用来传递活塞和曲轴之间的运动。曲轴将活塞的往复直线运动转变为曲轴的旋转运动,并将从每个气缸获得的功传输到螺旋桨,带动螺旋桨转动,使发动机产生推力。两者又称为曲拐机构。

(4)火花塞。火花塞又称电嘴,它的功能是适时高压放电,点燃气缸中新鲜的油气混合物。

(5)气门机构。气门机构由进气门,排气门,进、排气凸轮轴,推杆和摇臂等组成[见图3-2(a)和图3-4]。

3.工作原理

(1)基本术语(见图3-5)。

1)上死点;

2)下死点;

3)活塞行程;

4)全体积;

5)工作体积;

6)余隙体积;

7)压缩比。

(2)工作原理。航空活塞式发动机一般都用汽油作为燃料,基本工作原理如图3-6所示,一个工作循环由进气、压缩、膨胀和排气四个冲程组成(即活塞在气缸中上下运动各两次)。

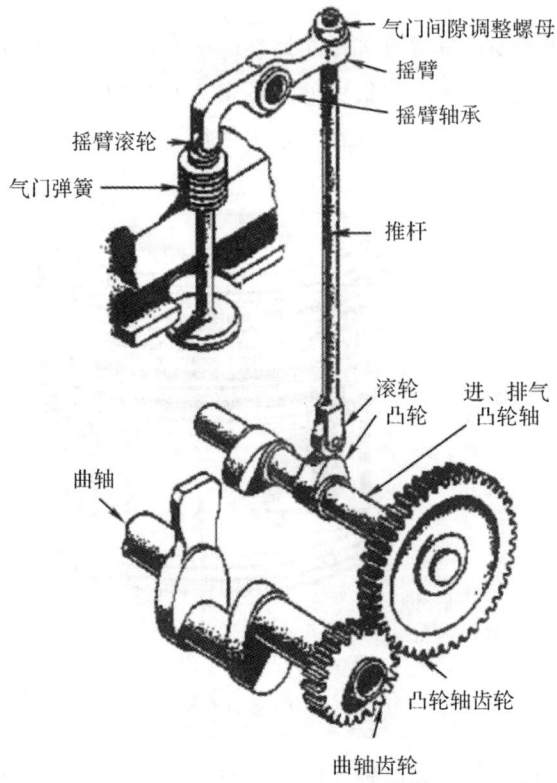

气门间隙调整螺母
摇臂
摇臂轴承
摇臂滚轮
气门弹簧
推杆
滚轮
凸轮
进、排气凸轮轴
曲轴
凸轮轴齿轮
曲轴齿轮

图 3-4 气门机构

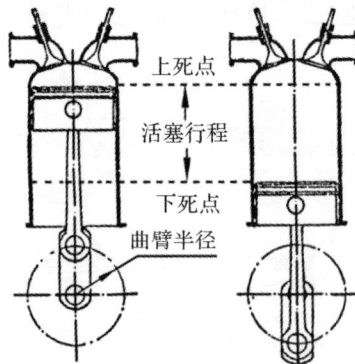

上死点
活塞行程
下死点
曲臂半径

图 3-5 上死点与下死点

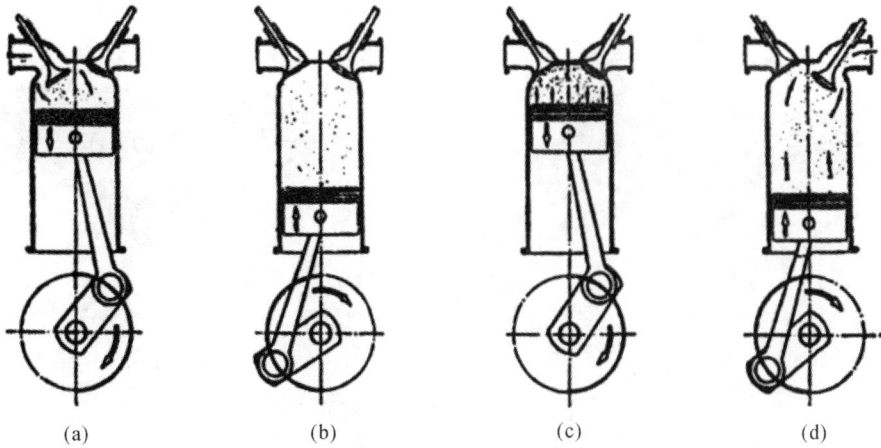

图 3-6 航空活塞式发动机的四个冲程

(a)进气冲程；(b)压缩冲程；(c)膨胀冲程；(d)排气冲程

在进气冲程,活塞从上死点运动到下死点,进气活门开放而排气活门关闭,雾化了的汽油和空气的混合气体被下行的活塞吸入气缸内。

在压缩冲程,活塞从下死点运动到上死点,进气活门和排气活门都关闭,混合气体在气缸内被压缩,在上死点附近,由装在气缸头部的火花塞点火。

在膨胀冲程,混合气体点然后,具有高温高压的燃气开始膨胀,推动活塞从上死点向下死点运动。在此冲程,燃烧气体所蕴含的内能转变为活塞运动的机械能,并由连杆传给曲轴,成为带动螺旋桨转动的动力。因此膨胀冲程也叫做功冲程。

在排气冲程,活塞从下死点运动到上死点,排气活门开放,燃烧后的废气被活塞排出缸外。当活塞到达上死点后,排气活门关闭,此时就完成了 4 个冲程的循环。

为满足功率的要求,航空发动机一般都是由多气缸组合构成的,多个缸体同时工作带动曲轴和螺旋桨转动以产生足够的动力。缸体的数量和布置形式多种多样,图 3-7 为几种类型的缸体布置形式。不管是哪种布置形式都必须保证活塞运动与曲轴运动的协调,不能在运动中相互牵制。

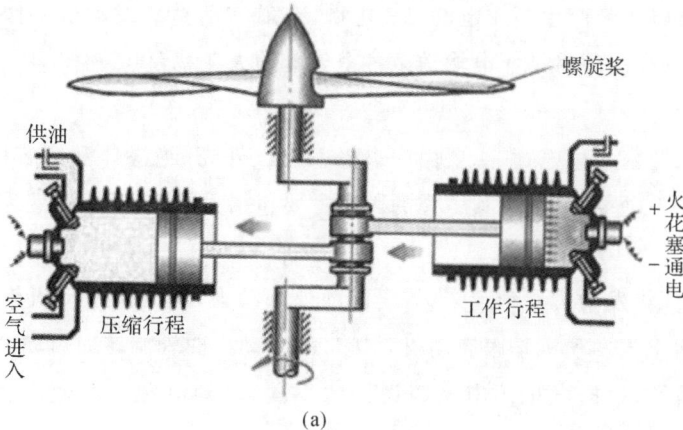

图 3-7 缸体布置形式

(a)2缸水平对置

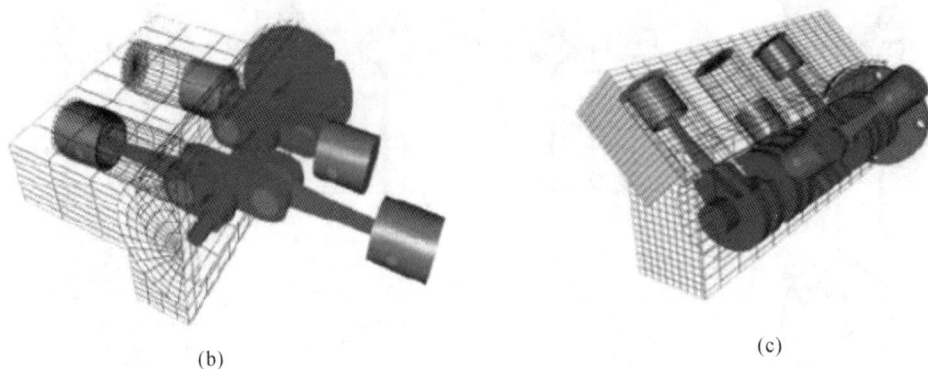

(b)

(c)

续图 3-7 缸体布置形式

(b)4 缸水平对置；　(c)6 缸 V 形布置

活塞式发动机的运转速度很高,气缸内每秒钟要点火燃烧数十次。高温高压的工作条件使得气缸壁温度很高,因此活塞发动机必须配备冷却系统。最早活塞发动机上采用的是液体冷却,液冷式发动机的气缸采用直线排列(小型发动机)或 V 形排列,在发动机机体外壳内有水箱、水泵、散热器和相应的管路系统等,结构复杂而笨重。

因此后来采用气冷式冷却系统。气冷式发动机气缸以曲轴为中心,排成星形。气缸外面有很多散热片,飞行时产生的高速气流将气缸壁的热量散去,达到冷却的目的。

4.辅助系统

航空活塞式发动机在正常工作过程中,除了需要上述基本组件外,还需要辅助系统配合才能持续运转。这些辅助系统主要包括点火系统、启动系统、燃油系统、润滑系统、冷却系统、进气系统和定时系统等。

(1)点火系统。航空活塞式发动机的点火系统由磁电机产生的高压电在规定时间产生电火花,将气缸内的混合气体点燃。主要包括磁电机、火花塞(电嘴)、磁电机开关和高压导线等,如图 3-8 所示。

1)磁电机。磁电机是产生高压电的自备电源,在航空活塞式发动机工作时用来产生高压电,并按各气缸的点火次序将高压电输送至各个气缸的火花塞,供产生电火花之用,如图 3-9所示。

2)火花塞。火花塞又称电嘴,主要由中央极、旁极、外壳、绝缘体和钢芯杆等组成,用来产生电火花,如图 3-10 所示。影响其工作的因素主要包括火花塞间隙、火花塞挂油积炭受潮和火花塞温度。

(2)启动系统。将发动机发动起来,需要借助外来动力,通常用电动机带动曲柄使发动机启动。现代航空活塞式发动机是由启动机直接带动发动机曲轴旋转而启动的。

如图 3-11 所示,根据飞机用电系统设计的不同,启动电源一般使用直流 24 V 或直流 12 V电源。

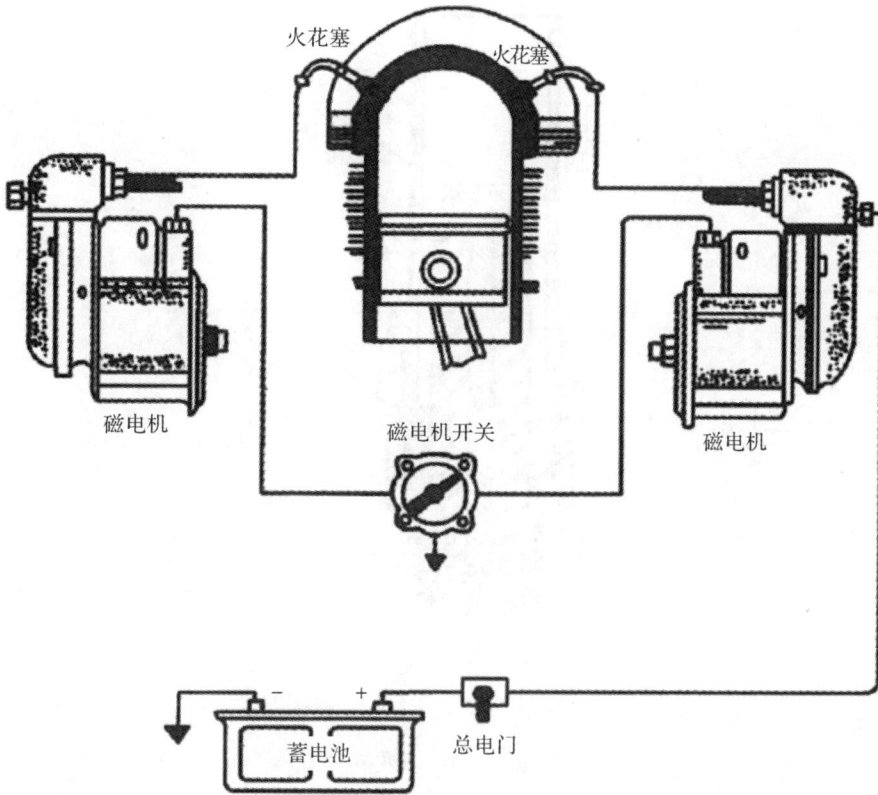

图 3-8　点火系统的组成

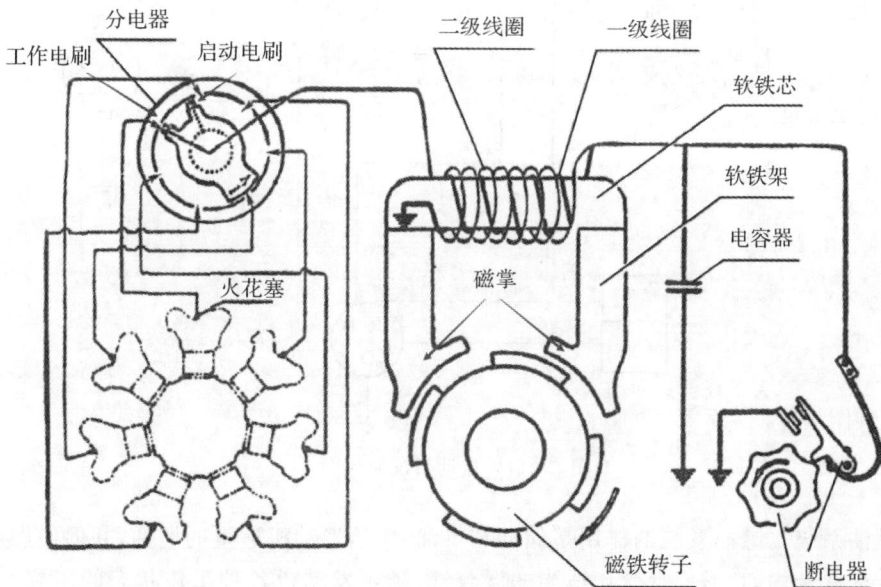

图 3-9　磁电机的组成

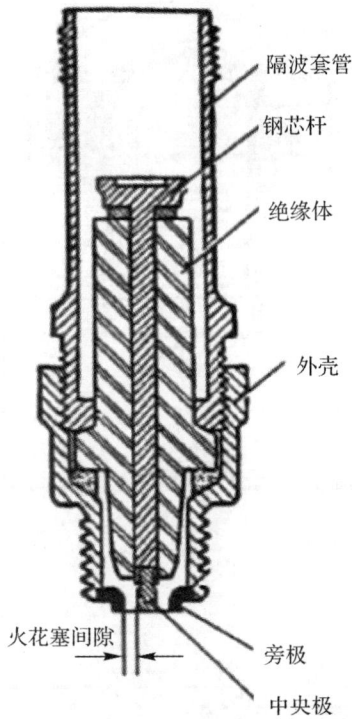

图 3-10 火花塞

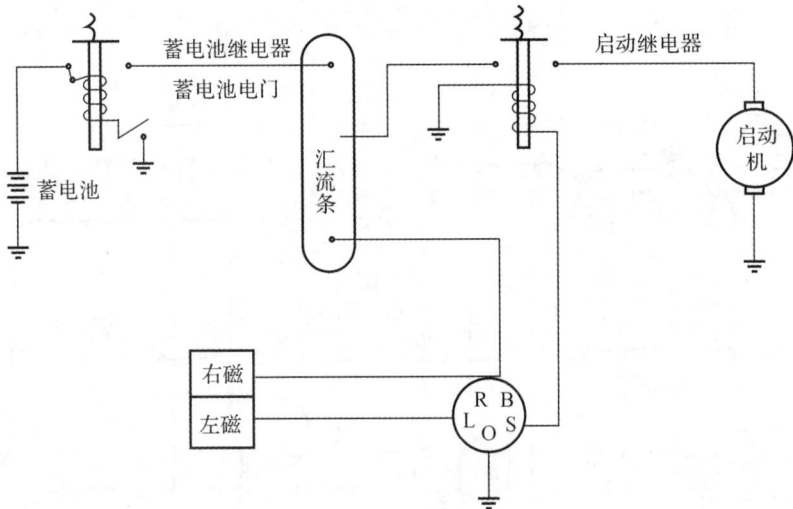

图 3-11 启动系统原理图

(3)燃油系统。燃油系统的作用是储油和供油,供给发动机适量的燃油,并促使燃油雾化、汽化,与空气混合均匀,形成混合比适当的混合气,满足发动机各种工作状态的需要。目前航空活塞式发动机常用的燃油系统有化油器式和喷油式两种。

1)化油器式燃油系统,主要由油箱、油滤、油泵、启动油泵和化油器等组成。

2)喷油式燃油系统,主要由油箱、油滤、油泵、启动油泵、压力油泵、喷油嘴和混合比调节器等附件组成。

(4)润滑系统。为减轻摩擦,避免机件过热,设置润滑系统。其主要任务是把数量足够和黏度适当的润滑油循环不息地输送至各摩擦面上,使机件得到良好的润滑和冷却。

1)润滑方式。目前,航空活塞式发动机机件的润滑方式主要有两种,即泼溅润滑和压力润滑。

2)润滑系统的工作。根据润滑油储存方式的不同,将润滑系统分为湿机匣润滑系统和干机匣润滑系统。

(5)冷却系统。航空活塞式发动机冷却的目的就是保持气缸头温度在规定的范围内。

1)两种冷却系统。以空气为冷却剂的冷却系统,称为气冷式冷却系统;以液体为冷却剂的冷却系统,称为液冷式冷却系统。

2)冷却系统的组成。以气冷式冷却系统为例,其主要由散热片、导风板、整流罩和风门(鱼鳞板)等组成。

3)影响气缸温度的因素及其调节。气缸温度的高低,取决于气缸内燃气传给气缸壁的热量和散热空气所能带走的热量。

3.1.3　燃气涡轮发动机

燃气涡轮发动机是目前应用最广泛的航空发动机,它主要由压气机、燃烧室和涡轮组成。空气在压气机中被压缩后,进入燃烧室,与喷入的燃油混合燃烧,生成高温高压燃气。燃气在膨胀过程中驱动涡轮做高速旋转,将部分能量转化为涡轮的机械能。涡轮带动压气机不断吸进空气并进行压缩,使发动机能连续工作。压气机、燃烧室和涡轮这三大部件组成了燃气涡轮发动机的核心机,它不断输出具有一定可用能量的燃气,因此又叫燃气发生器。按核心机出口燃气可用能量的利用方式不同,燃气涡轮发动机分为涡轮喷气发动机、涡轮风扇发动机、涡轮螺桨发动机、涡轮桨扇发动机、涡轮轴发动机和垂直起落发动机等。与航空活塞式发动机相比,燃气涡轮发动机具有推重比高、速度性能好等显著优点,迅速成为民航运输市场的主流动力装置。

当前,在民用飞机上使用的燃气涡轮发动机主要有涡轮喷气发动机、涡轮螺旋桨发动机、涡轮轴发动机和涡轮风扇发动机。

1. 涡轮喷气发动机

涡轮喷气发动机和活塞式发动机一样属于热机,都是利用空气中的氧气,并燃烧化学燃料产生热能,再转化成机械能输出动力。因此,它在工作时也需要有进气、压缩、膨胀和排气四个阶段。所不同的是,活塞式发动机这四个阶段是依次进行的,一个循环完成后再进行下一个循环,而涡轮喷气发动机这四个阶段是同时连续进行的,即空气首先由进气道进入发动机,空气流速降低,压力升高。当气流经过压缩机后,空气压力可提高几倍到数十倍。具有较高压力的空气进入燃烧室,与从喷嘴喷出的燃料充分混合,经点火后燃烧。此后,燃烧产生的高温高压气体驱动涡轮工作,高速旋转的涡轮产生机械能,带动压气机和其他附件工作。涡轮出口燃气直接在喷管中膨胀,使燃气可用能量转变为高速喷射的动能而产生反作用力。

涡轮喷气发动机主要由进气道、压气机、燃烧室、涡轮和尾喷管组成,如图 3-12 所示。

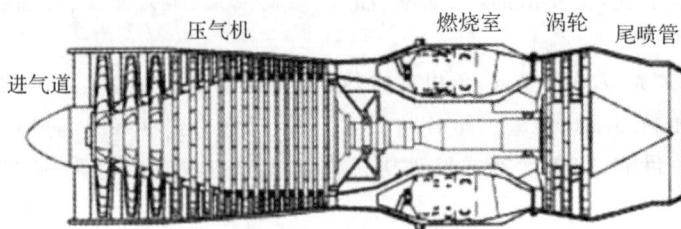

图 3-12 涡轮喷气发动机

(1)进气道。进气道是发动机的进气通道,它的主要作用是整理进入发动机的气流,把足够的外界空气,以较小的流动损失供给发动机所需要的空气量。

(2)压气机。在常压下,燃油与空气混合燃烧后,释放出的热能转化成机械能的效率很低,因此在航空燃气涡轮发动机中,通过压气机增压来提高能量的转换效率。

(3)燃烧室。燃烧室的功用是将空气和燃油混合并燃烧释放热量,便于燃气在涡轮中膨胀做功。燃烧室常用的有 3 种类型:单管燃烧室、环管燃烧室和环形燃烧室。

(4)涡轮。涡轮的功用是将燃烧室出口的高温、高压气体的能量转化为机械能,带动压气机和发动机附件,在涡桨和涡轴发动机中,还用来带动螺旋桨或旋翼。

(5)尾喷管。尾喷管是发动机的排气系统,将涡轮排出的燃气以一定的速度和方向排入大气。

2.涡轮螺旋桨发动机

涡轮喷气发动机的速度高、推力大,适用于以较高速度飞行的飞机。在较低的速度下,由于耗油率太大,所以很不经济。

活塞式发动机虽然比较适合在低速下飞行,但由于其功率小、质量大和振动大等缺点,其使用范围也越来越受到限制,目前一般只用于飞行速度较低的小型飞机上。

对于飞行速度在 500～700 km/h 的中小型飞机,为了进一步改善发动机的经济性,现在普遍采用涡轮螺旋桨发动机。

涡轮螺旋桨发动机速度高、推力大,适合以较高速度飞行的飞机,如图 3-13 所示。

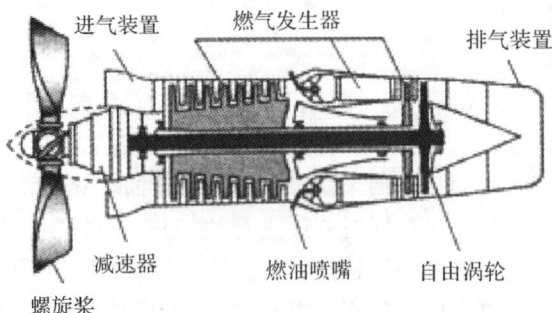

图 3-13 双转子涡轮螺旋桨发动机

涡轮螺旋桨发动机是一种主要由螺旋桨提供拉力和燃气提供少量推力的燃气涡轮发动机。涡轮带动螺旋桨转动,产生拉力,从涡轮出来的气流从尾喷口喷出,产生推力。由于涡轮燃气的大部分能量都转变成轴功率带动螺旋桨和压气机转动,所以,螺旋桨产生的拉力占飞机总推力的主要部分,约为 90%;而只有很小一部分燃气能量在尾喷管中膨胀加速,并产生推力,排气推力一般不超过 10%。

3.涡轮轴发动机

涡轮轴发动机是现代直升机的主要动力,它的组成部分和工作过程与涡轮螺旋桨发动机很类似,所不同的是燃气的可用能量几乎全部转变为涡轮的轴功率,用于通过减速器带动直升机的旋翼和尾桨旋转,因而燃气不提供推力。涡轮的输出轴可以由发动机的前部伸出,也可以由发动机的后部伸出。由于直升机的旋翼和尾桨转速不能太大,所以涡轮轴和旋翼之间有必要加装减速装置进行减速后再输出功率,也可以由后面的自由涡轮直接带动旋翼转动。

涡轮轴发动机采用两套涡轮,一套带动压气机,而另一套则是专门输出功率的自由涡轮,也称动力涡轮,如图 3-14 所示。

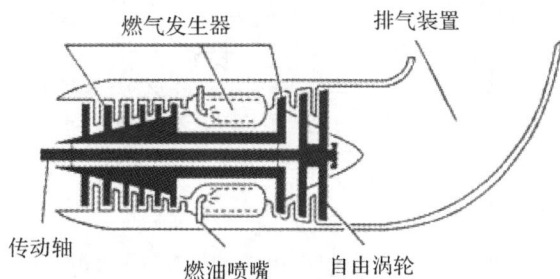

图 3-14　涡轮轴发动机

涡轮轴发动机与活塞式发动机相比,其主要优点是功率大、质量轻和体积小,且由于没有活塞式发动机的往复运动,所以振动小、噪声低。涡轮轴直升机无论从航程、速度、升限还是装载量上都比活塞式直升机要大,经济性也更好,但耗油量要比活塞式发动机大,随着功率的增加,此差距将会缩小。

4.涡轮风扇发动机

采用涡轮风扇发动机,将显著提高飞机的速度、高度、航程和经济性。

涡轮风扇发动机增加了桨叶数目和排数,并将所有桨叶叶片包在机匣内,构成风扇,如图 3-15 所示。

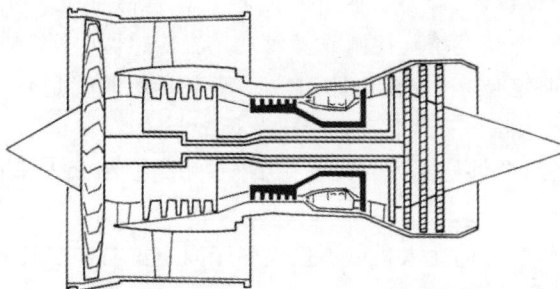

图 3-15　典型涡轮风扇发动机

涡轮风扇发动机与涡轮喷气发动机相比,具有以下特点:

(1)起飞、复飞推力大；

(2)发动机的总效率高,经济性好；

(3)排气噪声低。

图3-16所示为各种类型的空气喷气发动机大致的适用范围：①直升机使用的涡轮轴发动机；②涡轮螺旋桨发动机；③涡轮风扇发动机；④涡轮喷气发动机；⑤加力式涡轮喷气发动机和加力式涡轮风扇发动机；⑥超声速冲压式喷气发动机和组合式发动机；⑦超声速燃烧冲压式发动机。

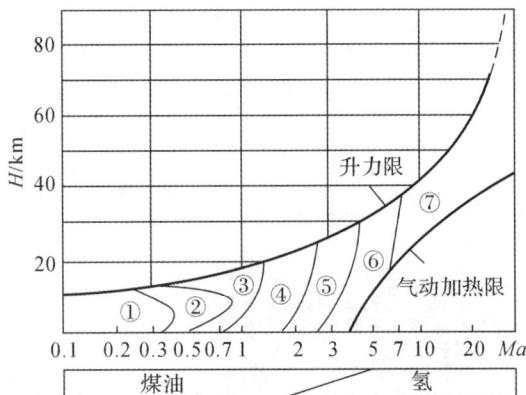

图3-16 各类燃气涡轮发动机的适用范围

3.2 飞控系统

3.2.1 简述

无人机的飞行控制系统(以下简称"飞控系统")是无人机完成起飞、空中飞行、执行任务和返场回收等整个飞行过程的核心系统,飞控系统对于无人机相当于驾驶员对于有人机的作用,是无人机最核心的技术之一。飞控系统一般包括传感器、机载计算机和伺服作动设备三大部分,实现的功能主要有无人机姿态稳定和控制、无人机任务设备管理和应急控制三大类。

飞控系统主要由陀螺仪(飞行姿态感知)、加速度计、地磁感应、气压传感器(悬停高度粗略控制)、超声波传感器(低空高度精确控制或避障)、光流传感器(悬停水平位置精确确定)、GPS模块(水平位置高度粗略定位)和控制电路组成。其主要功能就是自动保持飞机的正常飞行姿态。

无人机飞控系统是指能够稳定无人机飞行姿态,并能控制无人机自主或半自主飞行的控制系统,是无人机的大脑。

随着智能化的发展,当今的无人机已不仅仅限于固定翼与传统直升机形式,已经涌现出四轴、六轴、单轴和矢量控制等多种形式。

固定翼无人机飞行的控制通常包括方向、副翼、升降、油门和襟翼等控制舵面,通过舵机改变飞机的翼面,产生相应的扭矩,控制飞机转弯、爬升、俯冲和横滚等动作。

传统直升机形式的无人机通过控制直升机的倾斜盘、油门和尾舵等,控制飞机转弯、爬升、俯冲和横滚等动作。

多轴形式的无人机一般通过控制各轴桨叶的转速来控制无人机的姿态,以实现转弯、爬升、俯冲和横滚等动作。

对于固定翼无人机,一般来说,在姿态平稳时,控制方向舵会改变飞机的航向,通常会造成一定角度的横滚,在稳定性好的飞机上,看起来就像汽车在地面转弯一般,可称其为侧滑。方向舵是最常用作自动控制转弯的手段,方向舵转弯的缺点是转弯半径相对较大,较副翼转弯的机动性略差。副翼的作用是进行飞机的横滚控制。当固定翼飞机产生横滚动作时,会向横滚方向进行转弯,同时会下降一定的高度。升降舵的作用是进行飞机的俯仰控制,拉杆抬头,推杆低头。拉杆时飞机抬头爬升,动能朝势能的转换会使速度降低,因此在控制时要监视空速,避免因为过分拉杆而导致失速。油门舵的作用是控制飞机发动机的转速,加大油门量会使飞机增加动力,加速或爬升,反之则减速或降低。

了解了各舵的控制作用,下面开始讨论升降舵和油门的控制。固定翼飞机都有一个最低时速被称作失速速度,当低于这个速度的时候飞机将由于无法获得足够的升力而导致舵效失效,飞机失控。通过飞机的空速传感器可以实时获知飞机的当前空速,当空速降低时必须通过增加油门或推杆使飞机损失高度而换取空速的增加,当空速过高时减小油门或拉杆使飞机获得高度而换取空速的降低。因此固定翼飞机有两种不同的控制模式,根据实际情况的使用而供用户选择:①根据设定好的目标空速,当实际空速高于目标空速时,控制升降舵拉杆,反之推杆。因为空速的高低直接影响高度的高低,所以采用油门来控制飞机的高度,当飞行高度高于目标高度时,减小油门,反之增加油门。由此进行分析,当飞机飞行时,如果低于目标高度,飞控控制油门增加,使得空速增加,再使得飞控控制拉杆,于是飞机上升;当飞机高度高于目标高度时,飞控控制油门减小,使得空速减小,于是飞控再控制推杆,使高度降低。这种控制方式的好处是,飞机始终以空速为第一因素来进行控制,因此保证了飞行的安全,特别是当发动机熄火等异常情况发生时,使飞机能继续保持安全,直到高度降低到地面。这种方式的缺点在于对高度的控制是间接控制,因此高度控制可能会有一定的滞后或者波动。②设定好飞机平飞时的迎角,当飞行高度高于或低于目标高度时,在平飞迎角的基础上根据高度与目标高度的差设定一个经过 PID 控制器输出的限制幅度的爬升角,由飞机当前的俯仰角和爬升角的偏差来控制升降舵面,使飞机迅速达到这个爬升角,尽快完成高度偏差的消除。但飞机的高度升高或降低后,必然造成空速的变化,因此采用油门来控制飞机的空速,即当空速低于目标空速后,在当前油门的基础上增加油门,当前空速高于目标空速后,在当前油门的基础上减小油门。这种控制方式的好处是能对高度的变化进行第一时间的反应,因此高度控制较好;缺点是当油门失效时,比如发动机熄火发生时,由于高度降低,飞控将使飞机保持经过限幅的最大仰角,最终因动力的缺乏导致失速。因此,两种控制模式应根据实际情况选用。笔者选用的是第二种控制模式,并增加了当空速低于一定速度的时候,认为异常发生,立刻转为第一种控制模式以保证飞机的安全。

五孔探头空速管、攻角传感器和侧滑角传感器的架构(见图 3-17)比较简单,主要包括用来测量各种压力的半球形或圆锥五孔探头、安装在机身的传感器支撑部分以及探头和支撑部分的连接装置。若干气动管路贯穿探头、连接部分和支撑部分传导压力,差压传感器将压力信号转换为电信号,通过公式,计算出攻角(迎角)和侧滑角。

图 3-17 空速管、攻角传感器和侧滑角传感器

飞控系统是控制飞行器飞行姿态和运动的中枢设备,也称自动驾驶仪。大部分的无人直升机控制系统包括 3 个部分:遥控器、飞控系统和动作执行机构。其中遥控器包括发射机和接收机两个部分,在辅助级飞行控制系统中主要负责操作指令的输入和接收,并负责手动状况的飞行器控制;大部分无人机飞控系统是结合 6 自由度惯性测量单元、GPS 导航接收机、磁航向计、气压高度计、转速传感器、数字信号处理器、ARM 处理器和电源适配器等单元组成的,主要负责感知飞机的各种状态并做导航计算和控制输出,是飞控系统的核心组成部分;动作执行机构包括舵机及相关连杆等。

对于大部分的遥控直升机,遥控器接收机是直接连接到执行机构舵机的。此时,遥控器各通道输出的控制信号(接收机解码为 PWM 脉宽控制信号)被接收机接收后直接输出到舵机,舵机根据接收到的脉宽控制舵机的舵角偏转至相应的角度,从而完成对飞机的直接控制即遥控控制(也称手动控制)。

当采用手动控制时,遥控器各通道输出的信号即舵机舵角偏转的角度,舵机通过转动舵角直接控制飞行器的动作从而实现在空中的各种飞行动作。此时负责操控遥控器的人需要时刻根据飞机的状态通过遥控器来调整飞机的姿态,从而实现稳定的飞行或悬停。

在非手动模式下(即有飞控或其他辅助设备),遥控器发射机输出的信号被接收机接收后输往飞控,飞控把这些信号解读为操作指令,飞控通过嵌入式的程序解读后做出飞行控制,从而实现增稳或自动飞行的功能。

值得强调的是,手动模式和非手动模式的根本区别是前者是通过直接操作飞行器的舵面来控制飞行器的,控制的是飞行器的飞行动作(如俯仰、滚转和偏航等);后者是把遥控器的信号解读为控制指令,控制的是飞行器的运动矢量(即前后飞行的速度、爬升/下降的速度和偏航的速度等)。

因此,在未安装飞控系统(或其他辅助设备)的飞行器上是只能实现手动控制的,而在安装有飞控系统的飞行器上亦保留了手动操作的模式,此时飞控系统不对遥控器接收机送来的信号作处理而直接输出到接收机(需要作混控处理的飞控系统或辅助设备除外),从而实现对飞行器动作的直接控制。

3.2.2 飞控系统的类型

自动驾驶仪最常用的分类方法是按控制律来区分。所谓控制律通常是指自动驾驶仪输出的舵偏角与信号的静动态函数关系。按这种分类方法,可分为比例式自动驾驶仪、积分式自动驾驶仪和均衡式反馈自动驾驶仪(比例加积分控制律的自动驾驶仪)三种。

也可以按自动驾驶仪三种主要部件(传感器、计算与放大元件和舵机)的能源来区分,这时可以分为气动式(早期应用过)、气动液压式、电动式和电动液压式。

如果按处理信号实现控制律是采用连续信号,还是中间经过数字化再转换成为模拟信号来区分,可以分为模拟式与数字式两种。

3.2.3　自动驾驶仪的工作原理

自动驾驶仪是一个典型的反馈控制系统,它代替驾驶员控制飞机的飞行。假设要求飞机作水平直线飞行,驾驶员是如何控制飞机的呢? 飞机受干扰(如阵风)偏离原姿态(如飞机抬头),驾驶员用眼睛观察到仪表板上陀螺地平仪的变化,用大脑做出决定,通过神经系统传递到手臂,推动驾驶杆使升降舵向下偏转,产生相应的下俯力矩,飞机趋于水平。驾驶员又从仪表上看到这一变化,逐渐把驾驶杆收回原位,当飞机回到原水平姿态时,驾驶杆和升降舵面也回原位。

自动飞行的原理如下:飞机偏离原始状态,敏感元件感受到偏离方向和大小,并输出相应信号,经放大、计算处理,操纵执行机构(如舵机),使控制面(如升降舵面)相应偏转。由于整个系统是按负反馈原则连接的,所以其结果是使飞机趋向原始状态。当飞机回到原始状态时,敏感元件输出信号为零,舵机和与其相连的舵面也回到原位,飞机重新按原始状态飞行。

由此可见,自动驾驶仪中的敏感元件、放大计算装置和执行机构可代替驾驶员的眼睛、大脑神经系统与肢体,自动地控制飞机的飞行。这三部分是自动飞控系统的核心,即自动驾驶仪。

为改善多级的性能,通常执行机构引入内反馈(将舵机的输出反馈到输入端),形成随动系统(或称伺服回路),简称为舵回路。舵回路由舵机、放大器及反馈元件组成。反馈元件包括测速机和/或位置传感器。测速机测出多面偏转的角速度,反馈给放大器以增大舵回路的阻尼,改善舵回路的性能,位置传感器将舵面位置信号反馈到舵回路的输入端,使舵面偏转角度与控制信号成正比。有的舵回路没有位置传感器,则舵面偏转角速度与控制信号一一对应。

自动驾驶仪与飞机组成一个回路。这个回路的主要功能是稳定飞行器的姿态,或者说稳定飞行器的角运动。敏感元件用来测量飞机的姿态角,由于该回路包含了飞机,而飞机的动态特性又随飞行条件(如速度、高度等)而异,所以放大计算机装置对各个传感器信号的综合计算,即控制规律应满足各个飞行状态的要求,并可以设置成随飞行条件变化的增益程序。如果用敏感元件测量飞机的重心位置,以及飞机包含的运动学环节(表征飞机空间位置几何关系的环节),这样组成的控制回路,简称制导回路。这个回路的主要功能是控制飞行轨迹,如飞行高度的稳定和控制。

超声速飞机问世后,飞行包线(飞行速度和高度的变化范围)扩大,飞机自身稳定性变坏。例如,飞机自身的阻尼力矩在高空因空气稀薄而减小,阻尼比下降致使飞机角运动产生强烈的摆动,仅靠驾驶员控制飞机较为困难。为解决这类问题,飞机上安装了角速率陀螺、迎角传感器和法向加速度计等,它们和放大器、串联舵机组成阻尼器或增稳系统,进而引入驾驶员的杆力/杆位移传感器信号,构成控制增稳系统,可以增大阻尼,改善动稳定性,增稳和控制增稳系统还可增加静稳定性和改善操纵性。飞机上安装了阻尼器和增稳系统,就好似成了一架稳定性能较好的新飞机。

从控制回路的分析和设计上看,阻尼器或增稳系统是自动驾驶仪(姿态角控制回路)的内回路。但是,从工作方式上看,阻尼器或增稳系统与自动驾驶仪不同,阻尼器从飞机起飞就投入工作,这时驾驶员仍然直接操纵飞机。自动驾驶仪则是在飞机完成空中配平(指飞机力矩的平衡和杆力的平衡)后,才能接入。此后驾驶员通过自动驾驶仪操纵台上的旋钮或侧杆操纵飞机。当增稳系统、控制增稳系统工作时,驾驶员仍须直接参与,不符合自动飞行的定义,因此它们不属于自动驾驶仪的功能范围。

3.2.4 飞控系统的组成

为了保证自动驾驶仪的正常工作,基本组成部件有如下三种:传感器、放大部件和舵机。为了实现所要求的控制律,放大部件实现信号校正和综合。在模拟式自动驾驶仪中,不可能进行十分复杂的计算。发展成为数字式自动驾驶仪后,具有很强计算功能的计算机,允许实现更为完善的控制律,从而增加了一个计算机部件。与此同时,伺服放大部件与舵机组合成为伺服作动系统。由于计算机功能很强,除完成控制律的计算及按飞行状态调整参数外,同时还可兼顾机内检测,甚至故障检测与报警等任务,所以计算机成为当代数字式自动驾驶仪中十分重要的一个分系统。此外,执行测量任务的传感器部件诸如高度差传感器、送出姿态信号的惯性陀螺平台,实际上也都是一些闭环系统。

飞控系统包括以下几部分。

(1)IMU:惯性测量单元。它主要集成有三轴加速度计和三轴陀螺仪,主要用于感知飞行器在三个轴向上的运动状态(俯仰、滚转和偏航)。安装时要求靠近飞行器的重心,并有一定的减震和指向要求。

(2)GPS:接收GPS卫星导航系统的位置信息,为飞控提供位置数据。通常安装在飞行器的尾部(避免遮挡),且要求无电磁信号干扰。

(3)Compass:磁罗盘,也称外置指南针,用于感知飞行器的指向。在固定翼无人机的飞控中磁罗盘不是必要设备,因为固定翼飞机在飞行中一直保持有一定的运动速度,可通过不同时间的GPS位置信号来计算出飞机的指向。许多飞控系统的磁罗盘与GPS的接收天线设计在同一附件中。

(4)气压高度计:用于检测飞行器所在位置的气压高度,通常设计在IMU或主控盒内。

(5)超声波传感器:通常用于感知飞行器的垂直对地高度。要求对地垂直安装,且要求传感器安装位置处无过大噪声干扰。

(6)适配器:飞控系统的电源适配盒。

(7)舵机转接板:用于分路转接舵机线。

(8)主控盒:飞控系统的控制电路。

3.2.5 飞控板

飞控板是多轴飞行器的核心设备,是飞行控制集成电路板的简称。其主要功能如下:

(1)处理来自遥控器的信号,完成要求的飞行姿态或其他指令;

(2)控制电调,给电调发送信号调节电机转速,实现控制改变飞行姿态的功能;

(3)以一些板载的测量元件为载体,通过控制电调的输出信号保持多旋翼无人机的稳定。

目前市面上的飞控板品种较多,闭源阵营国内主流厂商有大疆、零度、投飞、华科尔和亚拓等;开源阵营有 PIX,APM,MWC 和 KK 等。如图 3-18 所示为 APM 飞控板。

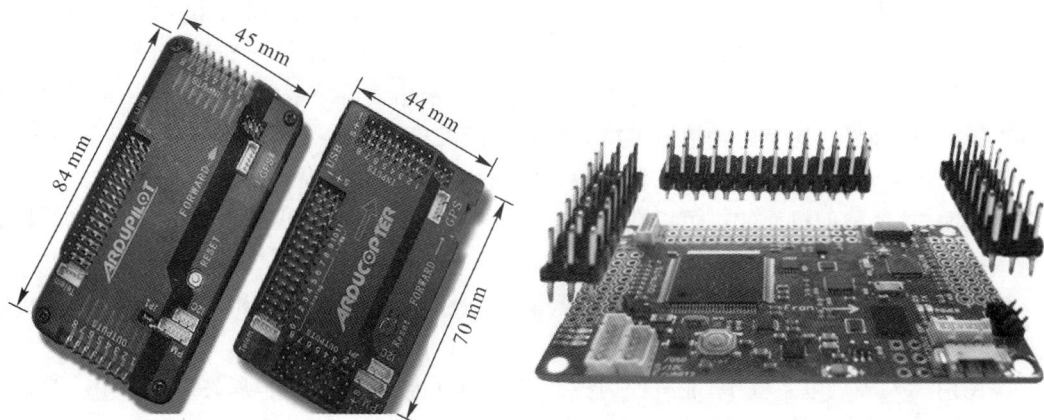

图 3-18 APM 飞控板

APM 飞控板具备丰富的接口:8 路 PWM 信号输入,8 路 PWM 信号输出,2 路外扩 I2C 接口支持外接传感器网络,3 路 UART 接口分别用于遥测电台、GPS 接收机、OSD 扩展模块、空速传感器和电流电压传感器等的 11 路模拟输入端。

3.3 舵 机

舵机是一种位置(角度)伺服的驱动器,适用于那些需要角度不断变化并可以保持的控制系统,如图 3-19 所示。在无人机以及高档遥控玩具,如潜艇模型、遥控机器人等领域已经得到了普遍应用。

图 3-19 舵机

舵机是指在自动驾驶仪中操纵飞机舵面(操纵面)转动的一种执行部件,主要有以下两种类型:①电动舵机,由电动机、传动部件和离合器组成。接受自动驾驶仪的指令信号而工作,当人工驾驶飞机时,由于离合器保持脱开而传动部件不发生作用。②液压舵机,由液压作动器和旁通活门组成。当人工驾驶飞机时,旁通活门打开,由于作动器活塞两边的液压互相连通而不妨碍人工操纵。此外,还有电动液压舵机,简称"电液舵机"。

依据控制方式的特点,舵机应该称为微型伺服马达。早期在模型上使用较多,主要用于控制型的舵面,故俗称舵机。舵机可以在微机电系统中作为基本的输出执行机构,其简单的控制和输出结构使得单片机系统非常容易与之接口。

舵机在智能控制领域有着非常广泛的应用,如在航模、小型机器人和微小型无人机等方面均具有重要作用。

在民用无人机机电系统中,舵机作为控制输出的执行机构,有着非常关键的作用。它通过直接连接飞机的舵面,控制舵面的状态,从而控制飞机的姿态。

3.3.1 舵机的构造

舵机是集成了直流电机、电机控制器和减速器等一系列元器件的机电一体化产品,封装在一个便于安装的外壳里的伺服单元,能够利用简单的输入信号比较精确地控制转动角度的机电系统。

舵机内部有一个电位器(或其他角度传感器)用于检测出齿轮箱输出轴转动角度,控制板根据电位器的信息能比较精确地判断、控制和保持输出轴的角度。这样的直流电机控制方式叫闭环控制,因此舵机更准确地说是伺服马达(servo)。

舵机的结构如图 3-20 所示,舵机的主体结构主要有以下几部分:外壳、变速齿轮组、小型直流电机、可调电位器和控制电路板。

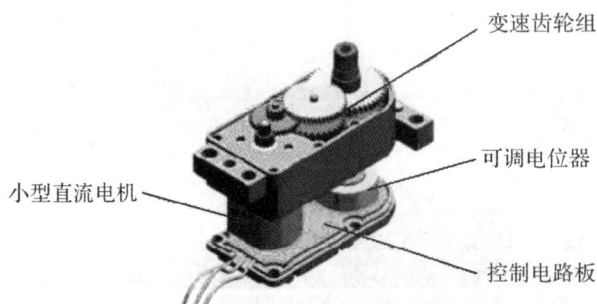

图 3-20 舵机的结构

舵机的外壳一般具有较为标准化的尺寸(根据厂家不同,略有差异)以便于使用设备模块化的设计和安装。大部分舵机采用塑胶制造的外壳,特殊的舵机可能会有铝合金外壳。金属外壳能够提供更好的散热,可以让舵机内的电机运行在更高功率下,以提供更高的扭矩输出。金属外壳也可以提供更牢固的固定位置。

舵机的齿轮箱如图 3-21 所示,齿轮箱有塑料齿轮、混合齿轮和金属齿轮的差别。塑料齿轮成本低、噪声小,但强度较低;金属齿轮强度高,但成本高,在装配精度一般的情况下会有较大的噪声。小扭矩舵机、微舵、扭矩大但功率密度小的舵机一般都用塑料齿轮,如 Futaba3003、辉盛的 9g 微舵。金属齿轮一般用于功率要求较高的舵机上,如辉盛 995 舵机。995 在和 3003 体积一样的情况下却能提供 13 kg 的扭力。厂家 Hitec 甚至使用钛合金作为齿轮材料,其高强度能保证 3003 大小的舵机提供 20 kg 多的扭力。混合齿轮在金属齿轮和塑料齿轮之间做了折中。在电机输出轴上的齿轮扭矩一般不大,可以用塑料齿轮。

图 3-21　舵机的齿轮箱

3.3.2　舵机的性能参数

舵机主要分为模拟舵机和数字舵机两种类型。

舵机的性能主要有转速、转矩、电压、尺寸、质量和材料等。在做舵机的选型时要对以上几方面进行综合考虑。

(1)转速。转速由舵机无负载的情况下转过 60°所需时间来衡量,常见舵机的转速一般在 0.11 s/60°~0.21 s/60°之间。

(2)转矩。航机转矩的单位是 kg·cm,这是一个扭矩单位。可以理解为在舵盘上距离舵机轴中心水平距离 1 cm 处,舵机能够带动的物体质量。

(3)电压。厂商提供的速度、转矩数据和测试电压有关,在 4.8 V 和 6.0 V 两种测试电压下这两个参数有比较大的差别。如 Futaba S-9001 在 4.8 V 时扭力为 3.9 kg、转速为 0.22 s/60°,在 6.0 V 时扭力为 5.2 kg、转速为 0.18 s/60°。若无特别注明,JR 的舵机都是以 4.8 V 为测试电压,Futaba 则是以 6.0 V 作为测试电压。

当前,市面上的大部分舵机以 4.8 V/6.0 V 直流电源供电;但随着技术的发展,目前市面上出现了能适应更高电压的舵机,如 Futaba 的 BLS157hv,JR 的 DS8921hv 等能支持 7.4 V 的高电压供电。高压舵机具有速度更快、扭矩更大等特点。

(4)尺寸、质量和材料。舵机的功率(速度×转矩)和舵机的尺寸比值可以称为该舵机的功率密度,一般同一品牌的舵机,功率密度大的性能更好,价格也更高。塑料齿轮的舵机在超出极限负荷的条件下使用可能会崩齿,金属齿轮的舵机则可能会电机过热损毁或外壳变形。

3.3.3　舵机的控制原理

舵机是一个微型的伺服控制系统,工作原理是控制电路接收信号源的控制脉冲,并驱动电机转动;齿轮组将电机的速度成大倍数缩小,并将电机的输出扭矩放大相应倍数,然后输出;电位器和齿轮组的末级一起转动,测量舵机轴转动角度;电路板检测并根据电位器判断舵机转动角度,然后控制舵机转动到目标角度或保持在目标角度。

舵机需要一个外部控制器(遥控器的接收机)产生脉宽调制信号来告诉舵机转动角度,脉冲宽度是舵机控制器所需的编码信息。

控制信号由接收机的通道进入信号调制芯片,获得直流偏置电压。它内部有一个基准电路,产生周期为 20 ms、宽度为 1.5 ms 的基准信号,将获得的直流偏置电压与电位器的电压比较,获得电压差输出。电压差的正负输出到电机驱动芯片决定电机的正反转。当电机转速一定时,通过级联减速齿轮带动电位器旋转,使得电压差为 0,电机停止转动。

3.3.4　数字舵机和模拟舵机的区别

数字舵机和模拟舵机在基本的机械结构方面是完全一样的,主要由马达、减速齿轮和控制电路等组成,而数字舵机和模拟舵机的最大区别则体现在控制电路上,数字舵机的控制电路比模拟舵机多了微处理器和晶振。不要小看这一点改变,它对提高舵机的性能有着决定性的影响。

数字舵机在以下两点与模拟舵机不同。

(1)处理接收机的输入信号的方式不同。

(2)控制舵机马达初始电流的方式不同。数字舵机可以减少无反应区(对小量信号无反应的控制区域),增加分辨率以及产生更大的固定力量。

模拟舵机在空载时,没有动力被传到舵机马达。当有信号输入使舵机移动,或者舵机的摇臂受到外力的时候,舵机会做出反应,向舵机马达传动动力(电压)。这种动力实际上每秒传递50次,被调制成开/关脉冲的最大电压,并产生小段小段的动力。当加大每一个脉冲的宽度的时候,电子变速器的效能就会出现,直到最大的动力/电压被传送到马达,马达转动使舵机摇臂指到一个新的位置。然后,当舵机电位器告诉电子部分它已经到达指定的位置,那么动力脉冲就会减小脉冲宽度,并使马达减速。直到没有任何动力输入,马达完全停止。

模拟舵机的"缺点"是:假设一个短促的动力脉冲,紧接着很长的停顿,并不能给马达施加多少激励,使其转动。这意味着如果有一个比较小的控制动作,舵机就会发送很小的初始脉冲到马达,这是非常低效率的。这也是模拟舵机有"无反应区"存在的原因。比如说,舵机对于发射机的细小动作,反应非常迟钝,或者根本就没有反应。

相对于传统模拟舵机,数字舵机有以下优势。

(1)因为微处理器的关系,数字舵机可以在将动力脉冲发送到舵机马达之前,对输入的信号根据设定的参数进行处理。这意味着动力脉冲的宽度,即激励马达的动力,可以根据微处理器的程序运算而调整,以适应不同的功能要求,并优化舵机的性能。

(2)数字舵机以高得多的频率向马达发送动力脉冲。即相对于传统的每秒 50 脉冲,现在是每秒 300 脉冲。虽然,因为频率高的关系,每个动力脉冲的宽度被减小了,但马达在同时间里收到更多的激励信号,并转动得更快。这也意味着不仅仅舵机马达以更高的频率响应发射机的信号,而且"无反应区"变小,反应变得更快,加速和减速时也更迅速、更柔和,数字舵机能提供更高的精度和更好的固定力量。

3.4　传　感　器

3.4.1　陀螺仪

1. 陀螺仪的作用

通过前面理论知识的学习,了解到直升机的尾桨是用于产生抵消主旋翼扭矩的机构。直升机在空中飞行,只有当主旋翼产生的扭矩等于尾桨推力产生的扭矩时,才能实现直升机在空中航向力矩的平衡(即保持机头有固定的指向)。

当直升机需要改变机头指向时,需要操作尾翼改变尾桨扭矩以改变机身反扭力的大小,以实现机身转向。

但是,在非主动操作的情况下,用手动操作的方式保持主旋翼扭矩和尾桨产生的反扭矩的大小相等是非常困难的,这是由以下几点原因导致的。

(1)在直升机进行舵面操作时(不管是俯仰、滚转,还是升降),由于主旋翼的状态改变,所以主旋翼所产生的反扭力大小也会改变,这会造成直升机的机头指向改变。

(2)当直升机遇到侧飞时,会造成尾桨产生的推力改变,从而改变飞机的机头指向。

(3)当发动机的功率输出改变时,会直接造成主旋翼的扭矩产生变化,同样也会造成直升机的机头指向改变。

因此,尾桨的控制状态是需要时刻改变的,特别是微小型的无人直升机乃至航模,依靠手动操作的形式进行调整尾桨反扭矩的大小来控制直升机机头保持固定的指向是很难实现的。这就需要一个辅助的设备——陀螺仪来进行自动控制。

直升机使用的陀螺仪是一个角速度传感器,通过陀螺仪测量直升机在外力或者主动操作时造成的机体旋转速度,然后通过相应的控制程序调整尾桨的反扭矩以保持机身(机头)指向。

2. 陀螺仪的类型

陀螺仪是利用高速回转体的动量矩敏感壳体相对惯性空间绕正交于自转轴的一个或两个轴的角运动检测装置。利用其他原理制成的角运动检测装置起同样功能的也称为陀螺仪。

前面说到,高速旋转的物体具有陀螺效应,陀螺仪正是利用陀螺效应原理制造出来用于测量物体旋转角速度的一种传感器。陀螺仪在智能控制领域具有非常广泛的应用。

利用陀螺仪的动力学特性制成的各种仪表或装置,主要有以下几种。

(1)陀螺方向仪。它是能给出飞行物体转弯角度和航向指示的陀螺装置。它是三自由度均衡陀螺仪,其底座固连在飞机上,转子轴提供惯性空间的给定方向。若开始时转子轴水平放置并指向仪表的零方位,则当飞机绕铅直轴转弯时,仪表就相对转子轴转动,从而能给出转弯的角度和航向的指示。由于摩擦及其他干扰,转子轴会逐渐偏离原始方向,所以每隔一段时间(如 15 min)须对照精密罗盘作一次人工调整。机械陀螺的结构如图 3-22 所示。

(2)陀螺罗盘。它是供航行和飞行物体作方向基准用于寻找并跟踪地理子午面的三自由度陀螺仪。其外环轴铅直,转子轴水平置于子午面内,正端指北,其重心沿铅垂轴向下或向上偏离支承中心。转子轴偏离子午面的同时偏离水平面而产生重力矩使陀螺旋进到子午面,这种利用重力矩的陀螺罗盘称为摆式罗盘,21 世纪发展为利用自动控制系统代替重力摆的电控陀螺罗盘,并创造出能同时指示水平面和子午面的平台罗盘。

图 3-22 机械陀螺的结构

(3)陀螺垂直仪。它是利用摆式敏感元件对三自由度陀螺仪施加修正力矩以指示地垂线的仪表,又称陀螺水平仪。陀螺仪的壳体利用随动系统跟踪转子轴位置,当转子轴偏离地垂线时,固定在壳体上的摆式敏感元件输出信号使力矩器产生修正力矩,转子轴在力矩作用下旋进回到地垂线位置。陀螺垂直仪是除陀螺摆以外应用于航空和航海导航系统的又一种地垂线指示或量测仪表。

(4)陀螺稳定器。它是稳定船体的陀螺装置。20世纪初使用的施利克被动式稳定器实质上是一个装在船上的大型二自由度重力陀螺仪,其转子轴铅直放置,框架轴平行于船的横轴。当船体侧摇时,陀螺力矩迫使框架携带转子一起相对于船体旋进。这种摇摆式旋进引起另一个陀螺力矩,对船体产生稳定作用。斯佩里主动式稳定器是在上述装置的基础上增加一个小型操纵陀螺仪,其转子沿船横轴放置。一旦船体侧倾,小陀螺沿其铅直轴旋进,从而使主陀螺仪框架轴上的控制马达及时开动,在该轴上施加与原陀螺力矩方向相同的主动力矩,借以加强框架的旋进和由此旋进产生的对船体的稳定作用。

(5)速率陀螺仪。它是用以直接测定运载器角速率的二自由度陀螺装置。把均衡陀螺仪的外环固定在运载器上并令内环轴垂直于要测量角速率的轴。当运载器连同外环以角速度绕测量轴旋进时,陀螺力矩将迫使内环连同转子一起相对运载器旋进。陀螺仪中有弹簧限制这个相对旋进,而内环的旋进角正比于弹簧的变形量。由平衡时的内环旋进角即可求得陀螺力矩和运载器的角速率。积分陀螺仪与速率陀螺仪的不同之处只在于用线性阻尼器代替弹簧约束。当运载器作任意变速转动时,积分陀螺仪的输出量是绕测量轴的转角(即角速度的积分)。以上两种陀螺仪在远距离测量系统或自动控制、惯性导航平台中使用较多。

(6)陀螺稳定平台。陀螺稳定平台简称陀螺平台、惯性平台,是利用陀螺仪特性保持平台台体方位稳定的装置。它用来测量运动载体姿态,并为测量载体线加速度建立参考坐标系,或用于稳定载体上的某些设备。它是导弹、航天器、飞机和舰船等的惯性制导系统和惯性导航系统的主要装置。陀螺稳定平台是惯性导航、惯性制导和惯性测量等惯性技术应用系统的核心部件之一,可隔离载体的扰动而保持其稳定性,为光电探测器等放置在平台上的测量元件提供准确的惯性空间指向,是伺服跟踪系统的基石。陀螺稳定平台以陀螺仪为核心元件,使被稳定对象相对惯性空间的给定姿态保持稳定。通常利用由外环和内环构成制导平台框架轴上的力矩器以实现力矩与干扰力矩平衡,使陀螺仪停止旋进的稳定平台称为动力陀螺稳定器。陀螺稳定平台根据对象能保持稳定的转轴数目分为单轴、双轴和三轴陀螺稳定平台。它主要由平台台体、框架系统(即内框架、外框架和基座)、稳定系统(由平台台体上的陀螺仪、伺服放大器和框架轴上的力矩电机等构成,又称稳定回路、伺服回路)和初始对准系统(包括平台台体上的对准敏感元件、变换放大器和稳定系统)等组成。陀螺稳定平台使用何种陀螺仪作为稳定敏感元件,就称为何种陀螺平台,如气浮陀螺平台、液浮陀螺平台、挠性陀螺平台和静电陀螺平台等。三轴陀螺稳定平台有 3 条稳定系统通道、2 条初始对准系统水平对准通道和 1 条方位对准通道。其工作状态有两种:①陀螺平台不受载体运动和干扰力矩的影响,能使平台台体相对惯性空间保持方位稳定;②在指令电流控制作用下,使平台台体按给定规律转动而跟踪某一参考坐标系进行稳定。利用外部参考基准或平台台体上的对准敏感元件,可以实现初始对准。三轴陀螺稳定平台应用较广泛。陀螺稳定平台可用来稳定那些需要精确定向的仪表和设备,如测量仪器、天线等,并已广泛应用于航空和航海的导航系统及火控、雷达的万向支架支承设备等。其中,根据不同原理方案使用各种类型陀螺仪为元件。其中利用陀螺旋进产生的陀螺力矩抵抗干扰力矩,然后输出信号控制系统。

(7)陀螺仪传感器。陀螺仪传感器是一个简单易用的基于自由空间移动和手势的定位和控制系统。在假想的平面上挥动鼠标,屏幕上的光标就会跟着移动,并可以绕着链接画圈和点击按键。当你正在演讲或离开桌子时,这些操作都能够很方便地实现。陀螺仪传感器原本是运用到直升机模型上的,现在已经被广泛运用于手机这类移动便携设备上(iPhone 的三轴陀螺仪技术等)。

(8)光纤陀螺仪。光纤陀螺仪是以光导纤维线圈为基础的敏感元件,由激光二极管发射出的光线朝两个方向沿光导纤维传播。光传播路径的变化,决定了敏感元件的角位移。光纤陀螺仪与传统的机械陀螺仪相比,优点是全固态、没有旋转部件和摩擦部件、寿命长、动态范围大、瞬时启动、结构简单、尺寸小、质量轻。与激光陀螺仪相比,光纤陀螺仪没有闭锁问题,也不用在石英块上精密加工出光路,成本低。

(9)激光陀螺仪。激光陀螺仪的原理是利用光程差来测量旋转角速度(Sagnac 效应)。在闭合光路中,由同一光源发出的沿顺时针方向和逆时针方向传输的两束光和光干涉,利用检测相位差或干涉条纹的变化,就可以测出闭合光路旋转角速度。

3.4.2 加速度计

加速度计用于测量加速度。借助一个三轴加速度计可以测得一个固定平台相对地球表面的运动方向,但是一旦平台运动起来,情况就会变得复杂得多。如果平台做自由落体,加速度计测得的加速度值为零。如果平台朝某个方向做加速运动,各个轴向加速度值会含有重力产生的加速度值,使得无法获得真正的加速度值。例如,安装在 60°横滚角飞机上的三轴加速度计会测得 $2g$ 的垂直加速度值,而事实上飞机相对地区表面是 60°的倾角。因此,单独使用加速度计无法使飞机保持一个固定的航向。

加速度计在较长时间的测量值(确定飞机航向)是正确的,而在较短时间内由于信号噪声的存在而存在误差。陀螺仪在较短时间内则比较准确而较长时间则会因漂移而存在误差。因此,需要两者相互调整来确保航向的正确。

即使同时使用了两者,也只可以用于测得飞机的俯仰和横滚角度。对于偏航角度,由于偏航角和重力方向正交,无法用加速度计测量得到,所以还需要采用其他设备来校准测量偏航角度的陀螺仪的漂移值。校准的设备可以使用磁罗盘计(电子磁罗盘,对磁场变化和惯性力敏感)或者 GPS。

惯性导航单元(IMU)组合(融合)来自两个或以上的传感器(例如陀螺仪、加速度计、磁场计和/或 GPS)信息用于飞机相对地球的航向矢量和速度矢量。这种融合算法相当复杂,同时还需要对这些电子器件固有的测量噪声进行特殊滤波。

3.4.3　磁力计

陀螺仪和加速度计只能提供姿态参考,并不能解算出正确的航向。而磁力计可用于感受地磁向量以解算出模块与北的夹角。磁力计的这个功能类似于指南针,所以也叫电子指南针,或者称为电子磁罗盘。

1. 磁力计的惠斯通电桥

惠斯通电桥如图 3 - 23 所示,其中,R_1,R_2,R_3,R_4 是初始状态相同的 AMR 电阻,但是 R_1,R_2 和 R_3,R_4 具有相反的磁化特性。当检测到外界正交偏置磁场的时候,R_1,R_2 阻值增加 ΔR,而 R_3,R_4 减少 ΔR。这样在没有外界正交偏置磁场的情况下,电桥的输出为零;而在有外界磁场时电桥的输出为一个微小的电压 ΔV。磁力计就是利用惠斯通电桥检测 AMR 阻值的变化来感觉外部的磁力。当然这里的 ΔV 很小,需要进入放大电路处理。

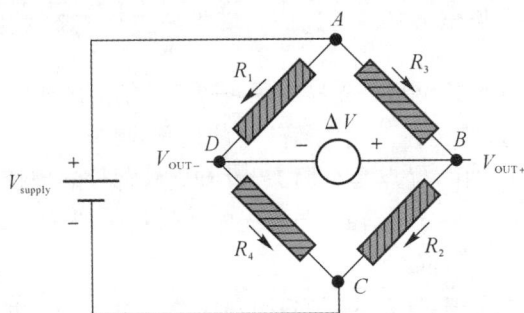

图 3 - 23　惠斯通电桥

现在解释一下电桥的关键部件 AMR 电阻,也叫作各向异性磁电阻效应,简称磁控电阻。这种电阻当外部磁力线垂直于电阻时与外部磁力线平行于电阻时会呈现不一样的电阻率。

HMC5883 是三轴的磁力计,当然它内部有三个电桥。将三维磁阻传感器按照载体三维坐标系安装,通过测量载体空间磁场的三维磁感应强度,按照一定的算法就可以计算出载体在空间的姿态信息,这就是电子指南针。

2. 磁干扰

这个世界上不是只有地球才能产生磁场,人们身边很多的物体都是可以产生磁场的,如磁铁、电机、钢筋构建的楼房和通电流的直导线也会产生磁场。

可以做个实验,找一个指南针,当用磁铁靠近指南针时,它指示的方向会发生变化,此时它再也不能用作指南针进行导航,因为它受到外界磁力干扰,指示的方向已经不能保证正确了,这样的现象称为磁干扰。

电子指南针主要是通过感知地球磁场的存在来计算磁北极的方向。然而由于地球磁场在一般情况下只有微弱的 0.5 Gs 左右,而一个普通的手机喇叭当相距 2 cm 时仍会有大约 4 Gs 的磁场,一个手机马达在相距 2 cm 时会有大约 6 Gs 的磁场,这一特点使得针对电子设备表面地球磁场的测量很容易受到电子设备本身的干扰。

磁干扰是指由于具有磁性物质或者可以影响局部磁场强度的物质存在,使得磁传感器所放置位置上的地球磁场发生了偏差。

磁干扰又分成两种:一种是硬磁干扰,另一种是软磁干扰。

(1)硬铁磁场由磁力计平台(可认为是载体)上的永久性磁铁和被磁化的钢铁物质组成,其特点是当载体位于某一固定位置时,其强度为一定值,不随航向的变化而变化。

(2)软铁磁场可认为由地球磁场与磁力计周围的磁化物质相互作用而产生。与硬铁磁场不同的是,软铁磁场强度的大小与方向与磁力计的方位有关。

3. 磁校正

受环境因素和电子磁罗盘自身因素的影响,电子磁罗盘常存在较大的航向角误差,因此经常需要在使用前校正,磁罗盘校正的一般方法是使安装有磁罗盘的载体做特定的运动,或者将载体转动到某些特定的角度,得到磁罗盘在不同姿态下的磁场强度测量值,通过对测量值分析,进行磁罗盘的校正。

HMC5883 是一种表面安装的多芯片件模块,如图 3-24 所示,专门为带有一个数字接口的低场磁传感器而设计,应用于诸如低成本罗盘和测磁学领域。APM 板机械集成了 HMC5883,从而为 APM 板节约了空间并减轻了载重。

图 3-24 HMC5883 三轴电子数字罗盘传感器

HMC5883 采用霍尼韦尔的各向异性磁阻(AMR)技术,这一技术带来的好处是其他磁传感器技术无法企及的。霍尼韦尔的磁传感器位于行业内灵敏度最高和可靠性最好的低强度磁场传感器之列,其具有以下特点。

(1)数字量输出:I^2C 数字量输出接口,设计使用非常方便。

(2)尺寸小:3 mm×3 mm×0.9 mm,LCC 封装,适合大规模量产使用。

（3）精度高：内置 12 位 A/D,OFFSET,SET/ RESET 电路,不会出现磁饱和现象,不会有累加误差。

（4）支持自动校准程序,简化使用步骤,终端产品使用非常方便。

3.5 遥 控 器

3.5.1 简介

遥控器是无人飞行器收发控制指令的重要设备,用于遥控控制飞行器。遥控器包括两个部分:发射机和接收机。受限于无人机行业的现状和特点,目前,国内大部分民用无人机仍然使用为航模所设计的遥控器,其具有功能强大、性能可靠、响应速度快和控制距离远等特点,完全可以满足大部分民用无人机手动遥控操作飞行器时的需要。

目前,常见应用于无人机的遥控器有两种:红外遥控器和无线电遥控器。由于红外遥控器具有较强的方向性,并且控制距离较短,可靠性较差,所以应用较少。

无线电遥控器中,根据无线电的调制方式可以分为调幅（AM）和调频（FM）两种。调频即载波信号的幅度不变,通过改变载波信号的频率来选频;调幅即载波信号的频率不变,通过改变信号的幅度来选频。调频信号的带宽比调幅信号的宽,抗噪声（干扰信号）能力更强,因此相对而言比调幅信号质量更好。

无线电遥控器亦可根据信号编码方式分为脉冲编码（Pulse Code Modulation,PCM）和脉宽编码（Pulse Position Modulation,PPM）两种类型。

PCM 编码又称为脉码调制,PPM 编码又称脉位调制。有许多人误将 PPM 编码说成是FM,其实这是两个不同的概念。前者指的是信号脉冲的编码方式,后者指的是高频电路的调制方式。操作者通过操纵发射机上的手柄,将电位器阻值的变化信息送入编码电路。编码电路将其转换成一组脉冲编码信号（PPM 或 PCM）。这组脉冲编码信号经过高频调制电路（AM 或 FM）调制后,再经高放电电路发送出去。

PPM 的编解码一般是使用积分电路来实现的,而 PCM 的编解码则是用模/数（A/D）和数/模（D/A）转换技术实现的。首先,编码电路中 A/D 转换部分将电位器产生的模拟信息转换成一组数字脉冲信号。由于每个通道都由 8 个脉冲组成,再加上同步脉冲和校核脉冲,所以每个脉冲包含了数十个脉冲信号。在这里,每一个通道都是由 8 个信号脉冲组成。其脉冲个数永远不变,只是脉冲的宽度不同。宽脉冲代表"1",窄脉冲代表"0"。这样每个通道的脉冲就可用 8 位二进制数据来表示,共有 256 种变化。接收机解码电路中的单片计算机（以下简称为"单片机"）收到这种数字编码信号后,再经过 D/A 转换,将数字信号还原成模拟信号。由于在空中传播的是数字信号,其中包含的信号只代表两种宽度,所以如果在此种编码脉冲传送过程中产生了干扰脉冲,解码电路中的单片机就会自动将与"0"或"1"脉冲宽度不相同的干扰脉冲自动清除。如果干扰脉冲与"0"或"1"脉冲的宽度相似或干脆将"0"脉冲干扰加宽成"1"脉冲,解码电路的单片机也可以通过计数功能或检验校核码的方式,将其滤除或不予输出。而因电位器接触不良对编码电路造成的影响,也已由编码电路中的单片机剔除,这样就消除了各种干扰造成误动作的可能。

PCM 编码的优点不仅在于其很强的抗干扰性,而且可以很方便地利用计算机编程,不增加或少增加成本,实现各种智能化设计。例如,高级的比例遥控设备可以采用个性化设计,在编解码电路中加上地址码,实现真正意义上的一对一控制(即 2.4 GHz 跳频技术)。另外,如果在发射机上加装开关,通过计算机编程,将每个通道的 256 种变化分别发送出来;接收机接收后,再经计算机解码后变成 256 路开关输出。这样,一路 PCM 编码信号就可变成 256 路开关信号。而且,这种开关电路的抗干扰能力相当强,控制精度相当高。从上述可以看出,PCM 编码与 PPM 编码方式相比,具有很大的优越性。虽然以往将这两种编码方式都说成是数字比例遥控设备,但从严格意义上说,只有 PCM 编码才称得上真正的数字比例遥控。

随着数字无线通信技术的不断发展,越来越多的航模厂商把目光投向 ISM 频段尤其是全球免费频段 2.4 GHz 的数字无线传输模块上。而传统的模拟低频无线航模遥控系统日益受到信号干扰严重、通信距离有限和同场信道少等缺点的制约。

遥控器的频点:当在同一区域内有相同频点的遥控器同时在工作时就会很容易产生信号干扰,造成飞机失控,甚至会造成极为严重的事故,因此必须确保不出现同频工作现象。在日常可以购买到的遥控器中,大致有 27 MHz,35 MHz,36 MHz,40 MHz,72 MHz 和 2.4 GHz 等频段的遥控器。大频段进一步细分为若干频点,如 40.790,72.190 和 72.210 等。同频是指在同一地区有频段相同、频点也相同的两个遥控器同时在使用,这是飞行时极为畏忌的现象(如两个同是 40.790 MHz 的遥控器在同一区域操控飞行)。

3.5.2　认识遥控器

以 Futaba 系列遥控器为例,简单介绍遥控器的各个部分名称及其用途。

Futaba T18SZ 型遥控器的发射机如图 3 - 25 所示,Futaba R7008SB 型遥控器的接收机如图 3 - 26 所示。

图 3 - 25　Futaba T18SZ 遥控器发射机

● LED指示灯　　　　　● 天线

● 旋钮LD.RD　　　　　● 提梁手柄

● 开关键
SA.SB.SE.SF　　　　● 开关键
SC.SD.SG.SH

● 滑动杆LS　　　　　● 滑动杆RS

● 操纵杆　　　　　● 操纵杆

J3　　　　J2

J4　　　　J1

● 数字微调
T1~T6　　　　● 电源开关

● 挂钩

● HOME/EXIT键　　　　● U.MENU/MON.键
(用户菜单/舵机行程显示键)

● 电池仓盖

● 全彩LCD触摸屏

SF:2挡·自锁定·长杆　　　　SH:2挡·自复位·长杆

SE:3挡·自锁定·短杆　　　　SG:3挡·自锁定·短杆

SA:3挡·自锁定·短杆　　　　SD:3挡·自锁定·短杆

SB:3挡·自锁定·长杆　　　　SC:3挡·自锁定·长杆

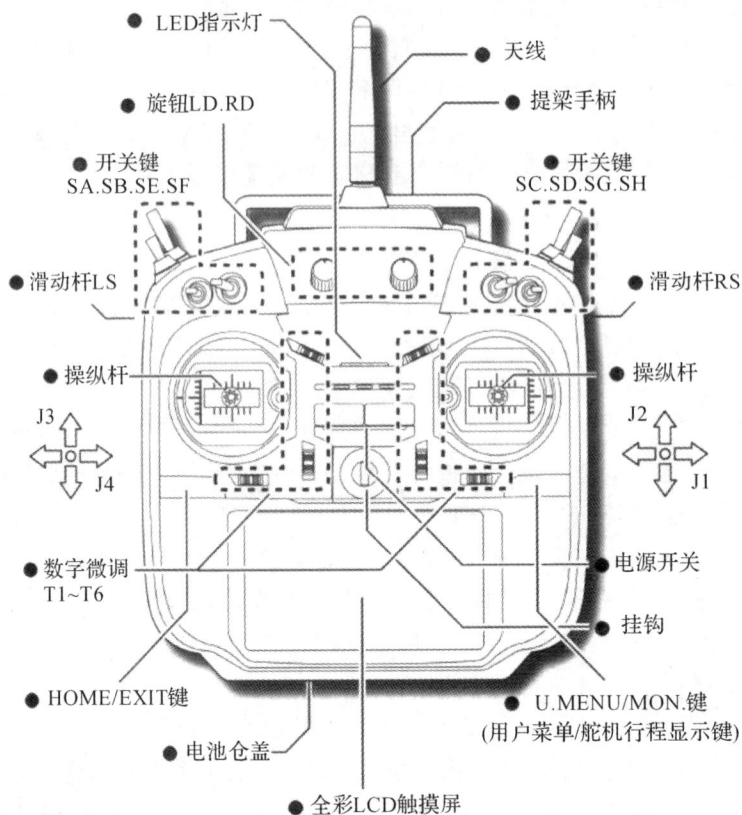

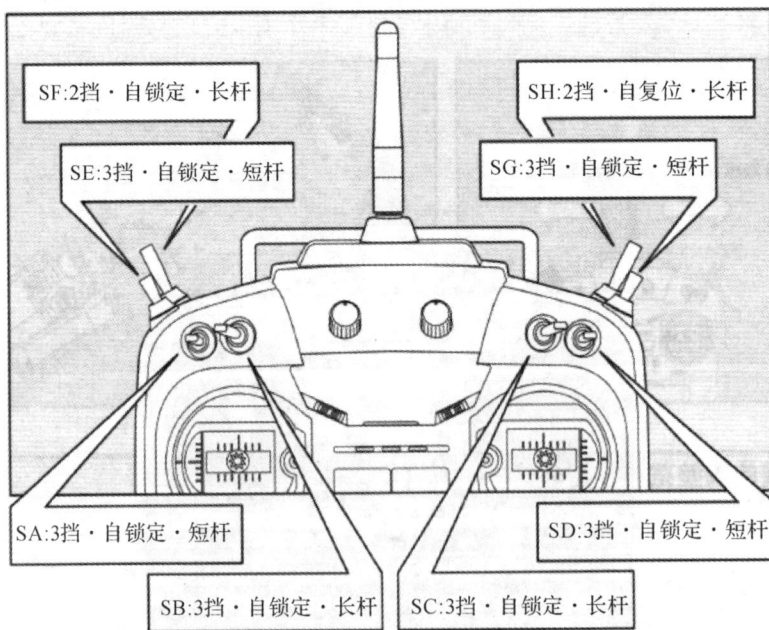

续图 3 - 25　Futaba T18SZ 遥控器发射机

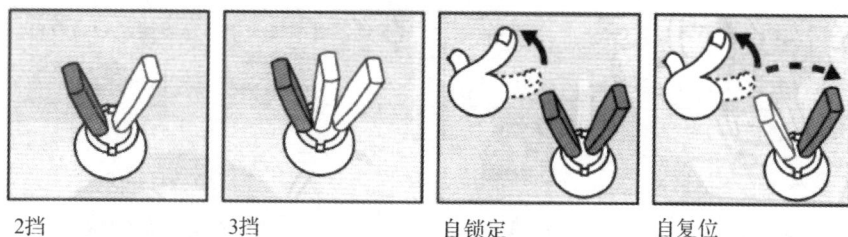

| 2挡 | 3挡 | 自锁定 | 自复位 |

续图 3 - 25 Futaba T18SZ 遥控器发射机

图 3 - 26 Futaba R7008SB 遥控器接收机

插槽接口部分：

(1)"1～6"：输出 1～6 通道的控制信号；

(2)"7/B"：输出 7 通道信号和输入电源；

(3)"8/SB"：输出 8 通道或者 S.BUS 输出端口；

(4)"S.BUS2"：S.BUS2 双向通信传感器等。

另外,当需要使用 9 个或者更多通道时,使用 S.BUS 功能,或者是使用双接收机功能,在机体上再多装载一个 R7008SB 遥控器(需另购)。

通道的概念:通道(Channel,CH),一个通道即一个控制回路。遥控器中常说几个通道,即表示可同时实现控制几个回路。如 14 通道的遥控器,即表示该遥控器可实现控制 14 个通信回路。通道数越多则表示该遥控器功能越强大。再如:在遥控飞机中,控制升降舵需要一个通道,控制副翼需要一个通道,控制方向舵需要一个通道,控制动力也需要一个通道,因此在遥控飞机中通常都需要很多个通道的遥控设备,以便实现更多的功能。遥控器间各个通道的发射和接收端分别是一一对应的。

通常,在 Futaba 系列的遥控器通道的定义见表 3 - 2。

表 3 - 2 **Futaba 系列的遥控器通道的定义**

通　道	控制舵面	备　注
第一通道(CH1)	副翼	用于控制飞行器的滚转运动

续 表

通 道	控制舵面	备 注
第二通道(CH2)	升降舵	用于控制飞行器的俯仰运动
第三通道(CH3)	油门	用于控制飞行器的油门
第四通道(CH4)	方向舵	用于控制飞行器的航向
第五通道(CH5)	陀螺仪感度	用于控制陀螺仪的感度
第六通道(CH6)	螺距	用于控制直升机的螺距(总距)
第七通道(CH7)	辅助通道一	备用通道一
第八通道(CH8)	辅助通道二	备用通道二
……	……	……

3.5.3　遥控器的动作形式

根据目前国内外遥控器的使用特点,以及摇杆通道定义的不同,把操作形式分为以下几种类型。

(1)MODE1 是流行于亚洲地区的主流操作方式,起源于日本,因此叫日本手(也叫亚洲手)。主要是指使用右手控制油门/螺距、副翼通道,而用左手控制升降、航向通道的操作手法,是目前国内使用最多的遥控器操作形式。这类型手法把控制飞行器的两个主要动作方向——滚转和俯仰,分别用两个分开的摇杆来控制,更有利于控制飞行器运动轨迹的精准度。对于大部分要求飞行精准、控制细微的 F3C 遥控特技动作表演/竞赛类选手多采用这种操作手法。

(2)MODE2 主要流行于欧美国家,近几年在国内的使用者也逐渐增多,占 20%～30%。这种类型手法俗称美国手或欧洲手。它把控制飞行器俯仰和滚转的两个通道同时放在右手,而把航向和油门/螺距放在左手控制。这样的布局符合一般人的行为习惯需要,也是参照载人航空器的座舱布局设计的。通常人们比较习惯使用右手,因此采用这类型的操控手法在操控飞行器时动作也较为灵活、迅速一些;同时对于滚转和俯仰运动都通过盘旋倾斜来实现的直升机而言,这样的操作手法更为直观和易于学习掌握。

(3)MODE3 俗称火星手或反美国手,其在布局上与 MODE2 的形式刚好相反。目前仍有一些根据个人喜好定义的操作手法,应用者较少,在此就不一一说明了。

3.6　数据链系统

3.6.1　概述

本节将对无人机系统数据链路子系统的功能及特性进行综述,并阐述数据链路特性是如何与无人机的任务和设计相互作用的。

数据链路提供了无人机与地面控制站之间的通信链路,是完整无人机系统的关键部分。在整个系统的设计之中必须考虑数据链路特性,在任务、控制、无人机设计和数据链路设计之间要处理大量的权衡,对无人机系统设计人员而言,认识到这一点十分重要。若无人机系统设计人员把数据链路作为简单的、几乎瞬时的数据及命令传递途径,那么,当系统面对和处理实时数据链路的局限性时,很可能出现一些意外情况和系统错误。另外,如果系统是作为一个整体设计的,包括数据链路在内,在设计中调整飞行器及其控制系统概念和设计时充分权衡了数据链路的成本和复杂性,那么将有可能实现整个系统的成功,从而能够适应和包容数据链路本身的一些局限性。

3.6.2　背景知识

和数据链路相关的最困难和最复杂的问题,主要集中在军用无人机数据链路的特殊需求方面,如屏蔽恶意干扰和信息欺诈。但即使是最基本的民用数据链路,也需要避免由各种射频系统产生的无意干扰,这类干扰在发达的居民区是持续发射的,因此军用和民用系统在需求上的区别并不是问题的根本。这种处理方式涵盖了所有军事方面的需求,以便读者能认识到在无人机数据链路工作时所处的一般困难环境中,什么才是真正最坏的情况。

本节从美国陆军在"天鹰座"遥控飞行器及其数据链路方面的经验中,引用了许多特殊实例,"天鹰座"的数据链被称为"模块化综合通信导航系统"(MICNS)。模块化综合通信导航系统是一种具有抗干扰(AJ)能力的复杂数字式数据链路,它可提供双工数据通信和位置测量能力,用于指挥飞行器、向地面发送传感器数据、通过提供相对于地面站位置的精确位置修正来辅助飞行器导航。该数据链路的设计使之能在强干扰环境下工作。模块化综合通信导航系统研制上的拖后导致了"天鹰座"飞行器早期测试只得使用商用高带宽数据链路,就是移动电视系统将影像传回制作室的那种链路。当模块化综合通信导航系统达到应用状态时,集成到"天鹰座"无人机系统时又出现了很多严重问题。

或许,从"天鹰座"及其模块化综合通信导航系统的研发和测试历程中可以得出的主要教训是,将数据链路集成到像无人机这样复杂的系统中绝非易事。除非此数据链路是一种简单、实时的和高带宽通信频道,可以被看成是一条有线连接,否则,数据链路的特性很可能会对系统性能产生重大影响。若在系统设计的其他方面考虑了这些影响,就能够保证系统的基本性能。若系统设计时假设数据链路基本没有能力限制,那么当安装使用真实的、能力有限的数据链路时,很有可能需要重新进行设计。能在视线之外工作且能抗干扰的数据链路不可能是简单的、实时的和高带宽的。因此,在进行系统初始设计时必须考虑数据链路的特性和性能限制。

很多关键的数据链路问题都与数据链路时延有关,这种时延指的是由数据链路引入到飞行器与地面控制器之间的封闭回路中的任何控制过程的时间延迟。在"天鹰座"研制时期,这些延迟很可能是因为带宽限制以及抗干扰处理时间而产生的。最近,在很远距离通过通信卫星控制无人机得到了普及。一个实际例子是,从美国西部的地面控制站操控执行西南亚地区的作战任务。本节所讨论的使用 MICNS 抗干扰数据链路遇到的关于图像和命令延迟的所有问题,同样适用于由于通视距离及点到点信号中继的微小时延累积而造成的时间延迟情况。

数据链路和无人机系统其他部分之间的设计权衡应在整个系统设计之初进行,这样可以分散来自数据链路、机上处理、地面处理、任务要求和操作员训练等诸方面的设计压力。

正如大多数技术领域的情况一样,数据链路的性能依据成本和复杂性的跳动而存在一些自然分级。成本效益较高的系统需要识别这些等级以及它们之间的差别,这样就可以制定周全的决策,确定更高一级的成本是否能够换来它所提供的物有所值的性能提升。

数据链路与无人机系统其他部分之间的相互作用是复杂且多方面的。造成相互作用关系中大部分复杂性问题的关键特性包括带宽限制、时间延迟、是否结合了抗干扰能力、距离、中继和无人机系统所使用的通用型通信网络的技术限制。因此,下面先对数据链路的功能、特性以及它们之间的相互关系进行大体的描述,在此基础上,再评估与抗干扰能力相关的设计权衡,并为不同条件下的抗干扰数据链路设置合理可行的数据率容量限制。最后,将考虑来源于任何方面的数据链路限制对遥控飞行器任务性能的影响,并讨论如何从系统整体设计角度尽可能地减小此类影响。

3.6.3　数据链功能

无人机数据链路主要分为以下几部分。

(1)一条带宽频率为数千赫兹的上行链路(或称指挥链路),使得地面站能对飞行器及其载荷进行有效控制。无论地面站何时需要发送指令,必须保证上行链路能够随时启用。但在飞行器执行一个新指令之前,链路可以处于不工作状态(如飞行器在自动驾驶仪控制下从一点飞到另外一点的状态下,链路可以不工作)。

(2)一条可提供两个信息通道的下行链路(可以合并为单一的数据流)。一条状态信息通道(也称遥测通道)用于向地面控制站传递飞行器当前的空速、发动机转速以及载荷状态(如指向角)等信息。该信息通道只需较小带宽,类似于指令链路。第二条信息通道用于向地面控制站传递传感器数据。它需要足够的带宽以传送大量的传感器数据,一般要求其带宽范围为300 kHz～10 MHz。下行链路一般都是连续传送数据的,但也可能因临时存储机载数据而中断传输。

(3)数据链路也可用于测量地面天线与飞行器之间的距离和方位角。这些数据可用于飞行器的导航,提高机载传感器对目标位置测量的整体精度。

数据链路的机载部分包括机载数据终端(ADT)和天线。机载数据终端包括 RF 接收机、发射机,以及连接接收机、发射机和系统其余部分的调制解调器,有时候也包括数据处理器,用于压缩数据以符合下行链路的带宽限制。天线可能是全向的,也可能有增益且需要指向。

数据链路的地面设备也称为地面数据终端(GDT),该终端包括一副或几副天线、一台射频接收机和发射机、调制解调器。若传感器数据在传送前经过压缩,则地面数据终端还需采用处理器对数据进行解压(数据压缩和解压应该设计在数据链路内部还是外部,这个问题将在后面的内容予以讨论)。地面数据终端可以分装成几部分,一般包括一辆天线车(可以放置在距无人机地面控制站一定距离处)、一条连接地面天线与地面控制站的数据链路,以及若干用于地面控制站的处理器和接口。

地面数据终端与机载数据终端之间发送和接收的数据流,无论是通过高带宽的线路或光缆传输,还是由上行链路连接到一颗卫星,由该卫星再连接到第二、三颗中继卫星后最终抵达机载数据终端,数据链路的各功能部件在基本构成方式上都不会有太大变化。而从无人机系统角度而言,还是存在上行链路信息通道和下行链路信息通道,信息通道的传输能力由整个链路中数据量最小的环节来决定。

3.6.4　理想数据链特性

若一个无人机数据链路只在特定测试场范围内使用,那么使用简单的遥测接收机和发射机就足够了。这样的接收发射系统会受到测试场范围内其他发射机的干扰,不过此干扰可以通过精心选择工作频率加以控制,如有必要,可尝试控制其他发射机。然而,经验表明,若无人机系统是从一个已解决了频率冲突问题的测试场换到另一测试场,这样简单的数据链路是不能保证可靠运行的,更不用说是在真实的战场或"城区"复杂电磁环境下运作(这里使用"城区"作为电磁环境复杂区域的代名词,指的是高度发达的,至少是中等密集度的居民区,如今意味着可能有大量的信号冲突和干扰的区域)。

无人机数据链路最起码的要求是必须足够稳定,保证用户在任何地方进行测试、训练时正常工作,或者在不存在蓄意干扰的情况下正常工作。这就要求数据链路能够在所有上述地点使用当地可分配的频点工作,同时还能抵御可能存在的外来射频发射机的无意干扰。

在战场上,无人机系统可能面临各种电子战的威胁,包括针对地面站的为炮兵指示目标的测向系统、追踪地面数据终端辐射源的反辐射武器(ARM)、电子截获、情报利用、电子欺骗以及对数据链路的无意或蓄意干扰。只要经费允许,数据链路需要尽可能多地增加抗电磁威胁的功能。

无人机数据链路有以下 7 个与相互干扰和电子战有关的理想特性。

(1)全球可用的频率分配:无论是和平时期还是战争期间,在用户感兴趣的所有地方,数据链路都能在当地可用的测试和训练操作频点正常工作。

(2)抗无意干扰:尽管会有来自其他射频系统的间歇性带内信号干扰,数据链路仍能正常工作。

(3)低截获概率:当处在敌方测向系统的覆盖范围和有效距离之内时,数据链路难以被截获和测得方位。

(4)安全性:由于信号加密,所以即使被截获,也无法被破译。

(5)抗欺骗:在敌方意图向飞行器发送指令或向地面数据终端发送欺骗信号时,数据链路能进行抵制。

(6)抗反辐射武器:难以被 ARM 锁定,即使被锁定,也能使对地面站的毁伤降到最低。

(7)抗干扰:即使遇到外界对上行链路或下行链路的蓄意干扰,也能正常工作。

上述理想特性的优先次序取决于特定无人机的任务和用途。通常,上行链路的优先次序与下行链路有所不同。与优先次序相关的总体考虑将在接下来的内容中予以讨论。

1. 全球可用性

全球可用性对通用型的民用及军用系统都是很重要的。专用系统可能只是为在特定地点使用而设计的。原则上,这类特殊系统使用的频带可能只在这些特定地点才可用(此类设计的代价是,如果之后想在其他位置使用这些系统,需对系统进行重新设计)。即便是这种特殊的情况,也不要忘记,该系统可能不得不在其他一个或多个测试地点使用,那里的频率限制可能与最终的使用地点不同。

当前,就通用系统而言,欧洲可能是对可用频率限制最严格的地区。进一步的发展将加速全球化过程,其他地区也可能形成与欧洲类似的限制,并具有不同的规则体系。即使是现在,某些"不发展的项目"(NDI),其现成的数据链路销售到欧洲以外的地区,其使用的频带在和平时期的欧洲也可能是不可用的。

若数据链路使用的频率不是全球通用型,则应根据使用地为链路设计备用的频带。对于民用系统而言,可以简单认为这是必需的。对军用系统而言,则可以争辩,即使是和平时期限制使用的频带,也能在战时使用,但军方用户同时又有测试和训练的需求,这就使得在和平时期使用这些数据链路变得很重要。无人机操作人员也需紧跟时代步伐,不断提高自身操作技能。如果数据链频率在和平时期不能用,那就需要在某些区域训练飞行无人机,而任务训练则通过有人驾驶飞机携带无人机载荷及数据链路进行,问题是很难找到这样的地区。此类训练应使用功能齐全的全状态数据链路,以便将其所有特性融合到训练过程中。

如果最初获取时接受了一套不具备全球可用性的"不发展项目"的数据链路,则应在项目计划中预先安排以后可替代的版本,后期版本要能够在全球各地使用。在此情况下,应该把替换早期数据链路产生的成本看作必不可少的开支,假如该"不发展项目"的数据链路能尽早形成装备,并能在该系统大量交付之前进行替换升级,这样做可认为是值得的。

2. 抗无意干扰能力

能在无意干扰存在时正常运行而不存在任务失败的重大风险,是对无人机数据链路的第二个基本要求。用于描述和测试该能力的电磁环境应该是对于当前系统有可能经受的最不利情况。对军用系统而言,应包括联合作战环境,以及在各个测试场地内、在训练场和使用地区,可能遇到的多台发射机混杂的情况。经验说明,简单的遥测数据链路不能满足上述测试场地和训练区域的需要,更不用说是现代战场密集多变的电磁环境了。

除了避免频率冲突,抗无意干扰的能力还可以通过使用检错码、应答和重发协议以及许多用于抗干扰的技术得以加强。

3. 低截获概率

军用上行链路对低截获概率(LPI)有强烈需求,原因是飞行器飞行时,地面站很可能必须在长时间内保持静止不动,一旦其位置被确定,地面站将成为火炮和导弹的攻击目标。为了提高地面站的生存能力,可以将地面站设在离后方较近的位置(在某些情况下),也可以由多个地面站轮流操控飞行器。这样,地面站就可以经常移动位置。另外,可以让上行链路的发射天线远离地面站其他设备,同时对地面站所有设备加装火力防护层(代价是车辆的体积和质量增加)。但非常有必要的是,减少地面站信号源的漏洞,从而可降低敌方使用测向装备进行高精度定位的可能性。

相对而言,LPI 对下行链路而言就不是那么重要了。但是,如果任务是秘密的,无论是监视和/或对恐怖分子集结点进行袭击,还是与执法相关的类似行动,不让被侦察的目标人物知道上空有飞行器而且飞行器正在发送信息,是有潜在好处的。敌人获得某种能给出上述警告的扫描接收机并不是太难的事,这取决于所使用的频率。

LPI 可通过扩频、频率捷变、功率管理和低占空比技术来实现。对于较高频率而言,由于缺乏到地面数据终端天线的清晰的通视条件,所以上行链路信号也可能难以被地基测向装备发现。由于受到"低成本"的限制,所以 LPI 特性也许会被认为是一种"锦上添花"的功能,因为链路特性主要由防反辐射武器和抗干扰性能需求决定,LPI 更像是一个加分项目。

4. 安全性

当第一批现代无人机系统于 20 世纪 80 年代投入现役时,对于为其设置的许多战术功能而言,敌方监听上行链路或下行链路收效甚微,除非他们还能依据截获的信息进行欺骗式介入。

然而近年来,在无人机执行的一些主要任务应用中,保持任务的机密性非常重要。正如之前所言,犯罪分子甚至恐怖分子可以通过获悉上空有侦察设备正在看着他们,而改变行动计划或躲避无人机发动的攻击。在这种场合,安全性成为一项重要需求,需要对上行及下行数据流进行加密。

5. 抗欺骗性

通过欺骗上行数据链路,敌方能够控制飞行器,并且能够使飞行器坠毁、改变航向或回收。这比干扰情况更严重,因为欺骗可导致飞行器及其载荷的直接损失,而干扰一般只造成某项具体任务无法完成。而且,若敌方能够引导飞行器坠毁,那么他就可以通过单个欺骗系统陆续袭击多个飞行器,而干扰却要长时间占用各个设备,因为干扰对象从一架飞行器换为另一架飞行器后,原来受干扰的飞行器又可继续执行其任务。欺骗上行链路只需让飞行器接收一条灾难指令即可(例如,关闭发动机、转换数据链路频率、打开降落伞、降低飞行高度到地面以下等)。

欺骗下行链路相对困难,因为操作员很可能会识别这类欺骗。对下行链路进行传感器数据欺骗需要产生具有可信度的假传感器数据,而这是很难做到的。对下行遥测链路的欺骗会导致所执行的任务夭折,甚至使飞行器坠毁。例如,不断上升的高度读数可误导操作员发出降低高度的指令,从而使飞行器坠毁。但是,与向飞行器发送一条坏指令相比,这类欺骗需要更复杂的伎俩。

实现抗欺骗性可通过鉴别码和一些抗干扰技术,比如使用安全码的扩频传输技术。特别是在有意部署一系列战术无人机时,某些对上行链路的保护显得尤为重要,由于这些无人机将使用通用地面站,所以这意味着它们将使用通用数据链路及一些通用指令码。

抗欺骗性可在数据链路之外完成,这是因为鉴别码可由系统软件生成,由机载计算机校验,不需要数据链路直接参与(而不是发送带有鉴别码的信息)。

6. 防反辐射武器能力

由于地面站位置固定、能向敌方辐射各种信号并且是相当高价值目标,所以使其不易被反辐射武器打击是人们所期望的。采用远程布置的传输天线以及降低上行链路占空比是防反辐射武器打击的可靠措施。理想的情况是,除非需要向飞行器发送指令,否则上行链路不发射信号,因此上行链路可长时间保持静默。在一定程度上,这是一个系统问题,因为设计时应让整个系统尽可能少地使用上行链路,但这也是一个数据链路问题,因为一些数据链路可能被设计为定时发射信号,即使没有新的待传输指令。

额外的防护还可以通过低截获概率、频率捷变和扩频技术等方面来获得,这几方面从其他角度来看也是希望具备的。

如果认为反辐射武器的威胁十分严重,还可以使用多种主动手段(如诱饵等)来进一步提高对地面站的防护。

上行链路无需考虑防反辐射武器问题,因为对这类武器而言,飞行器不是一个合适的攻击目标。

7. 抗干扰能力

数据链路受到蓄意干扰时能够正常工作的能力称为"抗干扰"能力,或称"AJ"(Anti-Jam)能力,又可称为"干扰抵御"(Jam-Resistant)能力。有时,"抗干扰"指的是抵御最严重干扰威胁时所进行的全面防护,而"干扰抵御"则是用来描述对于干扰的较低程度的防护。用在这里,干扰抵御是抗干扰的子集。

在这里,只引入抗干扰余量的概念而不用给出其数学定义是有帮助的。数据链路的抗干扰余量是其可承受的最大干扰功率的一种度量,超过这个功率数据链路的运行性能将降低到可接受的水平以下,该可接受的最低水平通常由数据链路规定的最大可接受误码率来决定。抗干扰余量常以 dB 为单位。

对于抗干扰余量的特定实例,以 dB 为单位的比值是在无干扰情况下系统所能获得的实际信噪比除以系统正常运行时所需的最小信噪比。因此,抗干扰余量为 30 dB 意味着,干扰必须使接收机信噪比降低至少 99.9%(101g1 000=30)才能使系统工作失常。

在讨论用 dB 表示的抗干扰余量时,需要记住的要点是,dB 中的因数 2 不同于干扰功率中的因数 2。因此,将 40 dB 的抗干扰余量降低 50% 到 20 dB,这将使所需干扰功率降低约 99%。举个例子,一个 10 000 W 功率的干扰机与一个 100 W 功率干扰机之间的差别比用 dB 表示时的因数 2 要显著得多。

抗干扰能力的整体优先等级取决于无人机将面临的威胁,以及无人机任务能够承受的干扰程度。数据链路不可能在任何时间、任何地点都受到干扰。任务可承受的一个极限情况是,当执行预设程序控制的飞行剖面时,在机上记录传感器数据,一旦发现干扰漏洞就将数据传到地面,甚至干脆把保存的数据带回基地。在这个极限情况,系统可能根本没有必要使用上行链路,一直到接近回收地点,因此,上行链路抗干扰的意义并不大。对某些无人机应用而言,这也许是一种可接受的降级运行模式,尽管不是原本计划好的基本模式。在此情况下,就可以使用几乎没有抗干扰能力的数据链路。

另一个极限情况以类似于"捕食者"所执行的任务为代表,它的很多关键功能只能实时执行。最明显的例子是信息获取、定位、攻击活动目标,或监视跨越边境的地区。多数情况下,记录重放是无意义的,哪怕只是几分钟前的记录。对这些任务而言,抗干扰能力的强弱及干扰威胁等级决定了敌方是否能够使无人机系统任务丧失有效性。

很多时候,与上行链路相比,下行链路受到干扰时对任务造成的危害将更为严重。许多任务的执行使用的都是预编程控制的飞行剖面及传感器搜索模式。如果上行链路受到干扰,则操作员将失去观察灵活性,即不能从不同的角度再次观察感兴趣的目标。不过,若操作员想再次查看之前的实时数据,可以在地面记录数据并重放。飞行器在任务结束后可以由程序控制返回到地面站附近,在这里上行链路不易被干扰,然后进行回收。因此,相比于下行链路被干扰的情况,大多数任务对上行链路被干扰的承受力更强,如果下行链路被干扰,就无法得到实时数据。

8. 数字式数据链

一条数据链路可传递数字信号或者模拟信号。若传递的是数字信号,数据链路可能采用数字式或者模拟式载波调制。很多简单遥测链路采用的是模拟式调制,至少对视频信道是这样。而大多数抗干扰数据链路则会选择数字式调制来传递数字信号。

任何现代无人机系统一定是采用数字计算机实现地面站和飞行器的控制和自动驾驶仪功能,而且机载传感器数据也几乎一定是数字式的,至少在其最后的一些环节是数字式的。数字数据格式对于大部分错误检验方法、通过冗余传输承受间歇干扰、加密和鉴别码等都是非常重要的。基于上述种种理由,无人机数据链路自然会选择数字式数据及数字式调制。这种处理方式假定数据链路都是数字式的,除非有明确说明它不是数字式的。

3.7　导 航 系 统

无人机导航系统主要由全球定位系统(GPS)和惯性导航系统(INS)等共同组成。

3.7.1　全球定位系统 GPS

GPS 是英文 Global Positioning System(全球定位系统)的简称,全称为定时测距导航卫星全球定位系统。GPS 起始于 1958 年美国军方的一个项目,1964 年投入使用。20 世纪 70 年代,美国陆海空三军联合研制了新一代卫星定位系统 GPS。其主要目的是为陆海空三大领域提供实时、全天候和全球性的导航服务,并用于情报搜集、核爆监测和应急通信等一些军事目的,经过 20 多年的研究实验,耗资 300 亿美元,到 1994 年,全球覆盖率高达 98% 的 24 颗 GPS 卫星已布设完成。

1.GPS 概述

利用 GPS 定位卫星,在全球范围内实时进行定位、导航的系统,称为全球卫星定位系统,简称 GPS。GPS 是由美国国防部研制建立的一种具有全方位、全天候、全时段和高精度的卫星导航系统,能为全球用户提供低成本、高精度的三维位置、速度和精确定时等导航信息,是卫星通信技术在导航领域的应用典范,它极大地提高了地球社会的信息化水平,有力地推动了数字经济的发展。

GPS 可以提供车辆定位、防盗、反劫、行驶路线监控及呼叫指挥等功能。要实现以上所有功能必须具备 GPS 终端、传输网络和监控平台三个要素。

2.GPS 发展

GPS 的前身是美国军方研制的一种子午仪卫星定位系统(Transit),1958 年研制,1964 年正式投入使用。该系统由 5～6 颗卫星组成的星网工作,每天最多绕过地球 13 次,并且无法给出高度信息,在定位精度方面也不尽如人意。然而,子午仪系统使得研发部门对卫星定位取得了初步的经验,并验证了由卫星系统进行定位的可行性,为 GPS 的研制埋下了伏笔。由于卫星定位显示出在导航方面的巨大优越性及子午仪系统存在对潜艇和舰船导航方面的巨大缺陷,所以美国海陆空三军及民用部门都感到迫切需要一种新的卫星导航系统。

为此,美国海军研究实验室(NRL)提出了名为 Tinmation 的用 12～18 颗卫星组成 10 000 km高度的全球定位网计划,并于 1967 年、1969 年和 1974 年各发射了一颗试验卫星,在这些卫星上初步试验了原子钟计时系统,这是 GPS 精确定位的基础。而美国空军则提出了 621-B 的以每星群 4～5 颗卫星组成 3～4 个星群的计划,这些卫星中除 1 颗采用同步轨道外,其余的都使用周期为 24 h 的倾斜轨道,该计划以伪随机码(PRN)为基础传播卫星测距信号,其强大的功能使得即使当信号密度低于环境噪声的 1% 也能被检测出来。伪随机码的成功运用是 GPS 得以取得成功的一个重要基础。海军的计划主要用于为舰船提供低动态的二维定位,空军的计划能够提供高动态服务,然而系统过于复杂。由于同时研制两个系统会造成巨大的费用,而且这里两个计划都是为了提供全球定位而设计的,所以 1973 年美国国防部将两者合二为一,并由国防部牵头的卫星导航定位联合计划局(JPO)领导,还将办事机构设立在洛杉矶的空军航天处。该机构成员众多,包括美国陆军、海军、海军陆战队、交通部、国防制图局、北约和澳大利亚的代表。

　　最初的 GPS 计划在美国联合计划局的领导下诞生了,该方案将 24 颗卫星放置在互成 120°的 3 个轨道上。每个轨道上有 8 颗卫星,地球上任何一点均能观测到 6～9 颗卫星。这样,粗码精度可达 100 m,精码精度为 10 m。由于预算压缩,GPS 计划不得不减少卫星发射数量,改为将 18 颗卫星分布在互成 60°的 6 个轨道上,然而这一方案使得卫星可靠性得不到保障。1988 年又进行了最后一次修改:21 颗工作星和 3 颗备用星工作在互成 60°的 6 条轨道上。这也是 GPS 卫星所使用的工作方式。

　　GPS 导航系统是以全球 24 颗定位人造卫星为基础,向全球各地全天候地提供三维位置、三维速度等信息的一种无线电导航定位系统(见图 3 - 27)。它由三部分构成:①地面控制部分,由主控站、地面天线、监测站及通信辅助系统组成;②空间部分,由 24 颗卫星组成,分布在 6 个轨道平面;③用户装置部分,由 GPS 接收机和卫星天线组成。民用的定位精度可达 10 m 内。

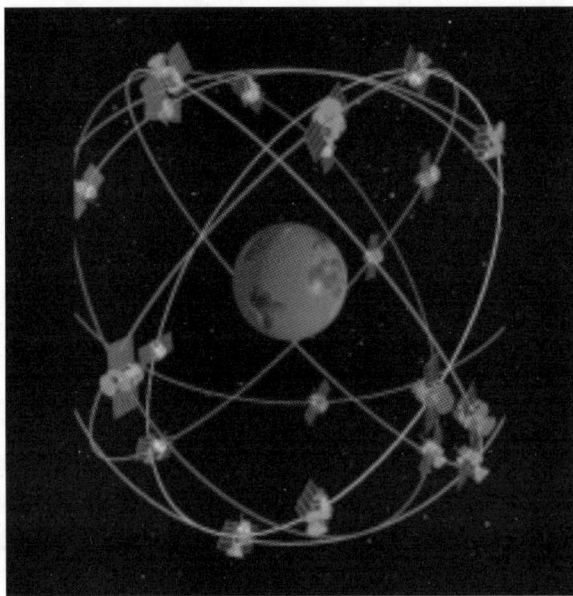

图 3 - 27　GPS 卫星导航系统

　　3. GPS 工作原理

　　(1)定位原理。GPS 导航系统的基本原理是测量出已知位置的卫星到用户接收机之间的距离,然后综合多颗卫星的数据就可知道接收机的具体位置。要达到这一目的,卫星的位置可以根据星载时钟所记录的时间在卫星星历中查出。而用户到卫星的距离则通过记录卫星信号传播到用户所经历的时间,再将其乘以光速得到[由于大气层电离层的干扰,所以这一距离并不是用户与卫星之间的真实距离,而是伪距(PR)]。当 GPS 卫星正常工作时,会不断地用 1 和 0 二进制码元组成的伪随机码(简称伪码)发射导航电文。GPS 系统使用的伪码一共有两种,分别是民用的 C/A 码和军用的 P(Y)码。C/A 码频率为 1.023 MHz,重复周期 1 ms,码间距 1 μs,相当于 300 m;P 码频率为 10.23 MHz,重复周期 266.4 d,码间距 0.1 μs,相当于 30 m。而 Y 码是在 P 码的基础上形成的,保密性能更佳。导航电文包括卫星星历、工作状况、时钟改正、电离层时延修正和大气折射修正等信息。它是从卫星信号中解调制出来,以 50 b/s

调制在载频上发射的。导航电文每个主帧中包含 5 个子帧,每帧长 6 s。前 3 帧各 10 个字码,每 30 s 重复一次,每小时更新一次。后 2 帧共 15 000 b。导航电文中的内容主要有遥测码,转换码,第 1,2,3 数据块,其中最重要的为星历数据。当用户接受到导航电文时,提取出卫星时间并将其与自己的时钟做对比便可得知卫星与用户的距离,再利用导航电文中的卫星星历数据推算出卫星发射电文时所处位置,用户在 WGS - 84 大地坐标系中的位置速度等信息便可得知。

可见 GPS 导航系统卫星部分的作用就是不断地发射导航电文。然而,由于用户接受机使用的时钟与卫星星载时钟不可能总是同步,所以除了用户的三维坐标 x,y,z 外,还要引进一个 Δt 即卫星与接收机之间的时间差作为未知数,然后用 4 个方程将这 4 个未知数解出来。因此如果想知道接收机所处的位置,至少要能接收到 4 个卫星的信号。

GPS 接收机可接收到用于授时的准确至纳秒级的时间信息,用于预报未来几个月内卫星所处概略位置的预报星历,用于计算定位时所需卫星坐标的广播星历,精度为几米至几十米(各个卫星不同,随时变化),以及 GPS 系统信息,如卫星状况等。

GPS 接收机对码进行量测就可得到卫星到接收机的距离,由于含有接收机卫星钟的误差及大气传播误差,故称为伪距。对 CA 码测得的伪距称为 CA 码伪距,精度为 20 m 左右,对 P 码测得的伪距称为 P 码伪距,精度为 2 m 左右。

GPS 接收机对收到的卫星信号进行解码或采用其它技术,将调制在载波上的信息去掉后,就可以恢复载波。严格而言,载波相位应被称为载波拍频相位,它收到的是受多普勒频移影响的卫星信号载波相位与接收机本机振荡产生信号相位之差。一般在接收机钟确定的历元时刻量测,保持对卫星信号的跟踪,就可记录下相位的变化值,但开始观测时的接收机和卫星振荡器的相位初值是不知道的,起始历元的相位整数也是不知道的,即整周模糊度,只能在数据处理中作为参数解算。相位观测值的精度高至毫米级,但前提是解出整周模糊度,因此只有在相对定位、并有一段连续观测值时才能使用相位观测值,而要达到优于米级的定位精度也只能采用相位观测值。

按定位方式,GPS 定位分为单点定位和相对定位(差分定位)。单点定位就是根据一台接收机的观测数据来确定接收机位置的方式,它只能采用伪距观测量,可用于车船等的概略导航定位。相对定位(差分定位)是根据两台以上接收机的观测数据来确定观测点之间的相对位置的方法,它既可采用伪距观测量也可采用相位观测量,大地测量或工程测量均应采用相位观测值进行相对定位。

在 GPS 观测量中包含了卫星和接收机的钟差、大气传播延迟和多路径效应等误差,在定位计算时还要受到卫星广播星历误差的影响,在进行相对定位时大部分公共误差被抵消或削弱,因此定位精度将大大提高,双频接收机可以根据两个频率的观测量抵消大气中电离层误差的主要部分,在精度要求高、接收机间距离较远时(大气有明显差别),应选用双频接收机。

GPS 定位的基本原理是根据高速运动的卫星瞬间位置作为已知的起算数据,采用空间距离后方交会的方法,确定待测点的位置。如图 3 - 28 所示,假设 t 时刻在地面待测点上安置 GPS 接收机,可以测定 GPS 信号到达接收机的时间 Δt,再加上接收机所接收到的卫星星历等其他数据可以确定其 4 个方程式。

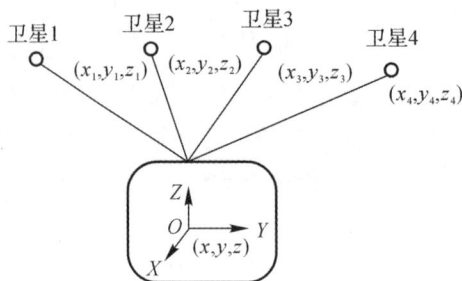

图 3 - 28　GPS 定位原理

$$\begin{cases} \left[(x_1-x)^2+(y_1-y)^2+(z_1-z)^2\right]^{\frac{1}{2}}+c(v_{t1}-v_{t0})=d_1 \\ \left[(x_2-x)^2+(y_2-y)^2+(z_2-z)^2\right]^{\frac{1}{2}}+c(v_{t2}-v_{t0})=d_2 \\ \left[(x_3-x)^2+(y_3-y)^2+(z_3-z)^2\right]^{\frac{1}{2}}+c(v_{t3}-v_{t0})=d_3 \\ \left[(x_4-x)^2+(y_4-y)^2+(z_4-z)^2\right]^{\frac{1}{2}}+c(v_{t4}-v_{t0})=d_4 \end{cases}$$

(2)定位精度。24 颗卫星(其中 3 颗备用)早已升空,分布在 6 条交点互隔 60°的轨道面上,距离地面约 20 000 km。已经实现单机导航精度约为 10 m,综合定位的话,精度可达厘米级和毫米级。但民用领域开放的精度约为 10 m。

4. GPS 组成

(1)空间部分。GPS 的空间部分是由 24 颗卫星组成(21 颗工作卫星,3 颗备用卫星),它位于距地表 20 200 km 的上空,运行周期为 12 h。卫星均匀分布在 6 个轨道面上(每个轨道面 4 颗),轨道倾角为 55°。卫星的分布使得在全球任何地方、任何时间都可观测到 4 颗以上的卫星,并能在卫星中预存导航信息,GPS 的卫星因为大气摩擦等问题,随着时间的推移,导航精度会逐渐降低。

(2)地面控制系统。地面控制系统由监测站(Monitor Station)、主控制站(Master Monitor Station)和地面天线(Ground Antenna)组成,主控制站位于美国科罗拉多州春田市(Springfield,Colorado)。地面控制站负责收集由卫星传回的信息,并计算卫星星历、相对距离和大气校正等数据。

地面监控部分包括四个监控站、一个上行注入站和一个主控站。监控站设有 GPS 用户接收机、原子钟、收集当地气象数据的传感器和进行数据初步处理的计算机。监控站的主要任务是取得卫星观测数据并将这些数据传送至主控站。主控站设在范登堡空军基地。它对地面监控部分实行全面控制。主控站的主要任务是收集各监控站对 GPS 卫星的全部观测数据,利用这些数据计算每颗 GPS 卫星的轨道和卫星钟改正值。上行注入站也设在范登堡空军基地。它的任务主要是在每颗卫星运行至上空时把这类导航数据及主控站的指令注入卫星。这种注入对每颗 GPS 卫星每天进行一次,并在卫星离开注入站作用范围之前进行最后的注入。

(3)用户设备部分。用户设备部分即 GPS 信号接收机。其主要功能是能够捕获到按一定卫星截止角所选择的待测卫星,并跟踪这些卫星的运行。当接收机捕获到跟踪的卫星信号后,就可测量出接收天线至卫星的伪距离和距离的变化率,解调出卫星轨道参数等数据。根据这些数据,接收机中的微处理计算机就可按定位解算方法进行定位计算,计算出用户所在地理位置的经纬度、高度、速度和时间等信息。接收机硬件、机内软件和 GPS 数据的后处理软件包构成完整的 GPS 用户设备。GPS 接收机的结构分为天线单元和接收单元两部分。接收机一般采用机内和机外两种直流电源。设置机内电源的目的在于更换外电源时不中断连续观测。在用机外电源时机内电池自动充电。关机后机内电池为 RAM 存储器供电,以防止数据丢失。各种类型的接受机体积越来越小,质量越来越轻,便于野外观测使用。其次则为使用者接收器,现有单频与双频两种,但由于价格因素,一般使用者所购买的多为单频接收器。

5. GPS 特点

由于 GPS 技术所具有的全天候、高精度和自动测量的特点,所以作为先进的测量手段和新的生产力,已经融入了国民经济建设、国防建设和社会发展的各个应用领域。

(1)全球全天候定位。GPS 卫星的数目较多,且分布均匀,保证了地球上任何地方、任何时间至少可以同时观测到 4 颗 GPS 卫星,确保实现全球全天候连续的导航定位服务(除打雷闪电不宜观测外)。

(2)定位精度高。应用实践已经证明,GPS 相对定位精度在 50 km 以内可达 10~6 m,100~500 km 可达 10~7 m,1 000 km 可达 10~9 m。在 300~1 500 m 工程精密定位中,1 h 以上观测时其平面位置测定误差小于 1 mm,与 ME-5000 电磁波测距仪测定的边长比较,其边长较差最大为 0.5 mm,校差中误差为 0.3 mm。

1)实时单点定位(用于导航):P 码 1~2 m;C/A 码 5~10 m。

2)静态相对定位:50 km 之内误差为几毫米($1 \sim 2 \ ppm \times D$);50 km 以上可达 0.1~0.01 ppm。

3)实时伪距差分(RTD):精度达分米级。

4)实时相位差分(RTK):精度达 1~2 cm。

(3)观测时间短。随着 GPS 系统的不断完善和软件的不断更新,20 km 以内相对静态定位,仅需 15~20 min;快速静态相对定位测量时,当每个流动站与基准站相距在 15 km 以内时,流动站观测时间只需 1~2 min;采取实时动态定位模式时,每站观测仅需几秒钟。因而使用 GPS 技术建立控制网,可以大大提高作业效率。

(4)测站间无需通视。GPS 测量只要求测站上空开阔,不要求测站之间互相通视,因而不再需要建造觇标。这一优点既可大大减少测量工作的经费和时间(一般造标费用占总经费的30%~50%),同时也使选点工作变得非常灵活,也可省去经典测量中的传算点、过渡点的测量工作。

(5)仪器操作简便。随着 GPS 接收机的不断改进,GPS 测量的自动化程度越来越高,有的已趋于“傻瓜化”。在观测中测量员只需安置仪器,连接电缆线,量取天线高,监视仪器的工作状态,而其他观测工作,如卫星的捕获、跟踪观测和记录等均由仪器自动完成。在结束测量时,仅需关闭电源,收好接收机,便完成了野外数据采集任务。

如果在一个测站上需作长时间的连续观测,还可以通过数据通信方式,将所采集的数据传送到数据处理中心,实现全自动化的数据采集与处理。另外,接收机体积也越来越小,相应的质量也越来越轻,极大地减轻了测量工作者的劳动强度。

(6)可提供全球统一的三维地心坐标。GPS 测量可同时精确测定测站平面位置和大地高程。GPS 水准可满足四等水准测量的精度,另外,GPS 定位是在全球统一的 WGS-84 坐标系统中计算的,因此全球不同地点的测量成果是相互关联的。

6. GPS 接收机的种类

(1)导航型接收机。此类型接收机主要用于运动载体的导航,它可以实时给出载体的位置和速度。这类接收机一般采用 C/A 码伪距测量,单点实时定位精度较低,一般为 ±10 m,有 SA 影响时为 ±100 m。这类接收机价格便宜,应用广泛。根据应用领域的不同,此类接收机还可以进一步分为以下类型:

1)车载型——用于车辆导航定位;

2)航海型——用于船舶导航定位;

3)航空型——用于飞机导航定位。由于飞机运行速度快,所以在航空上用的接收机要求能适应高速运动。

4)星载型——用于卫星的导航定位。由于卫星的速度高达 7 km/s 以上,所以对接收机的要求更高。

(2)测地型接收机。测地型接收机主要用于精密大地测量和精密工程测量。这类仪器主要采用载波相位观测值进行相对定位,定位精度高,仪器结构复杂,价格较贵。

(3)授时型接收机。这类接收机主要利用 GPS 卫星提供的高精度时间标准进行授时,常用于天文台及无线电通信中时间同步。

经过 20 余年的实践证明,GPS 系统是一个高精度、全天候和全球性的无线电导航、定位和定时的多功能系统。GPS 技术已经发展成为多领域、多模式、多用途和多机型的国际性高新技术产业。

7. 中国"北斗"系统

中国"北斗"系统由 5 颗静止轨道卫星和 30 颗非静止轨道卫星组成。"北斗一号"精确度在 10 m 之内,而"北斗二号"可以精确到"厘米"之内。2012 年 10 月 25 日 23 时 33 分,我国在西昌卫星发射中心用"长征三号丙"火箭,成功将第 16 颗北斗导航卫星送入预定轨道。这是我国二代北斗导航工程的最后一颗卫星,也是长征系列运载火箭的第 170 次发射。至此,我国北斗导航工程区域组网顺利完成。

从 1994 年北斗一号工程立项开始,一代代航天人一路披荆斩棘、不懈奋斗,始终秉承航天报国、科技强国的使命情怀,以"祖国利益高于一切、党的事业大于一切、忠诚使命重于一切"的责任担当,克服了各种难以想象的艰难险阻,在陌生领域从无到有进行全新探索,在高端技术空白地带白手起家,用信念之火点燃了北斗之光,推动北斗全球卫星导航系统闪耀浩瀚星空、服务中国与世界。从北斗一号、北斗二号、北斗三号"三步走"发展战略决策,到有别于世界其他国家技术路径设计,再到用两年多时间高密度发射 18 箭 30 星,北斗卫星导航系统从无到有、从有到优、从区域到全球的发展历程。

2020 年 7 月 31 日,北斗三号全球卫星导航系统建成暨开通仪式在北京举行。习近平总书记出席仪式,铿锵有力地宣布:"北斗三号全球卫星导航系统正式开通!"这标志着中国建成了独立自主、开放兼容的全球卫星导航系统,中国北斗从此走向了服务全球、造福人类的时代舞台。参研参建的 400 多家单位、30 余万名科研人员合奏了一曲大联合、大团结、大协作的交响曲,孕育了"自主创新、开放融合、万众一心、追求卓越"的新时代北斗精神。

3.7.2 惯性测量单元

惯性测量单元(Inertial Measurement Unit,IMU)是测量物体三轴姿态角(或角速率)以及加速度的装置。一般一个 IMU 包含三个单轴的加速度计和三个单轴的陀螺,加速度计检测物体在载体坐标系统独立三轴的加速度信号,而陀螺检测载体相对于导航坐标系的角速度信号,测量物体在三维空间中的角速度和加速度,并以此解算出物体的姿态。它在导航中有着很重要的应用价值。

1. 测量单元

为了提高可靠性,还可以为每个轴配备更多的传感器。一般而言 IMU 要安装在被测物体的重心上。

IMU 大多用在需要进行运动控制的设备,如汽车和机器人上;也被用在需要用姿态进行精密位移推算的场合,如潜艇、飞机、导弹和航天器的惯性导航设备上等。

2. 背景技术

IMU 利用三轴地磁解结合三轴加速度计,受外力加速度影响很大,在运动/振动等环境中,输出方向角误差较大,此外地磁传感器有缺点,它的绝对参照物是地磁场的磁力线,地磁的特点是使用范围大,但强度较低,约零点几高斯,非常容易受到其他磁体的干扰,如果融合了 z 轴陀螺仪的瞬时角度,就可以使系统数据更加稳定。加速度测量的是重力方向,在无外力加速度的情况下,能准确输出 ROLL/PITCH 两轴姿态角度,并且此角度不会有累积误差,在更长的时间尺度内都是准确的。但是用加速度传感器测量角度的缺点是加速度传感器实际上是用 MEMS 技术检测惯性力造成的微小形变,而惯性力与重力本质是一样的,因此加速度计就不会区分重力加速度与外力加速度,当系统在三维空间做变速运动时,它的输出就不正确了。

陀螺仪输出角速度,是瞬时量,角速度在姿态平衡上是不能直接使用的,需要角速度与时间积分计算角度,得到的角度变化量与初始角度相加,就得到目标角度,其中积分时间 dt 越小,输出角度越精确,但陀螺仪的原理决定了它的测量基准是自身,并没有系统外的绝对参照物,加上 dt 不可能无限小,积分的累积误差会随着时间流逝迅速增加,最终导致输出角度与实际不符,因此陀螺仪只能工作在相对较短的时间尺度内。

3. 工作原理

惯性测量装置 IMU 属于捷联式惯导,该系统由三个加速度传感器和三个角速度传感器(陀螺)组成,加速度计用来感受飞机相对于地垂线的加速度分量,角速度传感器用来感受飞机的角度信息,该子部件主要由两个 A/D 转换器 AD7716BS 与 64 K 的 E/EPROM 存储器 X25650 构成,A/D 转换器采用 IMU 各传感器的模拟变量,转换为数字信息后经过 CPU 计算,最后输出飞机俯仰角度、倾斜角度与侧滑角度,E/EPROM 存储器主要存储了 IMU 各传感器的线性曲线图与 IMU 各传感器的件号与序号,部品在刚开机时,图像处理单元读取 E/EPROM 内的线性曲线参数为后续角度计算提供初始信息。

3.7.3 惯性导航系统

1. 定义

惯性导航系统是以陀螺和加速度计为敏感器件的导航参数解算系统,该系统根据陀螺的输出建立导航坐标系,根据加速度计输出解算出运载体在导航坐标系中的速度和位置。

2. 惯性导航系统简介

惯性导航系统(Inertial Navigation System,INS)也称作惯性参考系统,是一种不依赖于外部信息、也不向外部辐射能量(如无线电导航那样)的自主式导航系统。其工作环境不仅包括空中、地面,还可以在水下。惯性导航系统的基本工作原理是以牛顿力学定律为基础,通过测量载体在惯性参考系中的加速度,将它对时间进行积分,且把它变换到导航坐标系中,就能够得到在导航坐标系中的速度、偏航角和位置等信息。

惯性导航系统属于推算导航方式,即从一已知点的位置根据连续测得的运动体航向角和速度推算出其下一点的位置,因而可连续测出运动体的当前位置。惯性导航系统中的陀螺仪用来形成一个导航坐标系,使加速度计的测量轴稳定在该坐标系中,并给出航向和姿态角;加速度计用来测量运动体的加速度,经过对时间的一次积分得到速度,速度再经过对时间的一次积分即可得到位移。

现代比较常见的几种导航技术包括天文导航、惯性导航、卫星导航和无线电导航等,其中,只有惯性导航是自主的,既不向外界辐射信号,也不用看天空中的恒星或接收外部的信号,它的隐蔽性是最好的。

惯性导航系统,并不像大家所认为的那样"不靠谱",像国家的很多战略、战术武器,再如洲际飞行的民航飞机等,都必须依赖惯性导航系统或者惯性导航系统和其他类型的导航系统的组合。它的造价也比较昂贵,像一台导航级[即 1 h 误差 1 n mile(1 n mile=1.852 km)]的惯导系统已足够配备在波音 747 这样的飞机上了。现在,随着微电子机械系统(MEMS)惯性器件技术的进步,商业级、消费品级的惯性导航才逐渐走进寻常百姓家。

(1)惯性导航系统有以下优点:

1)由于它是不依赖于任何外部信息,也不向外部辐射能量的自主式系统,所以隐蔽性好,也不受外界电磁干扰的影响;

2)可全天候、全时间地工作于空中、地球表面乃至水下;

3)能提供位置、速度、航向和姿态角数据,所产生的导航信息连续性好而且噪声低;

4)数据更新率高、短期精度和稳定性好。

(2)惯性导航系统有以下缺点:

1)由于导航信息经过积分而产生,所以定位误差随时间而增大,长期精度差;

2)每次使用之前需要较长的初始对准时间;

3)设备的价格较昂贵;

4)不能给出时间信息。

惯导有固定的漂移率,这样会造成物体运动的误差,因此射程远的武器通常会采用指令、GPS 等对惯导进行定时修正,以获取持续准确的位置参数。惯导系统目前已经发展出挠性惯导、光纤惯导、激光惯导和微固态惯性仪表等多种方式。陀螺仪由传统的绕线陀螺发展到静电陀螺、激光陀螺、光纤陀螺和微机械陀螺等。激光陀螺测量动态范围宽,线性度好,性能稳定,具有良好的温度稳定性和重复性,在高精度的应用领域中一直占据着主导位置。随着科技进步,成本较低的光纤陀螺(FOG)和微机械陀螺(MEMS gyroscope)精度越来越高,是未来陀螺技术发展的方向。常用的惯性导航系统如图 3-29 所示。

3.分类

(1)捷联式惯性导航系统。

(2)解析式惯性导航系统。

(3)半解析式惯性导航系统。

图 3 - 29　INS 惯性导航系统

4.应用

惯性导航系统用于各种运动机具中,包括飞机、潜艇和航天飞机等运输工具及导弹,然而成本及复杂性限制了其可以应用的场合。

惯性系统最先应用于火箭制导,美国火箭先驱罗伯特·戈达尔(Robert Goddard)试验了早期的陀螺系统。第二次世界大战期间经德国人冯·布劳恩改进后,应用于 V - 2 火箭制导。战后美国麻省理工学院等研究机构及人员对惯性制导进行了深入研究,从而发展成应用飞机、火箭、航天飞机和潜艇的现代惯性导航系统。

5.重要性

惯性技术是对载体进行导航的关键技术之一,它是利用惯性原理或其他有关原理,自主测量和控制运载体运动过程的技术,它是惯性导航、惯性制导、惯性测量和惯性敏感器技术的总称。现代惯性技术在各国政府雄厚资金的支持下,已经从最初的军事应用渗透到民用领域。惯性技术在国防装备技术中占有非常重要的地位。对于惯性制导的中远程导弹,一般说来命中精度 70% 取决于制导系统的精度。对于导弹核潜艇,由于潜航时间长,其位置和速度是变化的,而这些数据是发射导弹的初始参数,直接影响导弹的命中精度,所以需要提供高精度位置、速度和垂直对准信号。目前唯一适用于潜艇的导航设备就是惯性导航系统。惯性导航完全是依靠运载体自身设备独立自主地进行导航,不依赖外部信息,具有隐蔽性好、工作不受气象条件和人为因素干扰影响的优点,而且精度高。对于远程巡航导弹,惯性制导系统加上地图匹配技术或其他制导技术,可保证它飞越数千千米之后仍能以很高的精度击中目标。惯性技术已经逐步推广到航天、航空、航海、石油开发、大地测量、海洋调查、地质钻控、机器人技术和铁路等领域,随着新型惯性敏感器件的出现,惯性技术在汽车工业、医疗电子设备中都得到了应用。因此惯性技术不仅在国防现代化中占有十分重要的地位,在国民经济各个领域中也日益显示出它的巨大作用。

6.发展前景

惯性系统是利用惯性敏感器、基准方向及最初的位置信息来确定运载体的方位、位置和速度的自主式航位推算导航系统。它至少应由一个惯性测量装置、一个数字计算机、一个控制显示装置及一个专用精密电源所组成。运载体的运动是在三维空间里进行的,它的运动形式,一是线运动,一是角运动。不论线运动还是角运动都是三维空间的,要建立一个三维空间坐标系,势必要建立一个三轴惯性平台。有了三轴惯性平台,才能提供测量三自由度线加速度的基准。测得已知方位的三个线加速度分量,通过计算机计算出运载体的运动速度及位置,因此第一大类惯导系统方案是平台式惯性导航系统。没有"机电"平台,将惯性元件陀螺仪和加速度计直接安装在运载体上,在计算机中建立一个"数学"平台,通过复杂计算及变换,得到运载体的速度和位置,这种无机电平台式惯导系统就是第二大类惯导系统方案,称之为捷联式惯导系统。

从广义上讲从起始点将航行载体引导到目的地的过程统称为导航。从狭义上讲导航是指给航行载体提供实时的姿态、速度和位置信息的技术和方法。早期人们依靠地磁场、星光和太阳高度等天文、地理方法获取定位、定向信息,随着科学技术的发展,无线电导航、惯性导航和卫星导航等技术相继问世,在军事、民用等领域广泛应用。其中,惯性导航是使用装载在运载体上的陀螺仪和加速度计来测定运载体姿态、速度、位置等信息的技术方法。实现惯性导航的软、硬件设备称为惯性导航系统,简称惯导系统。

捷联式惯性导航系统(Strap-down Inertial Navigation System,SINS)是将加速度计和陀螺仪直接安装在载体上,在计算机中实时计算姿态矩阵,即计算出载体坐标系与导航坐标系之间的关系,从而把载体坐标系的加速度计信息转换为导航坐标系下的信息,然后进行导航计算。其具有可靠性高、功能强、质量轻、成本低、精度高以及使用灵活等优点,使得 SINS 已经成为当今惯性导航系统发展的主流。捷联惯性测量组件是惯导系统的核心组件,IMU 的输出信息的精度在很大程度上决定了系统的精度。

陀螺仪和加速度计是惯性导航系统中不可缺少的核心测量器件。现代高精度的惯性导航系统对所采用的陀螺仪和加速度计提出了很高的要求,因为陀螺仪的漂移误差和加速度计的零位偏值是影响惯导系统精度的最直接的和最重要的因素,所以如何改善惯性器件的性能,提高惯性组件的测量精度,特别是陀螺仪的测量精度,一直是惯性导航领域研究的重点。陀螺仪的发展经历了几个阶段。最初的滚珠轴承式陀螺,其漂移速率为 $(1\sim2)°/h$,通过攻克惯性仪表支撑技术而发展起来的气浮、液浮和磁浮陀螺仪,其精度可以达到 $0.001°/h$,而静电支撑陀螺的精度可优于 $0.0001°/h$。从 20 世纪 60 年代开始,挠性陀螺的研制工作开始起步,其漂移精度优于 $0.05°/h$ 量级,最好的水平可以达到 $0.001°/h$。

1960 年激光陀螺首次研制成功,标志着光学陀螺开始主宰陀螺市场。目前激光陀螺的零偏稳定性最高可达 $0.0005°/h$,激光陀螺面临的最大问题是其制造工艺比较复杂,因而造成成本偏高,同时其体积和质量也偏大,这一方面在一定程度上限制了其在某些领域的发展应用,另一方面也促使激光陀螺向低成本、小型化以及三轴整体式方向发展。而另一种光学陀螺——光纤陀螺不但具有激光陀螺的很多优点,而且还具有制造工艺简单、成本低和质量轻等特点,目前正成为发展最快的一种光学陀螺。

7. 我国发展

我国的惯导技术近年来已经取得了长足进步,液浮陀螺平台惯性导航系统、动力调谐陀螺四轴平台系统已相继应用于"长征"系列运载火箭。其他各类小型化捷联惯导、光纤陀螺惯导、激光陀螺惯导以及匹配 GPS 修正的惯导装置等也已经大量应用于战术制导武器、飞机、舰艇、运载火箭和宇宙飞船等。如漂移率为 $(0.01\sim0.02)°/h$ 的新型激光陀螺捷联系统在新型战机上试飞,漂移率为 $0.05°/h$ 以下的光纤陀螺、捷联惯导在舰艇、潜艇上的应用,以及小型化挠性捷联惯导在各类导弹制导武器上的应用,都极大地改善了我军装备的性能。

3.8　地面站系统

3.8.1　无人机地面控制站

无人机地面控制站是指具有对无人机飞行平台和任务载荷进行监控和操纵的能力,包含对无人机发射和回收控制的一组设备。

任务规划和控制是无人机系统成功完成各种任务的关键要素,下面主要讨论无人机控制站及其操纵特性。

任务规划和控制站也被称作地面控制站,是整个无人机系统的"神经中枢"。它控制飞行器的发射、飞行和回收;接收和处理来自飞行系统内部传感器和外部有效载荷传感器的数据;控制有效载荷的运行;提供无人机系统与外部环境的接口。规划功能也可与控制功能在不同地点执行,因此无人机系统在执行任务期间实时更改规划的功能是必不可少的。

地面控制站若要实现其系统功能,则需要包含以下子系统:飞行器状态的读取和控制系统;有效载荷数据的显示和控制系统;用于任务规划和飞行器位置及飞行路径监控的地图显示系统;数据链路地面终端系统,用于发送命令给飞行器和有效载荷,接收来自飞行器的状态信息及有效载荷数据;一台或多台计算机,在最简化的情况下,提供操作员与飞行器之间的界面,并控制飞行器与任务规划和控制站之间的数据链和数据流,另外,计算机还可执行系统导航功能以及执行某些与自动驾驶仪和有效载荷控制功能相关的"外回路"计算;与其他组织的通信链路,用于指挥、控制以及分发无人机收集到的信息。

3.8.2　无人机地面控制站的功能

地面控制站的功能主要包括任务规划与操作两部分:任务规划包含处理任务信息、分析任务区域地图、指明飞行路径(航路点、速度、高度)和向操作员提供任务规划信息等;操作包含加载任务规划数据、发射无人机、监视无人机位置、控制无人机、控制和监视任务载荷、建议修改飞行计划、向指挥官提供相关信息、在需要时保存传感器信息、回收无人机和传感器数据备份等。

无人机地面控制站是整个无人机系统非常重要的组成部分,是地面操作人员直接与无人机交互的渠道。它包括任务规划、任务回放、实时监测、数字地图、通信数据链在内的集控制、通信、数据处理于一体的综合能力,是整个无人机系统的指挥控制中心。

地面站系统应具有以下几项典型的功能。

(1)飞行监控功能:无人机通过无线数据传输链路,下传飞机当前各状态信息。地面站将所有的飞行数据保存,并将主要的信息用虚拟仪表或其他控件显示,供地面操纵人员参考。同时根据飞机的状态,实时地发送控制命令,操纵无人机飞行。

(2)地图导航功能:根据无人机下传的经纬度信息,将无人机的飞行轨迹标注在电子地图上。同时可以规划航点航线,观察无人机任务执行情况。

(3)任务回放功能:根据保存在数据库中的飞行数据,在任务结束后,使用回放功能可以详细地观察飞行过程的每一个细节,检查任务执行效果。

(4)大线控制功能：地面控制站实时监控天线的轴角；根据天线返回的信息，对天线校零，使之能始终对准飞机，跟踪无人机飞行。

3.8.3　无人机地面控制站的系统结构

无人机地面控制站软件的功能包括飞行监控、航线规划、任务回放和地图导航等，并且支持多架无人机的控制与管理。无人机与地面控制站通过无线数传电台通信，按照通信协议将收到的数据解析并显示，同时将数据实时存储到数据库中。在任务结束后读取数据库进行任务回放。系统模块结构如图3-30所示。

各模块功能说明如下：

(1)导航数据库。导航数据库是无人机地面站系统中极其重要的一部分。航点及航线信息、任务记录信息、系统配置信息、历次飞行数据等都保存在数据库中，用户在界面上操作，频繁读写数据库。

(2)用户界面。用户界面模块是地面控制人员与无人机交互的窗口。用户界面是基于MFC框架的对话框，基于该对话框，添加了地图操控的ActiveX控件、虚拟航空仪表控件、菜单和MFC基本控件等，力求界面友好、操纵方便。

(3)地图导航。地图导航模块是根据飞机下传的经纬度和高程信息，将飞机的当前位置标注在地图上，同时标注飞机的飞行轨迹。地图导航功能还支持飞机居中，在地图上摄取航点，地图的放大、缩小、漫游等功能。

(4)串口通信。串口通信模块采用第三方串口通信类。地面站中实现了多线程、多串口的全双工通信，实时发送或接收数据。

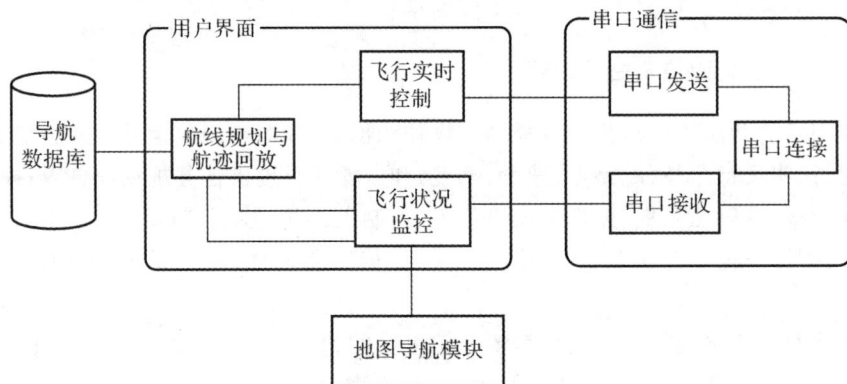

图3-30　系统模块结构图

3.8.4　无人机地面控制站的关键技术

地面站的关键技术包括友好的人机界面，能够更好地帮助操作人员完成监视无人机、任务载荷及通信设备的工作，方便操作员规划任务航路并控制无人机、任务载荷及通信设备。

(1)操作员的培训。为了更好地执行任务，还需具备完善的人机交互系统，而无人机操控员通常通过一些仿真模拟技术来进行培训。

(2)一站多机的控制。未来无人机地面站将会朝着高性能、低成本和通用性方向发展，将会实现一个地面站控制多架甚至多种无人机。

（3）对总线的要求。随着无人机技术的发展,地面站与无人机之间的数据传输量越来越大,除了地面站系统的无线通信、任务处理和图像处理能力要不断提高外,其总线网络也要朝着高带宽、低延迟的方向发展。

（4）可靠的数据链。安全、可跨地平线和抗干扰的宽带数据链也是无人机的一项关键技术。

地面站还要满足无人机系统设计中的三项基本要求,即开放性、互操作性和通用性。开放性是指在地面站中增加新的功能模块时不需要对现有模块重新设计;互操作性是指地面站能控制几种不同无人机中的任何一架或其任务载荷,并能通过与多个不同的通信网络中的任何一个进行交互来实现与外部连接;通用性是指各地面站使用的硬件及软件模块基本相同。

无人机地面站技术未来将会在以下几方面有所发展:

(1)通用地面站;

(2)一站多机地面站;

(3)无人作战飞机地面站;

(4)可靠的、干扰小的、宽带的数据链路;

(5)人工智能决策技术;

(6)无人机操控的安全、告警及放错技术;

(7)无人机通信中继。

3.8.5　飞行器驾驶

在现代无人机中,飞行器的自动驾驶仪可以在无需人工干预的情况下起飞,并沿着期望的飞行规划路线飞行和着陆,这些通常取决于飞控的算法设计及其性能。

当前,并不是所有无人机都能实现自动驾驶,其驾驶方式主要有遥控驾驶、自主-辅助驾驶和完全自主驾驶。

遥控驾驶适合于一些小型无人机,飞行范围在视线范围内,尤其是一些消费级无人机,比如实现航拍、监控等。当然也有些无人机通过自身携带的摄像系统,将图像实时传回到控制器,也可实现远距离的操控。在现今的无人机中,通常会利用 PAD 或是智能手机操控和接收图像。

自主-辅助驾驶是指飞行器在操作员给出指令后,将指令转换成一系列的控制指令,并按指令飞行同时又能保持飞行器稳定的情况。自主驾驶仪辅助系统通常还应用于视距外工作的大型无人机上。这种驾驶模式可通过控制回路和自动驾驶仪处理飞机上所有的细节,而且控制回路具有足够的带宽来处置任何瞬时变化,自动驾驶仪则能提供绝大部分驾驶技能。

完全自主驾驶方式是现代无人机发展的重点方向,其主要是靠自驾仪实现飞行器内回路控制的自动化,自驾仪对机载传感器的输入做出响应,以保持飞行器的姿态、高度、空速和地面航迹,从而与来自飞行器操作员的命令或是存储在飞行器内存中的详细飞行规划命令保持一致。

本 章 习 题

1.简述无人机动力系统的分类和工作原理。

2.简述无人机飞控系统的组成和工作原理。

3.简述舵机、传感器和遥控器的具体功能。

4.简述无人机理想数据链特性。

5.简述无人机导航系统的功能。

6.简述无人机地面站系统的功能。

第4章 无人机空气动力学与飞行原理

内容提示

本章主要介绍无人机空气动力学基础知识以及不同类型无人机的飞行原理。无人机空气动力学基础知识主要包括空气环境与物理性质(飞行高度、空气的物理参数和空气的物理性质)、气流特性(相对运动原理、连续性假设、稳定气流及流线、流管和流线谱、流体流动的基本规律、机翼的外形参数、机翼的升力和阻力)。

不同类型无人机的飞行原理主要包括固定翼无人机飞行原理(升力与增升装置、阻力与减阻措施)、无人直升机飞行原理(单旋翼无人机旋翼系统的基本结构、直升机的三大铰链、无人直升机的飞行与操纵)和多旋翼无人机飞行原理。

教学要求

(1)掌握无人机空气动力学基础知识;
(2)理解固定翼无人机飞行原理;
(3)理解无人直升机飞行原理;
(4)理解多旋翼无人机飞行原理。

内容框架

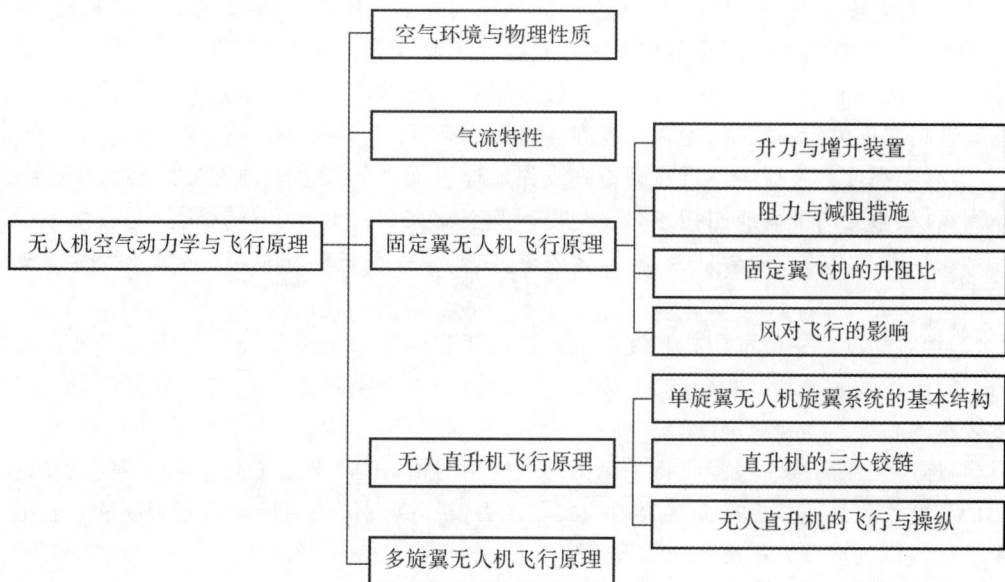

4.1 空气环境与物理性质

4.1.1 飞行高度

飞行高度是指从飞行中的飞行器重心到某一基准水平面的垂直距离,是重要的飞行参数之一。根据所选基准平面的不同,飞行高度可以分为绝对高度、真实高度、相对高度和标准气压高度等4种。飞行高度的表示方法如图4-1所示。

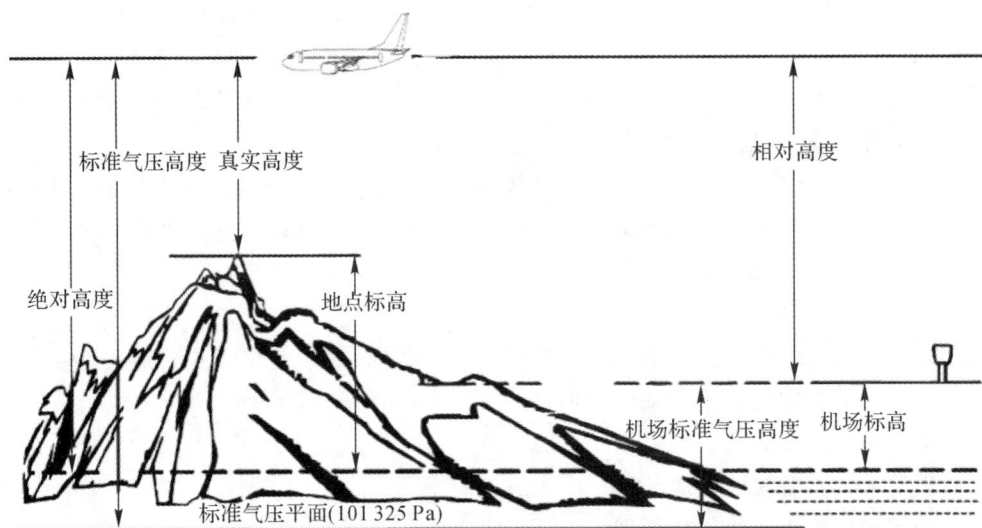

图4-1 飞行高度的表示方法

(1)绝对高度。在很多情况下,不仅不同海平面的大气压力、气温等参数各不相同,而且同一海平面的大气参数在不同季节和不同时间也在不断变化。因此,气压式高度表一般不能指示相对实际海平面的高度。在飞行中,飞行器相对于平均海平面的高度,即飞行器到平均海平面的垂直距离称为绝对高度,绝对高度亦称为海拔高度。

(2)真实高度。飞行中飞行器沿铅垂线到地球表面上的高度。通常,可用无线电高度表、雷达测高仪、激光高度表或照相经纬仪测得。航空器在执行起飞、着陆、超低空飞行、轰炸、侦察、搜索、救援和农林作业等任务,以及无人机、飞航导弹在进行超低空、掠海飞行时需要知道真实高度。

(3)相对高度。一般气压式高度表也不能反映非标准海平面状况以及相对于某指定地点(如机场、导弹发射场和试验靶场)的高度。飞行器相对于某指定地点并用重力势高度或气压高度表示的高度称为相对高度。

(4)标准气压高度。根据飞行中测出的大气压力值,由标准大气表查得相应的高度。飞行器中的高度表就是按照标准大气表中的大气压力值和高度值的对应关系而刻制的。若把气压高度表的气压刻度调到标准大气状态,则这时的气压高度表所指示的高度称为标准气压高度。航空器在远航、分层飞行时,为了防止相撞,均使用标准气压高度。

4.1.2　空气的物理参数

空气的密度、温度和压力是确定空气状态的三个主要参数,飞行器空气动力的大小和飞行器飞行性能的好坏,都与这三个参数有关。

(1)空气的密度。空气的密度是指单位体积内空气的质量,取决于空气分子数的多少,即

$$\rho = \frac{m}{V}$$

式中,ρ 为空气的密度,$\mathrm{kg/m^3}$;m 为空气的质量,kg;V 为空气的体积,$\mathrm{m^3}$。

空气的密度大,说明单位体积内空气的分子数多,称为空气稠密;空气的密度小,说明单位体积内空气的分子数少,称为空气稀薄。大气的密度随高度的增加而减小。

(2)空气的温度。空气的温度是指空气的冷热程度。空气温度的高低表明空气分子作不规则热运动平均速度的大小。

空气温度的高低可以用温度表(计)来测量。空气的温度一般用 t 来表示。我国和世界上大多数国家通常采用的是摄氏温度,单位用摄氏度(℃)表示。西方的一些国家和地区采用的是华氏温度,单位用华氏度(℉)表示。摄氏温度(℃)和华氏温度(℉)可以用下式进行换算:

$$℉ = 32 + \frac{9}{5}℃$$

$$℃ = (℉ - 32)5/9$$

理论计算中常用热力学温度来表示,单位是开尔文(K)。热力学温度和摄氏度之间的换算公式为

$$K = ℃ + 273.15$$

(3)空气密度的影响因素。

1)压力对密度的影响。空气的压力(也称气压)是指空气的压强,即单位面积上所承受空气垂直方向的作用力。由于空气是气体,所以它可以被压缩或者膨胀。当空气被压缩时,一定的容积可以容纳更多的空气。相反的,当一定容积上空气的压力降低时,空气会膨胀且占据更大的空间。那是因为较低压力下的最初空气体积容纳了更少质量的空气。换句话说,就是空气密度降低了。事实上,在恒定温度条件下,密度直接和压力成比例。如果压力增倍,密度也就增倍,如果压力降低,密度也就相应地降低。

2)温度对密度的影响。在恒定压力条件下,增加一种流体的温度的方法就是降低其密度。相反的,降低温度就有增加密度的效果。这样,空气密度就和绝对温度成反比例关系。

在大气中,温度和压力都随高度而下降,对密度的影响是矛盾的。然而,随着高度的增加,压力下降得非常快是占主要影响的。因此,可以推论密度是随高度增加而下降的。

3)湿度对密度的影响。前面段落的叙述都假设空气是完全干燥的。实际上,空气从不是完全干燥的。空气中的少量水蒸气在特定情况下几乎可以忽略,但是在一般条件下湿度可能成为影响飞行器性能的重要因素。水蒸气比空气轻,因此,湿空气比干空气要轻。在给定的一组条件下,空气包含最多的水蒸气则其密度就最小。温度越高,空气中能包含的水蒸气就越多。当对比两个独立的空气团时第一个温暖潮湿(两个因素使空气趋于变轻)的和第二个寒冷干燥(两个因素使得空气变重)的气团,第一个的密度必定比第二个低。

综上所述,压力、温度和湿度对飞行器性能有重要的影响,就是因为它们直接影响空气

密度。

4.1.3 空气的物理性质

1. 空气的压缩性

一定质量的空气,当压力或温度改变时,会引起空气密度变化的性质,叫作空气的压缩性。影响空气压缩性主要有以下因素。

(1)气流的流动速度(v)。气流的流动速度越大,空气密度的变化显著增大,则空气易压缩。

(2)空气的温度(t)。空气的温度越高,空气的密度变化越小,则空气不易压缩。

2. 空气的湿度

空气的湿度是指大气的潮湿程度,通常用相对湿度 RH 来表示。

相对湿度是指湿空气的绝对湿度与相同温度下可能达到的最大绝对湿度之比。也就是指某湿空气中所含水蒸气的质量与同温度和气压下饱和空气中所含水蒸气的质量之比,这个比值用百分数表示。例如,某机房平常所说的湿度为 60%,即指相对湿度。当相对湿度为 100%时,说明大气中含有的水蒸气量达到了最大值,处于饱和状态。

不同温度下大气所含有的水蒸气最大量是不同的,温度越高大气所含有的水蒸气最大量越大。随着温度的降低,大气的相对湿度会增加。

大气的相对湿度达到 100%时的温度被称为露点温度。这个时候空气的密度约等于干空气密度的 5/8。

3. 空气的黏性和雷诺数

假如将两块平板合在一起,推动上面的一块,便会感觉到有摩擦力。这种摩擦力是固体与固体之间的摩擦力。为了减少摩擦力,可在两平板之间加上润滑油。加上润滑油后摩擦力减少。这时候的摩擦力是润滑油由于黏性作用而产生的摩擦力。两块平板之间的油可看作是由很多很薄的油层组成的。最靠近下面一块平板的油层,由于黏性的作用附着在下面的平板上。当下面的平板不动时,油层也不动,所以它的速度为 0。而最靠近上面平板的油层也是附着在上面的平板上。因此当上面的平板以等于 v 的速度移动时,这层油层的速度也是 v。

介于这两薄层之间的其他油层速度便不一致了。越靠近下面的速度便越慢,越靠近上面的速度便越快,整个油层的变化是从 0 逐渐增加到 v。由于每一薄层的速度都不同,因而油层与油层便会产生摩擦力,即黏性摩擦力。根据试验结果表明,整个平板运动所受到的摩擦力与上面平板的速度成正比(下面平板不动),而与两平板的距离(即油的总厚度 d)成反比,与平板的面积成正比。其关系式为

$$f = \frac{\mu S v}{d} \tag{4-1}$$

式中,f 为黏性摩擦力,N;v 为两平板的相对速度,m/s;d 为油层的厚度,m;S 为平板面积,m²;μ 为滑油黏度(旧称黏性系数),Pa·s。

μ 的数值主要根据润滑油的性质和温度而定。润滑油越黏,μ 的数值也越大,即黏性摩擦力也就越大。用式(4-1)可求得 μ 的单位是 N·s/m²。

对于各种不同液体,μ 的数值不同。只要知道速度的变化率,即式中的(v/d)和 μ 的数值,便可以求出单位面积的黏性摩擦力。

　　空气也有非常微弱的黏性。当温度为 15℃ 时,其黏度是 0.000 017 9 N·s/m²。当温度下降时黏度会增加。按照工程应用上的估算,大气黏度约与其绝对温度的 0.76 次方成正比。空气黏度虽然很小,但对无人机来说关系很大,尤其是小/微型无人机,一定要考虑空气黏性的影响。

　　空气流过物体表面的时候,也像润滑油一样,最靠近物体表面的空气是附着在物体表面的,离开表面稍远,空气的速度便可以稍大。远到一定距离后,黏性的作用便不明显,在这附近的气流速度便等于没有黏性作用时气流的速度一样。因此无人机在空中飞行时,一般空气的黏性作用只是明显地表现在机体表面薄薄的一层空气内。离开了这一紧靠着机体表面的薄层,理论计算便可以认为空气没有黏性。这一薄层空气称为边界层(旧称附面层)。在边界层内的空气流动情况与外面的气流不同。边界层最靠近机体表面的地方气流速度是 0,最外面的地方流动速度和外面的气流流动速度相同。将这边界层的各地方局部速度用箭头长短来表示(见图 4-2)。而边界层内空气黏性摩擦力的总和就等于物体在空气中运动的表面阻力,或者称为摩擦阻力。

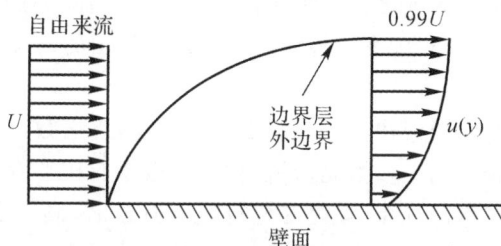

图 4-2　边界层

　　气流刚开始遇到物体时,在物体表面所形成的边界层是比较薄的,之后流过物体的表面越长,边界层便越厚。在开始的时候,边界层内空气的流动是比较有层次的,各层的空气都以一定的速度在流动,这种边界层称为层流边界层。以后边界层内的流动会慢慢地混乱起来。气流流过物体表面时受到扰动性摩擦力的总和就等于物体在空气中运动的表面阻力,或者称为摩擦阻力。

　　由于气流流过物体表面时受到扰动(不管物体表面多光滑,对于空气质点来说还是很粗糙的),同时空气质点的活动也是很活跃的,所以边界层内的气流便不再是很有层次的了。靠近最上面的速度比较大的空气质点可能走到底下速度慢的那一层,而底下的质点也会走到上面去。这种边界层称为湍流(旧称紊流)边界层。而边界层的性质在一定条件下会使空气绕飞行物体的整个流场产生很大变化,如图 4-3 所示。

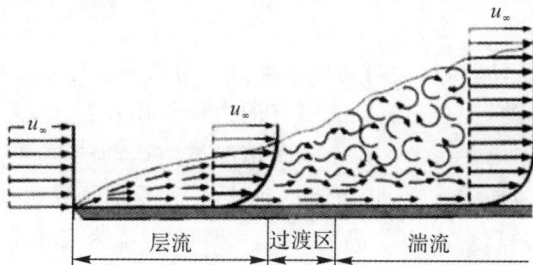

图 4-3　边界层内气流速度变化示意图

如果气流的速度越大,流过物体表面的距离越长或者空气的密度越大,则层流边界层便越容易变成湍流边界层。相反,如果气体的黏性越大,流动起来便越稳定,便越不容易变成湍流边界层。在考虑层流边界层是否会变成湍流时,这些有关的因素都要估计在内。

英国科学家雷诺首先提出将流体动力与黏性力之比作为黏性流体流动相似性的判据。这个比值包括了上述黏性流的有关参数,称为雷诺数,用 Re 表示。两个形状相同但大小不同的物体在不同流体中运动时,只要其雷诺数一样,则它们形成的流场和各种力量系数亦相同。Re 也可以用来衡量流体的黏性影响,例如,成为衡量边界层到底会不会从层流变湍流的一个基本指标。飞机在空气中运动,其雷诺数用公式表示为

$$Re = \frac{\rho v b}{\mu}$$

式中,ρ 为空气密度,kg/m^3;v 为气流速度,一般取远前方来流速度,m/s;b 为气流流经物体的距离,物体主要尺寸(如机翼弦长或圆球直径),m;μ 为黏度,$Pa \cdot s$。

当雷诺数在 1～100 之间时,流体的流动全是黏性流。不过这种情况只存在于润滑的滚珠轴承之内,或者太空高度稀薄大气之中。雷诺数大于 100 的流场往往是边界层与无黏性流的混合流场。流体黏性的作用只集中在边界层内。不过边界层的情况很多时候会影响到整个流场,如引起机翼的过早失速等。

试验表明,要使机翼翼面层流边界层变为湍流边界层,雷诺数应在 50 000～160 000 之间。一般的小/微型无人机机翼表面上多数是层流边界层,很少有机会变成湍流边界层。

此外,还要注意一个特殊的现象,就是在进行风洞测试时,同一翼型在低雷诺数时性能不好,但当雷诺数达到一定值时其性能会突然变好,这种雷诺数称为临界雷诺数;若雷诺数再继续增大,气动性能略为变好,但变化已经不大。不同翼型或物体在不同迎角时其临界雷诺数不一样,因此尽可能弄清使用的翼型或外挂物等的临界雷诺数十分必要。无人机或微型无人机与真飞机的性能及各种空气动力的作用都相差很远的原因,就是雷诺数相差很大。计算微型无人机的性能时不能用大雷诺数试验出来的数据。

4.2　气流特性

4.2.1　相对运动原理

重于空气的飞机,是靠飞机与空气作相对运动所产生的空气动力,克服自身的重力而升空的。没有飞行速度,在飞机上就不会产生空气动力。空气动力的产生是空气和飞机之间有了相对运动的结果。因此,要了解飞机的飞行原理,首先要了解飞机与空气之间的相对运动规律。

当空气相对于物体流动时,就会对物体产生力。通俗地讲这个力叫作"空气动力"。比如,有风的时候,即使站着不动,也会感觉到有空气的力量作用在身上;无风时,骑车飞驰,同样也会感受到有空气的力量作用在身上。以上两种情况虽然运动的对象不同,但所产生的空气动力效果是一样的。前一种是空气流动,物体不动;后一种是空气静止,物体运动。

图 4-4(a)所示为飞机运动,空气静止;图 4-4(b)所示为飞机静止,空气运动,但是在飞机上产生的空气动力完全相同,因此可把以上两种情况看成是等效的,这就是飞行"相对运动

原理"。

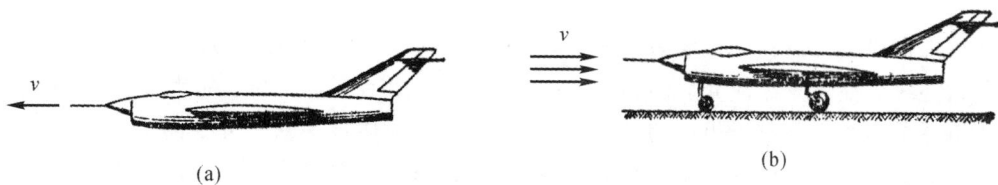

图 4-4　相对运动原理

(a)飞机以速度 v 飞行；　(b)气流以速度 v 流过飞机

　　作用在飞机上的空气动力取决于飞机和空气之间的相对运动情况,而与观察、研究时所选用的参考坐标无关。也就是说,飞机以速度 v 在静止的空气中飞行时,作用在飞机上的空气动力与远方空气以速度 v 流过静止的飞机时所产生的空气动力完全相同。这就是相对运动原理在空气动力学中的应用。

　　空气相对飞机的运动称为相对气流,相对气流的方向与飞机运动的方向相反(见图4-5)。

图 4-5　飞机的运动方向与相对气流的方向

　　只要相对气流速度相同,产生的空气动力也就相等。将飞机的飞行转换为空气的流动,使空气动力问题的研究大大简化。风洞就是根据这个原理建立起来的。如图 4-6 所示为闭口回流式风洞。

图 4-6　闭口回流式风洞

4.2.2 连续性假设

连续性假设是在进行空气动力学研究时,将大量的、单个分子组成的大气看成是连续的介质。所谓连续介质就是组成介质的物质连成一片,内部没有任何空隙。在其中任意取一个微团都可以看成是由无数分子组成的,微团表现出来的特性体现了众多分子的共同特性。对大气采用连续性假设的理由是与所研究的对象——飞机相比,空气分子的平均自由行程要比飞机的尺寸小得多。空气流过飞机表面时,与飞机之间产生的相互作用不是单个分子所为,而是无数分子共同作用的结果。

4.2.3 稳定气流及流线、流管和流线谱

流体流动所占据的空间称为流场,用来描述表示流体运动特征的物理量,如速度、密度和压力等。在流场中的每一点处,如果流体微团的物理量随时间变化,这种流动就称为非定常流动,这种流场被称为非定常流场(不稳定气流),如汽车后面的空气旋涡;反之,则称为定常流动和定常流场(稳定气流)。

流线是在流场中用来描绘流体微团流动状态的曲线。气流在稳定流动中,空气微粒流动的路线,叫作流线。在流线每一点上,曲线的切线方向正是流体微团流过该点时流动速度的方向,如图 4-7(a)所示。

在流场中取一条不是流线的封闭曲线,通过曲线上各点的流线形成的管形曲面称为流管,如图 4-7(b)所示。因为通过曲线上各点流体微团的速度都与通过该点的流线相切,所以只有流管截面上有流体流过,而不会有流体通过管壁流进或流出。通常把由流线所组成的管子,叫作流管。两条流线之间的距离缩小,就是流管变细;两条流线之间的距离扩大,就是流管变粗。

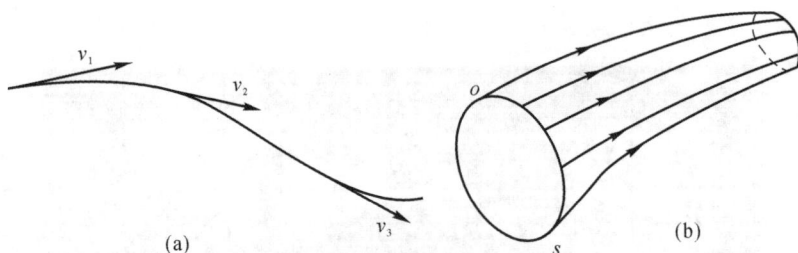

图 4-7 流线和流管
(a)流线; (b)流管

在流场中,用流线组成的描绘流体微团流动情况的图画称为流线谱。

若流管横截面积为 A,流体密度为 ρ,在横截面上的流速为 v,那么单位时间流过截面 A 的流体体积为 Av,称为流体的体积流量,单位时间流过截面 A 的流体质量为 ρAv,称为流体的质量流量,即

$$q_m = \rho A v \tag{4-2}$$

式中,q_m 为质量流量,kg/s。

4.2.4　流体流动的基本规律

1. 连续性定理

连续性定理是研究流体流经不同截面的通道时流速与通道截面积大小的关系。这是描述流体流速与截面关系的定理。当流体连续不断而稳定地流过一个粗细不等的管子时,由于管中任何一部分的流体都不能中断或挤压起来,所以在同一时间内,流进任意切面的流体质量和从另一切面流出的流体质量应该相等。

连续性定理是质量守恒定律在流体定常流动中的应用。如图 4-8 所示,选中一根流管和两个截面 1,2。由式(4-2)可知,流体流过两个横截面的质量流量分别等于 $q_{m1}=\rho_1 A_1 v_1$,$q_{m2}=\rho_2 A_2 v_2$。流管性质决定了流管内的流体不能穿越管壁流到管外,流管外的流体也不能穿越管壁流到管内,根据质量守恒定律(质量不会自生也不会自灭),可得

$$q_{m1}=q_{m2}$$

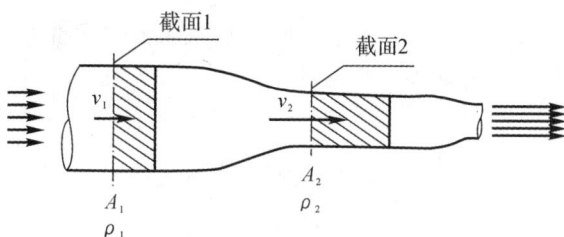

图 4-8　连续性定理

连续方程可以表述为:在定常流动中,流体连续并稳定地在流管中流动通过流管各截面的质量流量相等,即

$$\rho_1 A_1 v_1 = \rho_2 A_2 v_2$$

对于不可压缩流体,比如,在低速飞行($Ma < 0.3$,约 102 m/s)时,可以把大气看成是不可压缩的流体,即密度 ρ 等于常数,连续方程可以简化为

$$A_1 v_1 = A_2 v_2 \tag{4-3}$$

这说明流体的流速与流管的横截面积成反比:流管变细,流线变密,流速变快;流管变粗,流线变疏,流速变慢。

2. 伯努利定理

能量守恒定律是说在一个与外界隔绝的系统中,不论发生什么变化和过程,能量可以由一种形式转变为另一种形式,但能量的总和保持恒定。伯努利定理是能量守恒定律在流体流动中的应用,其实质是流体的机械能守恒。即:动能＋重力势能＋压力势能＝常数。其最为著名的推论为:在等高流动时,流速大,压力就小。

需要注意的是,由于伯努利方程是由机械能守恒推导出的,所以它仅适用于黏度可以忽略、不可被压缩的理想流体。

使用伯努利定律必须符合以下假设,方可使用;如没完全符合以下假设,所求的解也是近似值。

(1)定常流:在流动系统中,流体在任何一点之性质不随时间改变。

(2)不可压缩流:密度为常数,在流体为气体适用于马赫数(Ma)<0.3。

（3）无摩擦流：摩擦效应可忽略，忽略黏滞性效应。

（4）流体沿着流线流动：流体元素沿着流线而流动，流线间彼此是不相交的。

伯努利原理往往被表述为

$$p + \frac{1}{2}\rho v^2 + mgh = C$$

式中，p 为流体中某点的压强；v 为流体该点的流速；ρ 为流体密度；m 为流体质量；g 为重力加速度；h 为该点所在高度；C 是一个常量。

这个公式被称为伯努利方程，它也可以被表述为

$$p_1 + \frac{1}{2}\rho v_1^2 + mgh_1 = p_2 + \frac{1}{2}\rho v_2^2 + mgh_2$$

对于不可压缩的、理想的流体（没有黏性）来说，流动中不会产生热量，在一个与外界没有能量交换的系统中定常流动，流体具有的能量可以在压力能、动能和重力势能之间进行转换，但能量的总和保持不变。

流体在同一流管中流动，流管高度变化很小，可以认为流体的重力势能不变。这样在流动中只有压力能和动能之间的相互转换。压力能是由于流体有压力而具备的做功能力，单位体积流体所具有的压力能用压力 p 来表示。动能是由于流体有速度而具备的做功能力，单位体积流体所具有的动能用 $\frac{1}{2}\rho v^2$ 来表示。这样，伯努利方程的数学表达式为

$$p + \frac{1}{2}\rho v^2 = p_0 = 常数 \qquad (4-4)$$

式中，p 为静压，单位体积流体具有的压力能，在静止的空气中，静压等于大气压力；$\frac{1}{2}\rho v^2$ 为动压，单位体积流体具有的动能，其中 ρ 是空气的密度，v 是流体的运动速度；p_0 为总压，静压和动压之和。

式（4-4）是不可压缩、理想流体作定常流动时的伯努利定理。将式（4-3）的连续性定理和式（4-4）伯努利定理一起考虑，可以得出以下结论：

（1）不可压缩的、理想的流体在进行定常流动时，流管变细，流线变密，流体的流速将增加，流体的动压增大，静压将减小；

（2）反之，流管变粗，流线变疏，流体的流速将减小，流体的动压减小，静压将增加。

如图 4-9 所示的实验可以定性地说明这个结果。当管道中的空气静止时，管道中各处的大气压力都一样，都等于此处的大气压力，因此，各测压管中指示剂液面的高度都相等，如图 4-9(a) 所示。但当空气以某一速度连续稳定地流过管道时，情况就发生了变化，因为流动管道内的空气压力都有所下降，所以各测压管中指示剂的液面都有所升高，但升高的量却不一样。管截面最细处的液面升高量最大，而管截面最粗处的液面升高量最小，如图 4-9(b) 所示。这就是在忽略了空气可压缩性的情况下，空气连续而稳定地流过管道，在管截面最细处的速度最快，空气的压力下降得最多；在管截面最粗处的速度最慢，空气的压力下降得最少的原因所致。

通过图 4-9 所示实验可以说明飞机机翼气动升力的产生。当气流流过机翼表面时，由于气流的方向和机翼所采用的翼型，所以在机翼表面形成的流管就像图 4-9 中所示的那样变细或变粗，流体中的压力能和动能之间发生转变，在机翼表面形成不同的压力分布，从而产生

升力。

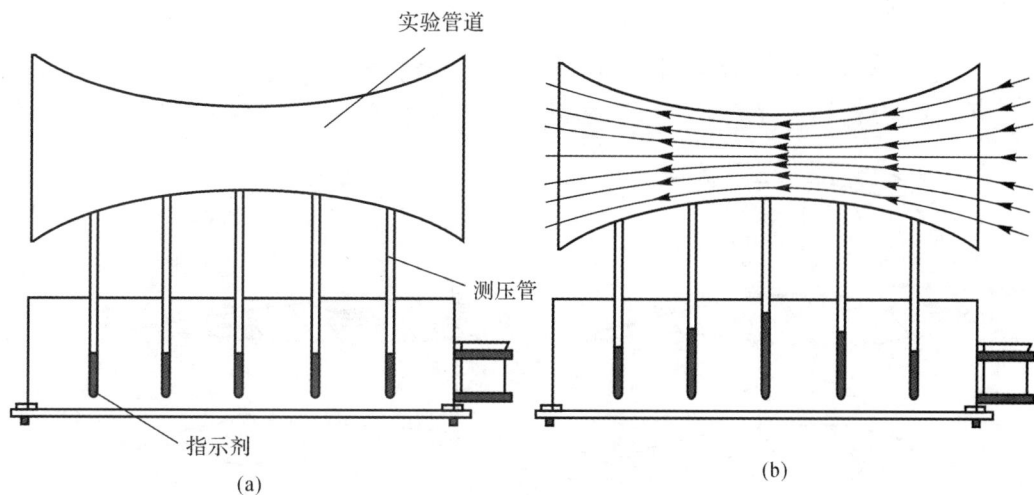

图 4-9　压力与流速的关系
(a)空气静止；　(b)空气流动

4.2.5　机翼的外形参数

当飞行器在空中飞行时,作用在飞行器上的空气动力主要由机翼产生,而机翼上的空气动力的大小和方向,在很大程度上又取决于机翼的翼型形状、平面形状和前视形状。因此,在介绍作用在飞行器上的空气动力之前,首先介绍机翼的外形参数。

1. 翼型的几何参数

沿着与飞机对称面平行的平面在机翼上切出的剖面称为机翼的翼型,又叫翼剖面。

翼型具有各不相同的形状,如图 4-10 所示。

图 4-10(a)是平板形剖面,它的空气动力特性不好。后来人们在飞行实践的过程中,发现把剖面设计成像鸟翼那样的弯拱形状——薄的单凸翼剖面[见图 4-10(b)],对升力特性有较大的改进。随着飞机的发展、人们认识到加大剖面的厚度,也会改善升力特性,因而就有了凹凸形翼剖面[见图 4-10(c)],这种翼剖面的升力特性虽然较好,但阻力特性却不好,只适用于速度很低的飞机上;另外,因为后部很薄而且弯曲,所以在构造方面不利。至于平凸形翼剖面[见图 4-10(d)],在构造上和加工上比较方便,同时空气动力特性也不错,因此目前在些低速飞机上还有应用。不对称的双凸形翼剖面[见图 4-10(e)]的升力和阻力特性都较好,在构造方面也有利,所以广泛应用在活塞发动的飞机上。图 4-10(f)是 S 形翼剖面,这种翼剖面的中线呈 S 形,它的特点是尾部稍稍向上翘,有效限制了压力中心的前后移动,从而有效改善了机翼的失速性能。对称的双凸形翼剖面[见图 4-10(g)],通常用于各种飞机的尾翼面上。图 4-10(h)是所谓的"层流翼剖面",它的特点是压强分布的最低压强点(即最大负压强)位于翼剖面靠后的部分,可减低阻力。这种翼剖面常用于速度较高的飞机上。菱形翼剖面[见图 4-10(i)]和双弧形翼剖面[见图 4-10(j)]常用在超声速飞机上,它们的特点是前端很尖,相对厚度很小,也就是很薄,超声速飞行时阻力相对较小,比较有利于高速飞行,然而它在低速时的升力和阻力特性不好,使飞机的起落性能变坏。

确定翼型的主要几何参数有弦长、相对厚度、最大厚度位置和相对弯度等,翼型的外形参数如图 4-11 所示。

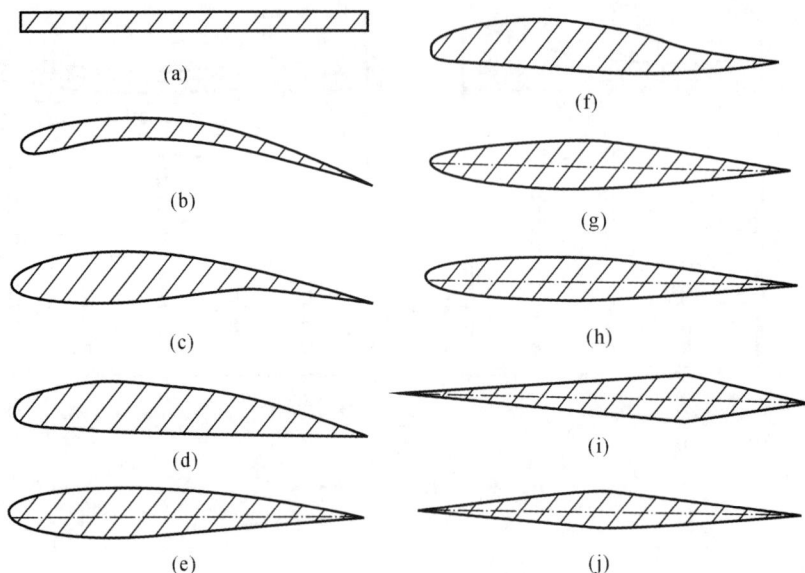

图 4-10 各种不同形状的机翼翼型

(a)平板形剖面; (b)单凸翼剖面; (c)凹凸形翼剖面; (d)平凸形翼剖面; (e)双凸形翼剖面;
(f)S形翼剖面; (g)对称的翼剖面; (h)层流翼剖面; (i)菱形翼剖面; (j)双弧形翼剖面

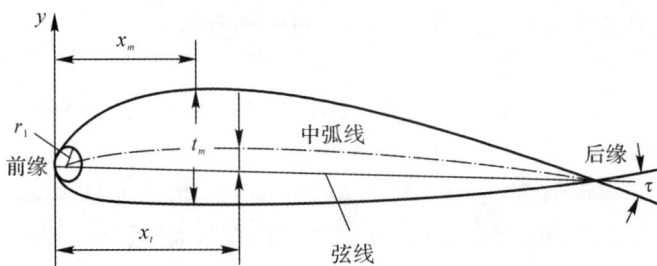

图 4-11 翼型的外形参效

(1)弦线与弦长:连接翼型前缘(翼型最前面的点)和后缘(翼型最后面的点)两点的直线叫弦线,弦线的长度称为弦长,又称为几何弦长,通常用符号 b 表示,是翼型的特征尺寸。

(2)厚度:上、下翼面在垂直于翼弦方向的距离,其中最大者称为最大厚度 t_m。

(3)相对厚度:翼型最大厚度 t_m 与弦长 b 之比,称为翼型的相对厚度 $\bar{t}$,并常用百分数表示,即

$$\bar{t} = \frac{t_m}{b} \times 100\%$$

现代飞机的翼型相对厚度为 $3\% \sim 14\%$。

(4)最大厚度位置:翼型最大厚度离开前缘的距离,称为最大厚度位置 $\bar{x}$,通常也用弦长的百分数表示,即

$$\overline{x} = \frac{x_m}{b} \times 100\%$$

现代飞机的翼型,最大厚度位置约为 $30\% \sim 50\%$。

(5) 中弧线(中线):在弦向任一位置 x 处,垂直于弦线的直线与上、下表面交点的中点连接起来所构成的线。

(6) 弯度 f:中弧线与翼弦之间的垂直距离。翼型弯度是指翼型中线的弯度。

(7) 相对弯度:最大弯度与弦长的比值,称为相对弯度 $\overline{f}$,通常用百分数表示,即

$$\overline{f} = \frac{f_{\max}}{b} \times 100\%$$

翼型的相对弯度,说明翼型上、下表面外凸程度的差别。相对弯度越大,翼型上下表面弯曲程度相差也越大;如果 $\overline{f}=0$,则中线和翼弦重合,翼型将是对称的。现代飞机翼型的相对弯度约为 $0 \sim 2\%$。

(8) 相对弯度位置:翼型相对弯度离开前缘的距离,称为最大厚度位置 $\overline{x_f}$,通常也用弦长的百分数表示,即

$$\overline{x_f} = \frac{x_{\overline{f}}}{b} \times 100\%$$

(9) 后缘角 τ:翼型上下表面周线在后缘处切线的夹角。

(10) 安装角 φ:翼型弦线和飞机轴线的夹角叫安装角,一般为 $0° \sim 4°$。

2.机翼的几何特性

(1)机翼的平面形状参数。机翼的平面形状,是指从飞机顶上看下来机翼在平面上的投影形状。按照平面形状的不同,机翼可分为矩形机翼、椭圆形机翼、梯形机翼、后(前)掠机翼和三角形机翼等,如图 4-12 所示。

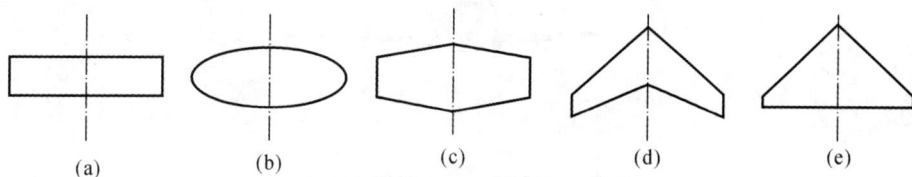

图 4-12　机翼平面形状及其几何参数

(a)矩形机翼;　(b)椭圆形机翼;　(c)梯形机翼;　(d)后掠机翼;　(e)三角形机翼

前 3 种形状主要用于低速飞机,而后 2 种形状则主要用于高速飞机。表示机翼平面形状的主要参数有机翼面积、翼展、展弦比、根梢比和后掠角。

1) 机翼面积:机翼平面形状所围的面积,称为机翼面积,用 S 表示。

2) 翼展:机翼两翼尖之间的距离,称为翼展,通常用 l 表示。

3) 展弦比:机翼翼展与机翼平均几何弦长 $b_{平均}$ 之比,称为机翼的展弦比,即

$$\lambda = \frac{l}{b_{平均}} \qquad\qquad (4-5)$$

而机翼的平均几何弦长,又等于机翼面积 S 与翼展 l 之比,即 $b_{平均}=S/l$,将此关系代入式(4-5),可得

$$\lambda = \frac{l^2}{S}$$

4) 根梢比:机翼的翼根弦长(b_0)与翼尖弦长(b_1)之比,称为机翼的根梢比,用符号 η 表示,即

$$\eta = \frac{b_0}{b_1}$$

5) 后掠角:机翼各翼型离开前缘 1/4 弦长点的连线与垂直于飞机对称平面的直线之间的夹角,称为机翼的后掠角,并用符号 χ 表示。现代高速飞机的后掠角 $\chi = 35° \sim 60°$。

以上所述翼型和机翼的各几何参数,对机翼的气动特性影响较大。特别是机翼面积、展弦比、根梢比、后掠角以及相对厚度这 5 个参数,对机翼的空气动力特性有重大的影响,合理地选择这些参数,以保证获得良好的空气动力特性,是飞行器设计中的一项重要任务。

(2)机翼相对机身的安装位置。

1)根据机翼相对于机身中心线的高度位置。分为上单翼、下单翼和中单翼(见图 4-13)。机翼安装在机身上部(背部)为上单翼,机翼安装在机身中部的为中单翼,机翼安装在机身下部(腹部)为下单翼。由于高度问题,所以上单翼的固定翼无人机起落架等装置一般就不安装在机翼上,而改为安装在机身上。中单翼因翼梁与机身难以协调,几乎只存在于理论上,实践中很少应用。下单翼的固定翼无人机是目前常见的类型,由于离地面近,所以便于安装起落架用以进行维护工作。

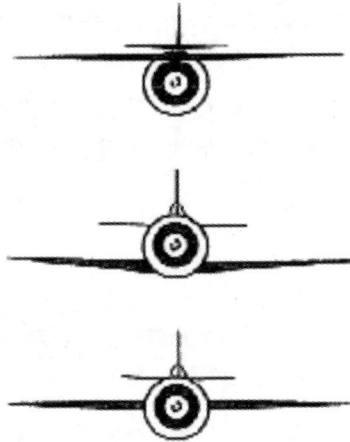

图 4-13　上单翼、下单翼和中单翼

2)根据机翼相对于机身的角度。机翼相对于机身的角度通常用机翼的安装角和上反角来说明。机翼弦线与机身中心线之间的夹角叫安装角。垂直于飞机对称平面的直线与机翼翼弦平面(有的定义为与机翼下表面)之间的夹角,称为机翼的上反角 Ψ。通常规定上反为正,下反为负。图 4-14 所示为 $\Psi > 0$ 和 $\Psi < 0$ 的两种机翼的前视形状。机翼上反角一般不大,通常不超过 $10°$。使用下单翼的固定翼无人机一般采用上反角的安装,使用上单翼的固定翼无人机一般采用下反角的安装。

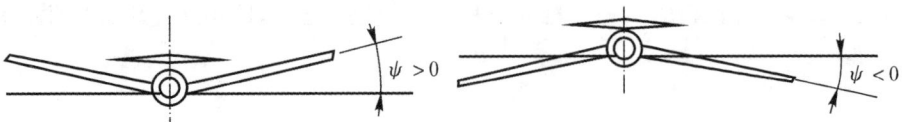

图 4-14　上反角与下反角

上反角的作用是当飞机飞行时如果出现侧滑现象,迎向侧滑方向的一侧机翼的迎风面积以及迎角就会比另一侧机翼要大很多,这就会使飞机产生反向侧滑的力量,即达到迅速修正侧滑的目的。因此飞机的上反角是为了使飞机具备自动修正飞行姿态异常的功能而设计的。

下反角的作用是当飞机飞行时如果出现侧滑现象,迎向侧滑方向的一侧机翼的迎风面积以及迎角就会比另一侧机翼要小很多,这就会使飞机产生正向侧滑的力量,即达到减小横侧向稳定性、提高机动性的目的。

4.2.6　机翼的升力和阻力

飞行器在空气中之所以能飞行,最基本的事实是有一股力量克服了它的重力把它托举在空中。而这种力量主要是靠飞行器的机翼产生的,称之为升力。

(1)迎角的概念。相对气流方向与翼弦之间的夹角,称为迎角(见图4-15),用 α 表示。根据气流指向不同,迎角可分为正迎角、负迎角和零迎角。当气流指向下翼面时,迎角为正;当气流指向上翼面时,迎角为负;当气流方向与翼弦重合时,迎角为零。

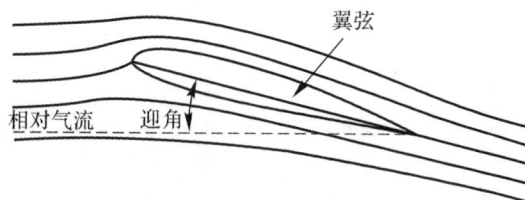

图4-15　迎角 α 示意图

(2)升力和阻力的产生。前面已经讨论过运动的相对运动原理,可以认为在空中飞行的飞行器是不动的,而空气以同样的速度流过飞行器,这样可以使问题简化以便于分析。如图4-16所示,当气流流过翼型时,由于翼型的上表面凸些,这里的流线变密,流管变细,相反翼型的下表面平坦些,所以这里的流线变化不大(与远前方流线相比)。根据连续性定理和伯努利定理可知,在翼型的上表面,由于流管变细,即流管截面积减小,气流速度增大,所以压强减小;而翼型的下表面,由于流管变化不大所以使压强基本不变。这样,翼型上、下表面产生了压强差,形成了总空气动力 R,R 的方向向后向上。按平行四边形法则,根据它们实际所起的作用,可把 R 分成两个分力:一个与气流速度 v 垂直,起支托飞行器质量的作用,就是升力 L;另一个与流速平行,起阻碍飞行器前进的作用,就是阻力 D。此时产生的阻力除了摩擦阻力外,还有一部分是由于翼型前后压强不等引起的,称之为压差阻力。总空气动力 R 与翼弦的交点叫作压力中心(见图4-16),整个作用在机翼上的空气动力都汇集合成在这一点上。

根据翼型上、下表面各处的压强,可以绘制出机翼的压强(压力)分布图,如图4-17所示,为S3010翼型。图中自表面向外指的箭头,代表吸力;指向表面的头,代表压力。箭头都与表面垂直,其长短表示负压(与吸力对应)或正压(与压力对应)的大小。由图4-17可看出,上表面的吸力占升力的大部分。靠近前缘处稀薄度最大,即这里的吸力最大。

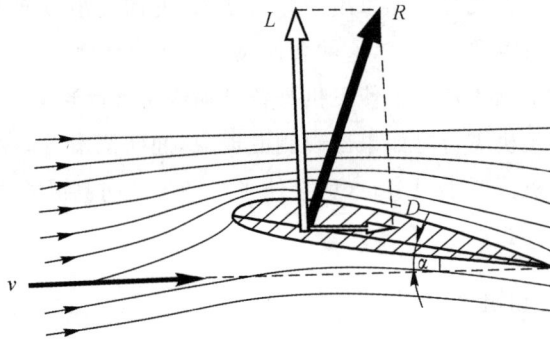

图 4 - 16 升力和阻力的产生

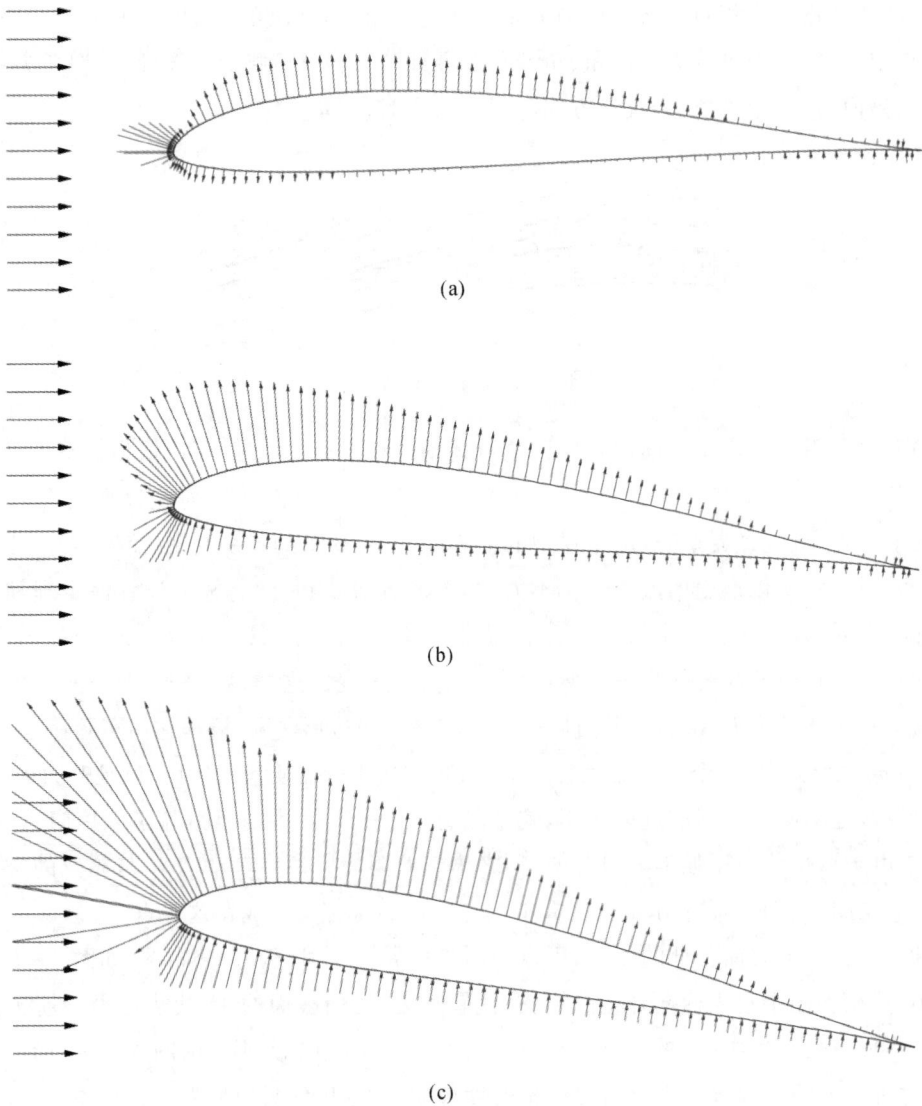

(a)

(b)

(c)

图 4 - 17 迎角对机翼压力分布的影响

(a)$\alpha=0°$；(b)$\alpha=5°$；(c)$\alpha=10°$

由图 4 - 17 可见,机翼的压强分布与迎角有关。在迎角为零时,上、下表面虽然都受到吸力,但总的空气动力合力 R 并不等于零。随着迎角的增加,上表面吸力逐渐变大,下表面由吸力变为压力,于是空气动力合力 R 迅速上升,与此同时,翼型上表面后缘的涡流区也逐渐扩大。在一定迎角范围内,R 是随着迎角 α 的增加而上升的。但当 α 大到某一程度,再增加迎角,升力不但不增加反而迅速下降,这种现象叫作"失速"。失速对应的迎角就叫作"临界迎角"或"失速迎角"。

4.3　固定翼无人机飞行原理

飞机能在天空中飞行的最基本的条件是,当它在空中飞行时必须产生一种能克服飞机自身所受重力并将它托举在空中的力,这个力就是升力。升力主要靠机翼来产生,主要用来克服飞机自身所受的重力,升力的特性直接决定了飞机的性能。飞机在飞行过程中还会产生阻力,而阻力要靠发动机产生的推力来平衡,这样才能保证飞机在空中持续飞行。

4.3.1　升力与增升装置

1. 机翼升力的产生

固定翼飞机和直升机都是靠空气动力飞行的,它们的原理其实很相似。机翼上产生的升力大小和翼型有很大关系(见图 4 - 18)。

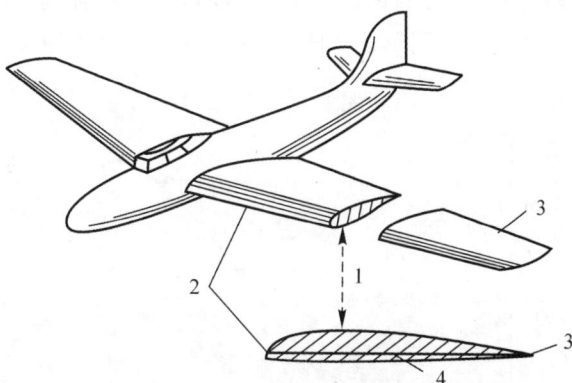

图 4 - 18　机翼翼型
1—翼型;　2—前缘;　3—后缘;　4—翼弦

如果要想在翼型上产生空气动力,必须让它与空气有相对运动,或者说必须要有具有一定速度的气流流过翼型。现在将一个上表面鼓凸、下表面较平坦的翼型放在流速为 v 的气流中,如图 4 - 19 所示。假设翼型有一个不大的迎角 α,当气流流到翼型的前缘时,气流分成上、下两股分别流经翼型的上、下翼面。由于翼型的作用,所以当气流流过上翼面时流动通道变窄,气流速度增大,压强降低,并低于前方气流的大气压;而气流流过下翼面时,由于翼型前端上仰,所以气流受到阻拦,且流动通道扩大,气流速度减小,压强增大,并高于前方气流的大气压。因此,在上、下翼面之间就形成了一个压强差,从而产生一个垂直向上的升力 L。

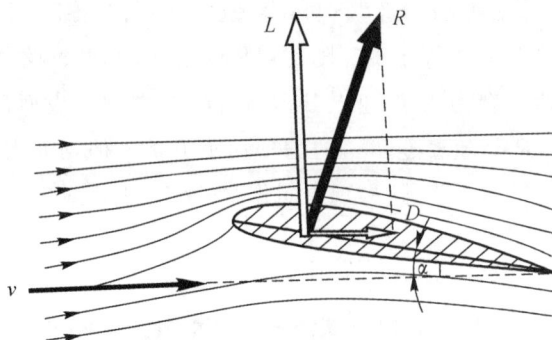

图 4-19　升力的产生

机翼上产生升力的大小与翼型的形状和迎角有很大关系,迎角不同产生的升力也不同。由于对称翼型迎角为零时流过翼型上下表面的气流完全对称,所以翼型上产生的升力为零,而气流流过不对称翼型时,即使迎角为零仍可产生一定的升力。

一般来说,随着迎角的增大,升力也会随之增大,但当迎角增大到一定程度时,气流就会从机翼前缘开始分离,尾部会出现很大的涡流区,这时,升力会突然下降,而阻力却迅速增大,这种现象称为"失速",失速刚刚出现时的迎角叫"临界迎角"。飞机不应以接近或大于临界迎角的状态飞行,此时,会使飞机产生失速,甚至造成飞行事故。

如图 4-20 所示为飞机升力系数随迎角的变化曲线,横坐标为迎角 α,纵坐标为升力系数 C_y。飞机以小于临界迎角的状态飞行时,升力系数随迎角的增加几乎呈直线增长的趋势,但迎角大于临界迎角之后,升力系数则迅速下降,产生失速。在这种迎角下,飞机不再飞行,而是在下坠。

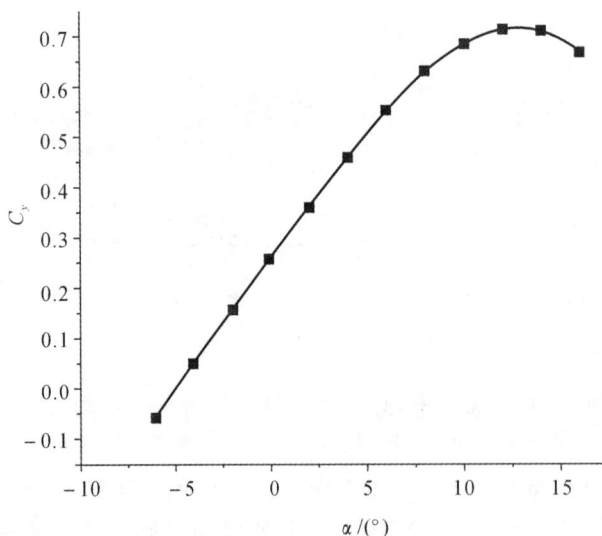

图 4-20　升力系数随迎角的变化

飞机在一定高度水平飞行时,迎角和速度有着密切的关系:速度低时,需要让飞机上仰保持飞行高度,否则飞机将下坠;速度高时,需要推飞机操作杆,否则飞机将上升。因此,当飞机处于临界攻角时,必然导致飞行速度降到最低。

　　无人机的飞行速度等于失速速度时会直线下坠,如无人机的飞行速度低于失速速度就更不能维持飞行状态了。因此,必须把飞行速度提高到高于失速速度,才能保证正常飞行,而且要保证这种速度直到降落。接触地面时,飞行速度从 v(高于失速速度)降到 0。

　　固定翼无人机对湍流非常敏感,而湍流往往出现在靠近地面的地方。着陆时是固定翼无人机最容易损坏的时候,因为低速度会影响操作指令的执行结果。无人机应该保证一个最大上升角度,超过这一角度,无人机的速度和升力会骤降;同时,应保证一个最大下降角度,超过这一角度,无人机的速度会猛增。

　　2.影响固定翼飞机升力的因素

　　在设计固定翼飞机时,应尽量使飞机的升力大而阻力小,这样才能获得比较好的飞行性能。要解决这个问题,首先得了解影响升力的因素有哪些。通过理论和实验证明,机翼升力的公式可以写表示为

$$Y = \frac{1}{2}\rho v^2 S C_y \tag{4-6}$$

式中,Y 为升力,N;ρ 为空气密度,kg/m³;v 为气流相对速度,m/s;S 为机翼面积,m²;C_y 为升力系数(根据实验方法得到,不同的表面情况、不同的翼型在不同的迎角情况下有着不同的升力系数)。

　　由式(4-6)可以看出,升力的大小与空气密度、机翼面积和升力系数成正比,与速度的二次方成正比。现在简要分析一下各影响因素。

　　(1)空气密度的影响。升力的大小和空气密度成正比,密度越大,则升力也越大,当空气很稀薄时,机翼上产生的升力也就很小了。

　　(2)机翼面积的影响。飞机的升力主要由机翼产生,而机翼的升力又是由机翼上、下翼面的压强差产生的,因此,如果压强差所作用的机翼面积越大,则产生的升力也就越大。机翼所产生的升力与机翼面积成正比,应当注意,在计算机翼面积时,要包括与机翼相连接的机身部分的面积。

　　(3)相对速度的影响。相对速度是指空气和飞机的相对速度。相对速度越大,产生的空气动力也就越大,机翼上产生的升力也就越大。但升力与相对速度并不是成简单的正比关系,而是与相对速度的二次方成正比。

　　(4)机翼剖面形状和迎角的影响。机翼的剖面形状和迎角不同,所产生的升力也不同。因为不同的剖面和不同的迎角,会使机翼周围的气流流动状态(包括流速和压强)等发生变化,从而导致升力的改变。早期的飞机,由于人们没有体会到翼型的作用,曾采用平板和弯板翼型,后来,随着理论研究和实践研究的不断深入,人们已经认识到翼型的重要性和它对升力所起的作用,因此,创造了很多适合于各种不同需要的翼型,并通过实验确定出各种不同翼型的空气动力特性。

　　翼型和迎角对升力的影响,可以通过升力系数 C_y 表现出来。升力系数的变化反映着在一定的翼型的情况下,升力随迎角的变化情况(见图 4-20)。需要注意的是,不同的翼型有不同的升力特性。

　　3.增升装置

　　在设计飞机时,主要以飞机高速飞行或巡航飞行时的性能作为它的设计状态。飞机在高

速飞行或巡航飞行时,即使迎角很小,由于速度较大,所以仍能保证有足够的升力来维持飞机的水平飞行。但在低速飞行时,尤其是在起飞或着陆时,由于速度较低,所以即使有较大的迎角,升力仍然较小,使飞机不能正常飞行。况且,迎角的增大是有限度的,超过临界迎角以后就会产生失速现象,给飞行造成危险。因此,需要采用"增升装置",使飞机在尽可能小的速度下产生足够的升力,提高飞机的起飞和着陆性能。各种型式的气动力增升装置如图4-21所示。

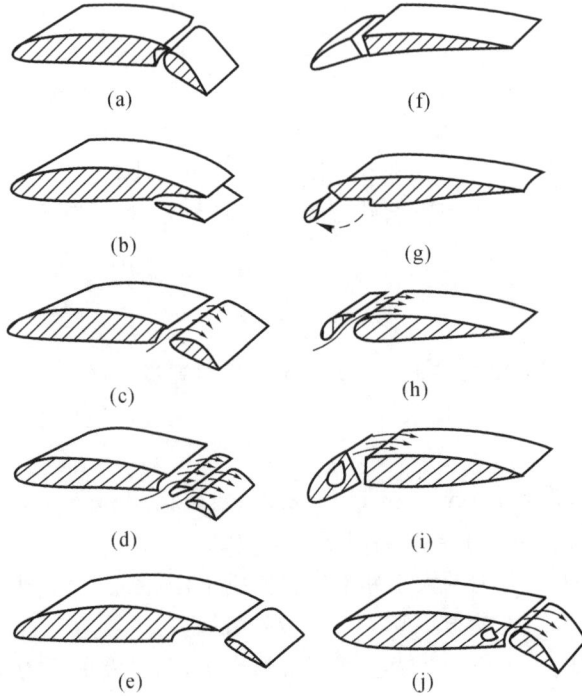

图4-21 各种型式的气动力增升装置

(a)简单襟翼; (b)开裂式襟翼; (c)开缝襟翼(单缝); (d)双缝襟翼; (e)后退式襟翼;
(f)前缘襟翼; (g)克鲁格襟翼; (h)前缘缝翼; (i)前缘吹气襟翼; (j)后缘吹气襟翼

飞机的增升装置常安装在机翼的前缘和后缘部位,安装在机翼前缘的增升装置有"前缘缝翼"和"前缘襟翼",如图4-21所示。

前缘缝翼是安装在基本机翼前缘的一段或者几段狭长小翼,是一种提高飞机临界迎角的增升装置,可分为固定式前缘缝翼和可动式前缘缝翼。当前缘缝翼打开时,它与基本机翼前缘表面形成一道缝隙,下翼面压强较高的气流通过这道缝隙得到加速而流向上翼面,增大了上翼面附面(边界)层中气流的附着能量,降低了机翼上、下的压强差,增大了飞机的临界失速迎角,避免了大迎角下的失速,使得升力系数提高。

前缘襟翼用在相对厚度小、前缘薄、难以布置增升机构的飞机机翼上。前缘襟翼提供的增量比前缘缝翼提供的要小。

前缘襟翼构造简单,通过安装在机翼前大梁或前墙的下缘条上的铰链与机翼结构连接,如图4-22所示。当前缘襟翼相对于其轴转动时,其上缘沿固定在机翼上的专用型材滑动,防止形成缝隙。

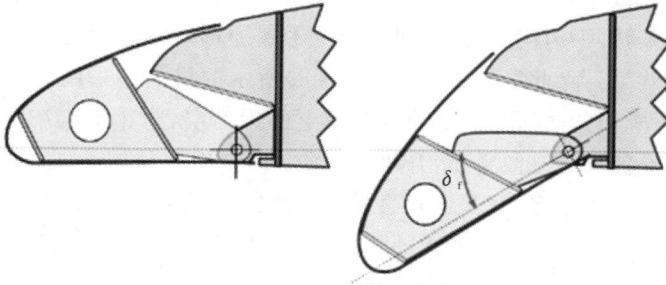

图 4-22　前缘襟翼

　　属于前缘襟翼的还有一种叫克鲁格襟翼,如图 4-23 所示。装在前缘下部向前下方翻转,既增大机翼面积,又增大了翼切面的弯度,因此具有很好的增升效果,构造也很简单。

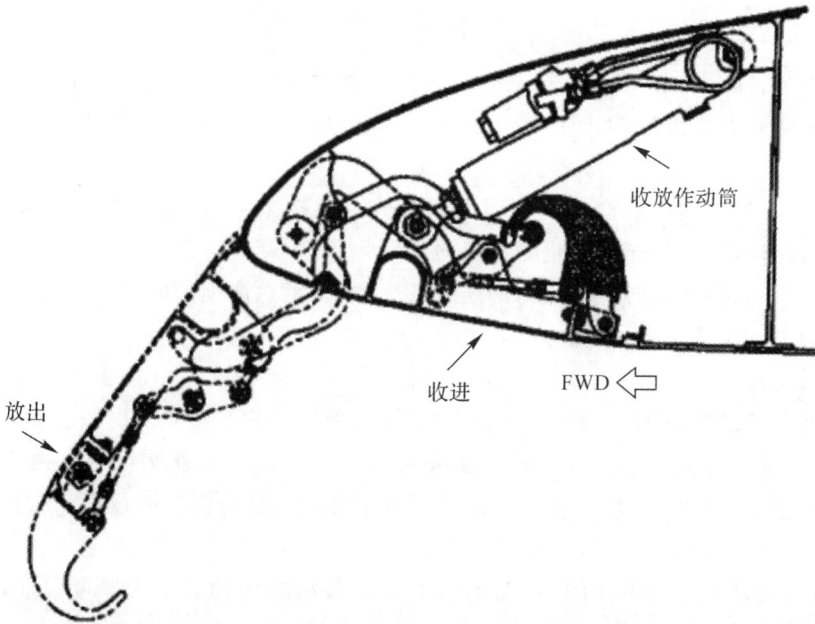

图 4-23　克鲁格襟翼

　　安装在机翼后缘的增升装置叫作"后缘襟翼",后缘襟翼是应用最为广泛的增升装置。如图 4-21 所示,有三种典型的后缘襟翼。

　　如图 4-21(a)所示是一种最简单的襟翼,它是靠增大翼型弯度来增大升力的。当襟翼放下时,翼剖面变得更弯,因此增大了上翼面的气流速度,提高了升力,但同时阻力也随之增大而且比升力增大得还要多,故而增升效果不佳。

　　如图 4-21(e)所示为富勒式襟翼,是一种后退开缝式襟翼,当襟翼打开时,其襟翼向后退的同时,它的前缘又和机翼后缘之间形成一条缝隙。襟翼具有三重增升效果:一是增加了机翼弯度;二是增大了机翼面积;三是由于开缝的作用,下翼面的高压气流以高速流向上翼面,使上翼面附面层中的气流速度增大,延缓了气流分离,起到了增升作用。后退开缝式襟翼的增升效果很好,在现代高速飞机和重型运输机上得到了广泛的应用。

如图 4-21(d)所示的双缝式襟翼是现代民用客机上广泛采用的增升装置。襟翼打开时，两个子翼一边向后偏转，一边向后延伸，同时两个子翼还形成两道缝隙，它同样具有后退开缝式襟翼的三重增升效果。除此之外，如图 4-21(d)所示的机翼还采用了前缘缝翼增升装置，打开前缘襟翼后，下翼面的高压气流吹动主翼面上的附面层，防止气流产生分离。因此，实际上此双缝式襟翼共有四重增升效果，增升效果甚佳。

虽然增升装置的类型很多，但其增升原理不外乎以下几种方式：改变机翼剖面形状，增大机翼弯度；增大机翼面积；改变气流的流动状态，控制机翼上的附面层，延缓气流分离。

4.3.2　阻力与减阻措施

固定翼飞机飞行时，不但机翼上会产生阻力，飞机的其他部件如机身、尾翼和起落架等都会产生阻力，机翼阻力只是飞机总阻力的一部分。

阻力的计算公式可以简化为阻力 X，则有

$$X = \frac{1}{2}\rho v^2 SC_x$$

式中，X 为阻力，N；ρ 为空气密度，kg/m³；v 为气流相对速度，m/s；S 为机翼面积，m²；C_x 为阻力系数（根据实验方法得到，不同的表面情况、不同的模型形状在不同的迎角情况下有着不同的阻力系数）。

低速飞机上的阻力按其产生的原因不同可分为摩擦阻力、压差阻力、诱导阻力和干扰阻力，飞机进入跨声速之后，还会产生激波阻力。

对于低速（不超过一倍声速）飞行的航空器来说，按阻力产生的原因可分为摩擦阻力、压差阻力、诱导阻力和干扰阻力 4 种。

1. 摩擦阻力

(1)附面层与摩擦阻力。由于空气是有黏性的，所以当它流过机翼时就会有一层很薄的气流被"黏"在机翼表面上。这个流速受到阻滞的空气流动层就叫作附面层。通常取流速达到 $0.99v_\infty$ 处为附面层边界，由机翼表面到该处的距离被认为是附面层的厚度。根据作用和反作用定理，受阻滞的空气必然会给机翼表面一个与飞行方向相反的作用力，这就是摩擦阻力。附面层中气流的流动情况是不同的（见图 4-24）。一般机翼大约在最大厚度以前，附面层的气流不相混淆而成层地流动，而且底层的速度梯度较小，这部分叫作层流附面层。在这之后，气流的流动转变得杂乱无章，并且出现了旋涡和横向流动，而且贴近翼面的速度梯度也较大，这部分叫作紊流附面层。层流转变为紊流的那一点称为转捩点。在紊流之后，附面层脱离了翼面而形成大量的旋涡，这就是尾迹。

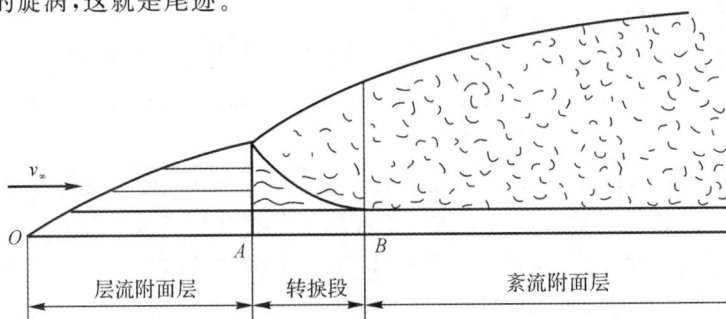

图 4-24　层流附面层和紊流附面层

　　附面层:低黏滞性流体沿固体表面流动或固体在流体中运动时,在高雷诺数情况下,附于固体表面的一层流体称为附面层(也称边界层)。当流体流动平面时,首先呈现层流状态,当沿表面流动距离达临界值时,层流开始转变为湍流。

　　总的来说,摩擦阻力的大小取决于空气的黏性、飞行器的表面状况以及同空气接触的飞行器表面面积大小等。为了减小摩擦阻力,就希望尽量延长层流段。选用最大厚度位置靠后的层流翼型,就有可能使转捩点位置后移。但是转捩点的位置不是固定不变的,随着气流速度、原始紊流度、翼型制造误差及表面粗糙度的增加,都将使转捩点前移而导致摩擦阻力的增加。

　　摩擦阻力是由于空气存在黏性(即非理想流体),空气与机身表面的黏滞作用直接产生的。空气的黏性和密度越大摩擦阻力越大,飞行器表面的气流状态是紊流时也会增加一定的摩擦阻力,飞行器的表面积及表面粗糙度越大摩擦阻力越大。

　　(2)摩擦阻力的产生。摩擦阻力是由于空气有黏性而产生的阻力,存在于附面层内。由于空气有黏性,当气流流过机体表面时,机体表面给气流阻滞力并生成附面层。根据牛顿第三定律:作用力和反作用力总是大小相等方向相反,同时作用在两个物体上。机体表面给气体微团向前的阻滞力,使其速度下降,气体微团必定给机体以大小相等方向相反的向后的作用力,这个力就是摩擦阻力。

　　在紊流附面层的底层,机体表面对气流的阻滞作用要比层流附面层大得多,因此紊流附面层就要产生比层流附面层大得多的摩擦阻力。

　　摩擦阻力的大小除了与附面层内气流的流动状态有关外,还与机体与气流接触的面积(机体的外露面积)大小以及机体表面状态有关。机体与气流接触的面积越大,机体表面越粗糙,摩擦阻力就越大。

　　(3)减小摩擦阻力的措施。

　　1)机翼采用层流翼型。层流翼型是一种为使翼表面保持大范围的层流,以减小阻力而设计的翼型。与普通翼型相比,层流翼型的最大厚度位置更靠后缘,前缘半径较小,上表面比较平坦,能使翼表面尽可能保持层流流动,从而可减少摩擦阻力。层流翼型的基本原理是在气流达到接近机翼后缘升压区之前,尽可能在更长的距离上继续加速,就可以推迟由层流向湍流的转捩。因为紊流附面层的摩擦阻力远远大于层流附面层,所以要减小摩擦阻力就应设法使附面层保持层流状态。层流翼型是使附面层保持层流状态的一种有效翼型。层流翼型的特点是前缘半径小,最大厚度靠后。气流流过这种翼型时,压力分布比较平坦,最低压力点位置后移,顺压流动区域的扩大有利于在大范围内保持层流附面层,减小附面层增厚的趋势,延缓转捩,在一定的迎角范围内减小摩擦阻力。

　　2)在机翼表面安装一些气动装置,不断向附面层输入能量;结构上也可以采取对附面层进行吸或吹的措施,加大附面层内气流的流动速度,减小附面层的厚度,使附面层保持层流状态。

　　3)保持机体表面的光滑清洁。附面层的流动状态与机体表面光洁程度有很大关系。机翼表面对气流的任何一个扰动都会使附面层内的流动状态发生改变,转捩点大大提前。因此在维护修理飞机的工作中,一定要保持机体表面的光滑整洁,特别是在主要的气动力面,如机翼尾翼的前缘、上表面等,要保证机体表面没有污物,没有划伤、凹陷或突起,要注意埋头铆钉的铆接质量和蒙皮搭接缝的光滑密封等。

　　4)要尽量减小机体与气流的接触面积。对飞机进行修理改装时,应注意不要过多增加机体的外露面积,否则会增大阻力,使飞机达不到飞行性能的要求。

2.压差阻力

压差阻力是由于飞行器在飞行时,各组成部件对气流前后产生的压力差造成的阻力。压差阻力的大小与部件的迎流面积和形状有关。相对气流的迎面面积越大,则压差阻力越大。同时,在相同的流速和迎面面积的情况下,不同的外形形状对压差阻力的影响也不同。

(1)压差阻力的产生。当气流流过飞机时,在机体前、后压力差形成的阻力就叫作压差阻力。气流流过机翼表面时,在机翼前缘的驻点处速度降为零,形成最大的正压力点;在最低压力点之后的逆压作用下附面层分离,又在机翼的后缘生成低压的涡流区。这样,机翼前缘区域的压力大于后缘区域的压力,前、后压力差就形成了压差阻力。迎着气流放置一个圆盘,在圆盘前面气流被阻滞,压力升高;而在圆盘的后面气流分离形成低压的涡流区,圆盘前、后压力差会产生很大的压差阻力。圆盘的面积越大,产生的压差阻力越大。如果在圆盘的前面加一个圆头锥体,在圆盘的后面加一个尖削锥体形成流线形物体,圆盘前面的高压区被圆头锥体填满,使气流平滑流过,压力不会急剧升高;后面的涡流区也被尖削锥体填满,剩下很小的尾部涡流区,这样,压差阻力将会大大减小。因此,在不改变物体迎风面积的情况下,将物体做成前面圆钝、后面尖细的流线形可以大大减小物体的压差阻力(见图 4 - 25)。

压差阻力不仅与物体的迎风面积、物体的形状有关,还与物体相对气流的位置(迎角的大小)有关。流线形物体的轴线与气流平行时,可以使压差阻力减小。

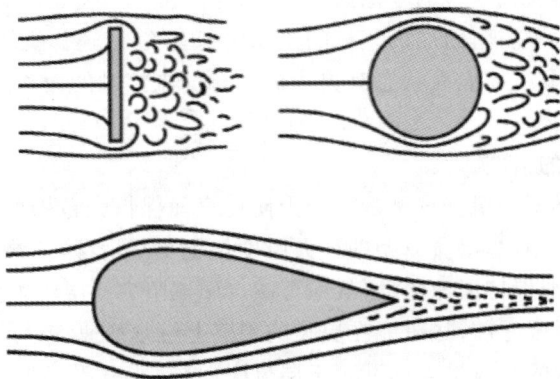

图 4 - 25　物体形状对压差阻力的影响

(2)减小压差阻力的措施。

1)尽量减小飞机机体的迎风面积。例如,在保证装载所需要容积的情况下,为了减小机身的迎风面积,机身横截面的形状应采取圆形或近似圆形。

2)暴露在空气中的机体各部件外形应采用流线形。

3)飞机在飞行时,除了起气动作用的部件外,其他机体部件的轴线应尽量与气流方向平行。民用运输机机翼采用一定的安装角就是为了使飞机巡航飞行时,机翼产生所需要升力的同时,机身轴线保持与来流平行,减小压差阻力。

3.诱导阻力

在研究机翼的升力和阻力时,把机翼看成是无限长的而取其中的一个剖面翼型,来观察其升力、阻力的产生。但实际上飞机机翼的翼展是有限的,绕有限翼展和无限翼展的气流作用效果是有差别的。

诱导阻力是由于机翼上、下存在一定压力差所造成的一种阻力。在翼尖处,机翼下表面的静压大,上表面的静压小,气流在这个压力差的影响下,改变原来的流动状态,由高压区(机翼下表面)绕过翼尖流向低压区(机翼上表面)并形成一个翼尖涡流(见图 4 - 26),造成气流向下流动形成一个下洗角,升力方向向后偏转,它的向后分量就是诱导阻力。机翼翼尖的升力越大诱导阻力也越大,因此可以用减少翼尖升力的方法来减小诱导阻力,在很多机型中机翼的翼根翼型和翼尖的翼型是不一样的。

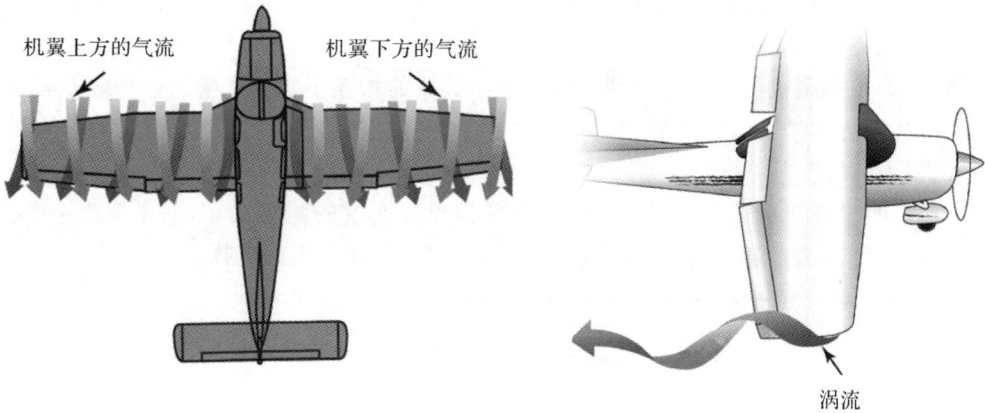

图 4 - 26　飞机的涡流

(1)诱导阻力的产生。当气流以速度 v 流过机翼时,产生的升力 L 应垂直于速度。由于下洗,所以速度 v' 相对来流方向向下倾斜了一个角度,升力 L' 也会相对来流方向向后倾斜一个角度,这样,升力 L' 除了在垂直来流方向上有一个起到升力作用的分量 L 外,还会沿来流方向产生一个分量 D,这个向后作用阻碍飞机飞行的力叫作诱导阻力(见图 4 - 27)。如果上、下翼面没有压力差,就不会产生升力,也就没有诱导阻力产生。上、下翼面压力差越大,升力越大,诱导阻力也就越大。

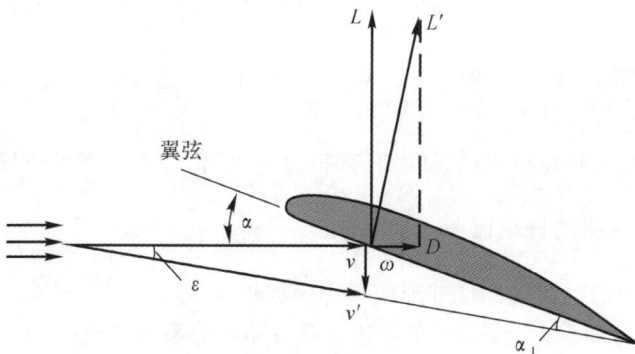

图 4 - 27　诱导阻力的产生原理

(2)减小诱导阻力的措施。

1)采用诱导阻力较小的机翼平面形状。椭圆平面形状的机翼诱导阻力最小,其次是梯形机翼,矩形机翼的诱导阻力最大。同时,加大机翼的展弦比也可以减小诱导阻力。无论是椭圆形机翼还是大展弦比机翼,都使机翼翼梢部位的面积在机翼总面积中所占比例下降,从而减小诱导阻力。

在得到相同升力的情况下,飞机飞行速度越小,所需要的迎角越大,迎角的增加会使上、下翼面气流的流速相差较大,压力差加大,翼梢旋涡随之加强,诱导阻力也就增加了。因此低速飞机大多采用大展弦比的机翼来减小诱导阻力。

2)在机翼安装翼梢小翼。在机翼翼梢部位安装翼梢小翼或副油箱等外挂物都可以阻止气流由下翼面向上翼面的流动,从而减弱翼梢旋涡,减小诱导阻力。翼梢小翼在减小诱导阻力、节省燃油和加大航程方面有着明显的作用。

4. 干扰阻力

干扰阻力是指飞机各部件组合到一起后由于气流的相互干扰而产生的一种额外阻力。

(1)干扰阻力的产生。干扰阻力是由于飞行器各部件连接处和各部件表面气流的相互干扰造成的阻力(见图 4 - 28)。

实验表明:整体飞机的阻力并不等于各个部件单独产生的阻力之和,而是多出一个量,这个量就是由于气流流过各部件时,在它们的结合处相互干扰产生的干扰阻力。

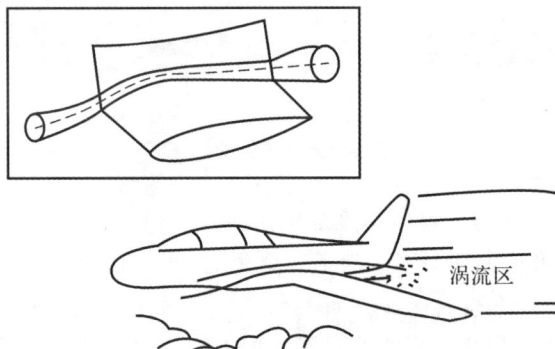

图 4 - 28　机翼和机身结合部气流的相互干扰

干扰阻力与各部件组合时的相对位置有关,也和部件结合部位形成的流管形状有关。

(2)减小干扰阻力的措施。

1)适当安排各部件之间的相对位置。对于机翼和机身之间的干扰来说,中单翼干扰阻力最小,下单翼最大,上单翼居中。

2)在部件结合部位安装整流罩,使结合部位较为光滑,减小流管的收缩和扩张。

4.3.3　固定翼飞机的升阻比

1. 升阻比意义

升阻比 K 是升力和阻力之比,也就是升力系数和阻力系数之比。图 4 - 29 所示为升阻比随迎角变化曲线。

从图 4 - 29 中可以看到升阻比随着迎角的变化情况。当升力系数等于零时,升阻比也等于零。升阻比随着迎角的增加而增大,由负值增大到零再增大到最大值,然后,随着迎角的增加而逐渐减小。由于升力系数和阻力系数随迎角的变化规律决定,所以升阻比的最大值 K_{max} 并不是在升力系数等于最大值时达到,而是在迎角等于 2°左右范围内达到。在升阻比达到最大值的状态下飞行是最有利的,因为这时产生相同的升力,阻力最小,飞行效率最高,所以升阻比也叫作气动效率。

在确定了最大升阻比对应的迎角后,就可查出该迎角下对应的升力系数,然后就可以根据升力公式计算出一定质量的飞机在水平飞行时对应于最大升阻比的飞行速度。在设计固定翼飞机时,一般都会使对应于最大升阻比的速度等于巡航速度,以提高飞机的经济性能。为了提高飞机的升阻比,对于低速或亚声速巡航的飞机,通常可以采用大展弦比、小后掠角和设置合适的机身/机翼相对安装角等方法来提高;对于超声速巡航的飞机,则主要考虑尽量减小激波阻力。

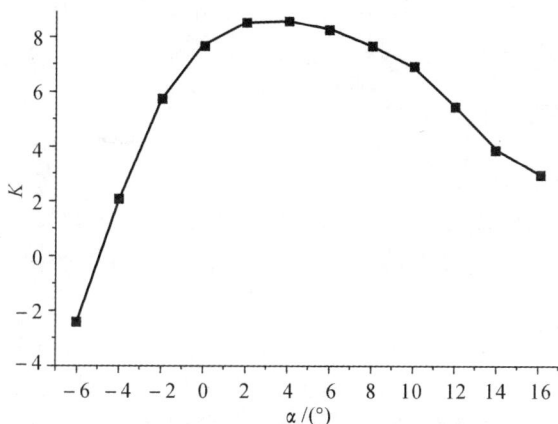

图 4-29　升阻比随迎角的变化曲线

2. 机翼的失速

机翼能够产生升力是因为机翼上、下存在着压力差。但是它的前提条件是保证上翼面的气流不分离。

当机翼的迎角较小时,在相同的时间里气流绕过上翼面所通过的路程比流过下翼面的路程长,因此上翼面的气流速度比下翼面的快,由于气流的速度越快压力就越低,所以产生了上、下翼面的压力差。

但是如果机翼的迎角大到一定程度,靠近机翼翼面附近的气流在绕过上翼面时,由于自身黏性的作用,流速会减慢,甚至减慢到零,而上游尚未减速的气流仍然源源不断地流过来,减速了的气流就成为阻碍,最后气流就不可能再沿着机翼表面流动了,它将从表面抬起进入外层的绕流,这就叫作边界层分离。气流分离如图 4-30 所示。

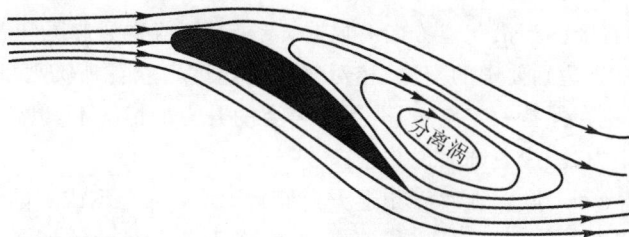

图 4-30　气流分离

当气流从机翼表面抬起时,受外层气流的带动,向后下方流动,最后就会卷成一个封闭的涡,叫作分离涡。像这样旋转的涡中的压力是不变的,它的压力等于涡上方的气流的压力。而涡上方的气流流线弯曲程度并不大,因此其压力与下翼面的压力相比小不了多少,这样机翼的升力就比原来减小了。这种情况就叫作失速,对应的机翼迎角叫作失速迎角或临界迎角。

如果给出机翼的升力系数和机翼迎角之间的关系,可以看出,当机翼的迎角达到临界迎角之前,升力系数随迎角增大而增大;当迎角超过临界迎角之后,升力系数就下降了。由于机翼的升力系数与升力成正比,所以说明了当机翼迎角大到一定程度之后,升力的确下降了。

失速之后的机翼气动效率极低,已经不能够产生足够的有效升力。因此对现在的飞机,都要求在临界迎角以下一定范围内飞行,不允许靠近更不允许超过临界迎角,以避免发生尾旋等危险。

4.3.4 风对飞行的影响

1. 阵风对飞机飞行的影响

大气层中空气短时间强烈对流产生的扰动称为阵风。阵风会瞬时改变飞机相对气流的速度和迎角,从而改变作用在飞机上的气动力,使飞机在飞行中产生颠簸并承受较大的气动载荷。

迎面或从飞机后面吹来的与飞机飞行方向平行的阵风叫作水平阵风,水平阵风只改变飞机相对气流的速度,在风速度不是很大的情况下,对飞机的飞行影响较小。

由下向上或由上向下吹来的垂直飞行方向的阵风叫作垂直阵风,垂直阵风不但会增大飞机相对气流的速度,也会改变飞机的迎角,因此对飞机的飞行有着较大的影响。

垂直阵风不但造成飞机在飞行中的颠簸,对飞机结构受力和飞行安全也会带来较大的影响。向上的垂直阵风使飞机承受较大的向上的气动载荷,而向下的垂直阵风使飞机承受较大的向下的气动载荷。垂直阵风对飞行安全也有较大的影响,例如,当飞机以小速度大迎角飞行时,遇到速度较大的垂直向上的阵风,可能会使迎角增大到临界迎角,造成飞机失速。因此在扰动气流中作大迎角小速度飞行时,应适当地减小迎角,提高飞机的最小飞行速度。当飞机在低空小迎角大速度飞行时,速度较大的垂直向上的阵风会产生较大的气动升力增量,对飞机结构的受力产生较大的影响。因此在扰动气流中以小迎角大速度飞行时,应适当地加大迎角,减小飞机的最大飞行速度。

从飞机侧面吹来的阵风叫侧向阵风。它会破坏飞机侧向气动力的平衡,造成飞机摇晃、摆头等。

2. 稳定风场对飞机飞行的影响

(1)逆风起飞和着陆。当沿跑道方向有风时,飞机一般应逆风起飞和着陆。逆风起飞可以使飞机经较短滑跑距离达到要求的空速(相对气流的速度),获得所需要的升力,使飞机离地;着陆时,也可以使飞机在保持一定空速,获得所需要的升力的情况下,以较小的接地速度着陆,并可增加着陆时的阻力,减少着陆时滑跑距离。

(2)有侧风时起飞和着陆。在垂直跑道方向有风时,飞机起飞或着陆,侧风在飞机上产生的侧向载荷会带着飞机一起飘移,使飞机偏离跑道,危及飞行安全。对于这种现象,在飞机离地后空中飞行中,一般采用改变航向的方法进行修正,在着陆进近阶段也可以采用侧滑法进行修正。飞机带侧滑着陆时,驾驶员要同时操纵副翼和方向舵阻止飞机飘移,使飞机航迹对准跑道着陆。在飞机飞行速度一定时,侧风风速的大小决定了舵面操纵量的大小。为保证飞机能在一定的侧风风速下安全着陆,对副翼和方向舵的操纵性能有一定的要求。超过了规定的侧风风速,飞机进行侧滑着陆就不能保证飞行安全。

(3)低空风切变对飞行的影响。风向和风速在特定方向上的变化叫风切变。例如,飞机由小顺风区域进入大顺风区域;由逆风区域进入顺风区域;由某一方向的侧风区域进入另一方向的侧风区域;或在较短距离内升降气流变化,由无明显升降气流区域进入强烈的下降气流区域;等等。强烈的低空风切变对起飞、着陆的飞机危害极大,特别是对下降着陆的飞机危害最大。例如,飞机从逆风区域进入顺风区域,这种顺风切变会使飞机的空速突然减小,升力下降,飞机随之下沉。如果着陆下降离地较近的飞机遇到这种风切变,驾驶员来不及修正,飞机会以较大的接地速度着陆,过大的地面载荷会损伤飞机结构,也会导致滑跑距离过长,飞机冲出跑道造成事故。如果飞机从无下降气流区域进入强烈下降气流区域,也会导致飞机急剧下沉,容易造成飞行事故。

4.4　无人直升机飞行原理

旋翼是直升机的关键部件。它由数片(至少两片)桨叶和桨毂构成,形状像细长机翼的桨叶连接在桨毂上。桨毂安装在旋翼轴上,旋翼轴方向接近于铅垂方向,一般由发动机带动旋转。旋转时,桨叶与周围空气相互作用,产生气动力。直升机旋翼绕旋翼转轴旋转时,每个叶片的工作都与一个机翼类似。

旋翼旋转所产生的拉力和阻力的大小,不仅取决于旋翼的转速,而且取决于桨叶的迎角(桨距)。调节旋翼的转速和桨距都可以达到调节拉力大小的目的。但是旋翼转速取决于发动机的主轴转速,而发动机转速有一个最佳的工作范围,因此,拉力的改变主要靠调节桨叶的迎角(桨距)来实现。但是,桨距变化将引起阻力力矩变化,因此,在调节桨距的同时还要调节发动机油门,保持转速尽量靠近最有利的工作转速。

4.4.1　单旋翼无人机旋翼系统的基本结构

单旋翼无人机的旋翼系统由两片或更多片的桨叶组成,桨叶安装于旋翼中心桨毂上,在发动机驱动下旋翼桨叶随桨毂绕中心轴旋转,从而产生提供单旋翼无人机飞行所需的气动力和控制力矩。为了实现垂直飞行和良好的旋翼气动效率,直升机旋翼具有较大的展弦比和旋转直径,桨叶具有较大的柔性。

从外观上看,单旋翼无人机的旋翼桨叶一般具有较小的厚度和较大的柔性,从功能上可以把单旋翼无人机旋翼桨叶看成是一个一面旋转、一面前进的机翼,其作用是为单旋翼无人机平台提供升力和前/后飞、左/右侧飞的拉力。

单旋翼无人机旋翼系统的控制主要是通过各种组合方式改变主旋翼和尾桨工作时的迎角(桨距)来实现的。单旋翼无人机上安装有自动驾驶仪和飞行控制计算机,计算机产生飞行控制指令,再由控制驱动器对控制指令进行放大,并驱动执行伺服机构完成旋翼桨距操纵控制。

单旋翼无人机使用最为普遍的旋翼结构形式是铰接式,如图 4-31 所示。铰接式旋翼系统的桨叶通过挥舞铰、摆振铰和变距铰与桨毂相连接,挥舞铰使得桨叶能够做垂直于桨盘平面的上下自由挥舞运动,摆振铰使得桨叶能够在旋转平面内做前后自由摆动,因而能够有效降低桨叶根部载荷。变距铰通过变距拉杆将桨叶及变距摇臂与自动倾斜器相连接,使得桨叶能够绕变距轴做变距运动,如图 4 - 32 所示。

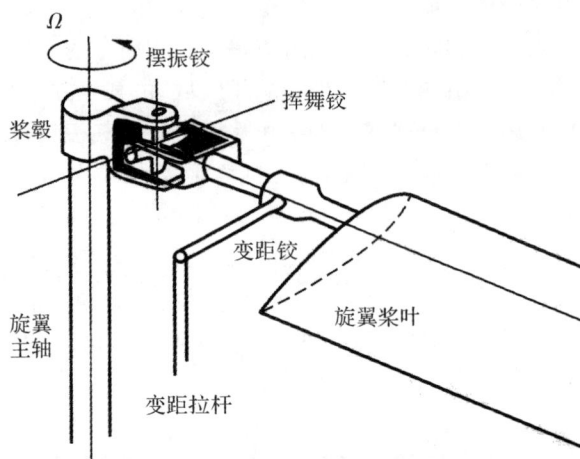

图 4 - 31　单旋翼系统基本结构示意图

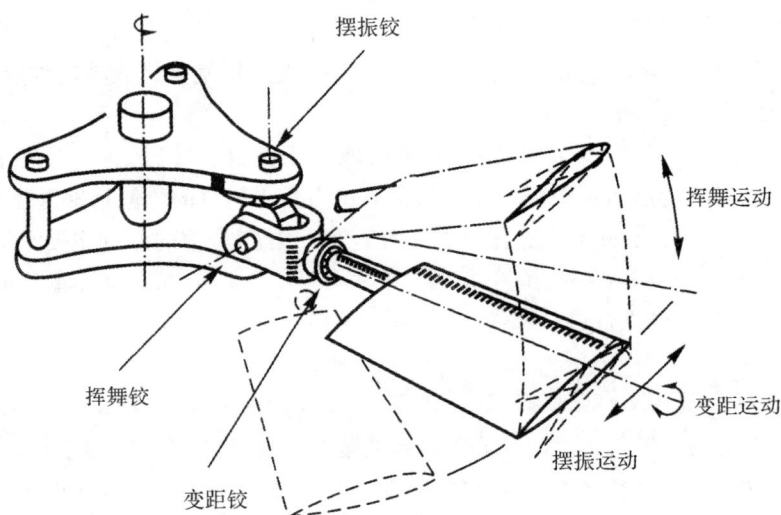

图 4 - 32　单旋翼桨叶运动自由度示意图

4.4.2　直升机的三大铰链

1.变距铰

变距铰(也称总距铰)是指直升机旋翼系统围绕横轴为旋转中心可在一定角度范围内调整桨叶迎角的铰链机构。其作用是控制桨叶的迎角(桨距),从而控制升力的大小,进而控制直升机的上升和下降,如图 4 - 33 所示。

2.挥舞铰

旋翼是圆周运动,由于半径的关系,当翼尖处线速度已经接近声速时,圆心处线速度为零,所以旋翼靠近圆周的地方产生最大的升力,而靠近圆心的地方只产生微不足道的升力。当桨叶向前滑行时,桨叶和空气的相对速度高于旋转本身所带来的线速度;反之,当桨叶向后滑行时,桨叶和空气的相对速度就低于旋转本身所带来的线速度,这样,旋翼两侧产生的升力还不均匀,不做任何补偿的话,升力差可以达到 5∶1。这个周期性的升力变化不仅使机身向一侧倾斜,而且每片桨叶在圆周中不同方位产生不同的升力和阻力,周期性地对桨叶产生强烈的扭曲,既大大加速材料的疲劳,又引起很大的振动。因此旋翼的气动设计可以比高性能固定翼飞机的机翼设计更为复杂。

图 4 - 33　变距铰

学者是在实践中发现这个问题的。模型旋翼机试飞很成功,但是全尺寸的旋翼机一上天就横滚翻,开始以为是遇到突然的横风,第二架飞机上天遭遇了同样的命运。经过研究,发现模型旋翼机的桨叶是用藤条材料做的,有弹性,而全尺寸旋翼机的桨叶是刚性的钢结构,由此认识到桨叶的挥舞铰的必要性。具体来说,为了补偿左右的升力不均匀和减少桨叶的疲劳,桨叶在翼根要采用一个容许桨叶回转过程中上下挥舞的铰链,这个铰链称为挥舞铰(也称垂直铰)。

简单来说,挥舞铰是指直升机旋翼系统围绕主轴和横轴连接点为中心,在一定角度范围内可自适应性上下挥舞的铰链机构。其作用是在直升机前飞时补偿左右的升力不均匀和减少桨叶的疲劳,桨叶在翼根要采用一个容许桨叶在回转过程中上下挥舞的铰链,一方面桨叶在回转过程中的上下挥舞可相应地起到减少或增加迎角的作用,有效平衡了左右升力的不均衡,另一方面可使不平衡的滚转力矩无法传到机身,从而避免了直升机前飞中产生滚转。

3.摆振铰

桨叶在前行时,升力增加,桨叶自然向上挥舞。由于桨叶在旋转过程中同时上升,所以桨叶的实际运动方向不再是水平的,而是斜线向上的。桨叶和水平面的夹角虽然不因为桨叶向上挥舞而改变,但桨叶和气流的相对运动方向之间的夹角由于这斜线向上的运动而变小,这个夹角(而不是桨叶和水平面之间的夹角)才是桨叶真正的迎角。桨叶的迎角在升力作用下下降,降低升力。桨叶在后行时,桨叶的升力不足,自然下垂,边旋转边下降造成桨叶和气流相对运动方向之间的夹角增大,迎角增加,增加升力。由于离心力使桨叶有自然拉直的趋势,所以桨叶不会在升力作用下无限升高或降低,机械设计上也采取措施,保证桨叶的挥舞不至于和机体发生碰撞。桨叶在环形过程中,不断升高、降低,翼尖离圆心的距离不断改变,引起科里奥利效应,就像花样滑冰运动员经常把双臂张开、收拢,以控制旋转速度。要是一个手臂张开,一个手臂收拢,就不可能在原地旋转,就要东倒西歪了。因此桨叶在水平方向也要前后摇摆,以补偿桨叶上下挥舞所造成的科里奥利效应。摆振铰利用前行时阻力增加,使桨叶自然增加后掠角(即所谓"滞后",因为桨叶在旋转方向上的角速度低于圆心的旋转速度),这也变相增加了桨叶在气流方向上剖面的长度,加强了减小迎角的作用;在后行时,阻力减小,阻尼器(相当于弹簧)使桨叶恢复到正常位置(即所谓"领先",因为桨叶在旋转方向上的角速度高于圆心的旋转速度),当然也加强了增加迎角的作用,因此摆振铰(也称水平铰)也称领先-滞后铰。直升机的摆振铰与挥舞铰如图 4-34 所示。

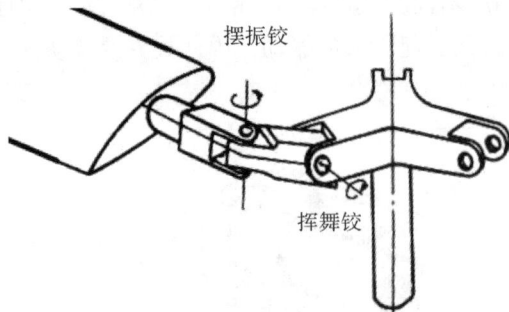

图 4-34　直升机摆振铰与挥舞铰

简单来说,摆振铰是指直升机旋翼系统围绕主轴和横轴连接点为中心,在一定角度范围内可自适应性前后摆振的铰链机构。其作用是为了补偿桨叶挥舞铰上下挥舞造成的科里奥利效应。摆振铰利用前行时阻力增加,使桨叶自然增加后掠角,这也变相增加了桨叶在气流方向上剖面的长度,加强了减小迎角的作用;在后行时,阻力减小,阻尼器使桨叶恢复到正常位置,加强了增加迎角的作用,从而进一步平衡左右升力的不均衡。

挥舞铰和摆振铰是旋翼升力均衡、飞行平稳的关键。由于桨叶在旋转中容许上下挥动和前后摆动,所以这种桨叶称为柔性桨叶。除了用机械铰链容许桨叶在环形过程中相对于其他桨叶有一定的挥舞外,材质也必须具有弹性,这就是直升机停在地面时桨叶总是"耷拉"着的原因。

机械铰链磨损大,可靠性不好,可用弹性元件取代挥舞铰,研制成无铰桨叶。

前行桨叶可以在升力作用下向上挥舞,从而降低升力,达到平衡;后行桨叶则向下弯曲,从而提高升力,达到平衡。

双叶旋翼是一个采用刚性铰链的特例,桨叶和圆心的桨毂刚性连接,用一个单一的"跷跷板"铰链同时代替挥舞铰和摆振铰,因此也称为半刚性桨叶。"跷跷板"铰链在一侧桨叶上扬时,将另一侧桨叶自然下压;在一侧桨叶"领先"时,将另一侧桨叶自然"滞后",既简化了机械设计,又完美地实现了更复杂的机械设计才能实现的功能。不过"跷跷板"设计只能用于双叶旋翼。双叶旋翼有无可置疑的简洁性和由此而来的成本和可靠性上的优势,但双叶旋翼也只有两片桨叶可以产生升力,和多叶桨叶相比,"跷跷板"式挥舞结构旋翼要达到相同的升力效果则需要增加旋翼直径和增加旋翼转速,这样一来,前者增加了总体尺寸和阻力,后者则增加了噪声。

4.4.3　无人直升机的飞行与操纵

1. 直升机的布局特点

旋翼在空气中旋转,对周围空气产生一个作用力矩,根据牛顿第三定律,空气必定以大小相等、方向相反的力矩作用于旋翼,然后传到机体上。此时如果不采取平衡措施,这个反作用力矩会使机体向旋翼旋转的相反方向旋转。为了平衡这个反作用力矩,需要采用不同的直升机布局形式。直升机的布局形式按旋翼数量和布局方式的不同可分为单旋翼直升机、共轴式双旋翼直升机、纵列式双旋翼直升机、横列式双旋翼直升机和带翼式直升机等几种类型。

（1）单旋翼直升机。单旋翼直升机是只装一副旋翼，机尾有尾桨或其他平衡装置的直升机。它是技术最成熟、数量最多的直升机。

直升机飞行主要靠旋翼产生的拉力。当旋翼由发动机通过旋转轴带动旋转时，旋翼给空气以作用力矩（或称扭矩），空气必然在同一时间以大小相等、方向相反的反作用力矩作用于旋翼（或称反扭矩），从而再通过旋翼将这一反作用力矩传递到直升机机体上。如果不采取措施予以平衡，那么这个反作用力矩就会使直升机逆旋翼转动方向旋转，如图 4 - 35 所示。

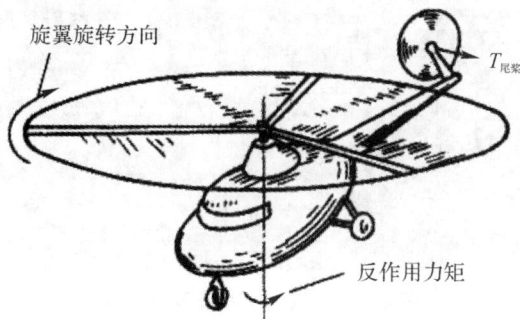

旋翼旋转方向

$T_{尾桨}$

反作用力矩

图 4 - 35　单旋翼直升机的反作用力矩

（2）共轴式双旋翼直升机。共轴式双旋翼直升机简称"共轴式直升机"，是两副旋翼上、下共轴安装且转向相反的直升机。它一般具有旋翼直径小、迎面阻力小、速度快和机动能力强的特点。如俄罗斯的卡-25、卡-50（见图 4 - 36）等。

图 4 - 36　武装攻击直升机卡-50

（3）纵列式双旋翼直升机。纵列式双旋翼直升机（见图 4 - 37）机身前后各有一个旋翼塔座，两副旋翼分别安装在两个塔座上，两副旋翼完全相同，但旋转方向相反，它们的反作用扭矩可以互相平衡。通常后旋翼稍高于前旋翼，以避免互相影响。纵列式直升机构型独特，主要用于战术运输、客运、医疗和搜救等任务,越来越受到各国的重视,并在战争中频繁使用。纵列式直升机主要优势是载重量大、空间尺寸小、利于舰载,同时具有很高的悬停效率。典型代表是美国的 CH-47"支奴干"。

图 4-37 纵列式双旋翼直升机

(4)横列式双旋翼直升机。横列式双旋翼直升机(见图 4-38)的特征是两副旋翼一左一右分别安装在机身两侧的两个支架上。两副旋翼完全相同,但旋转方向相反,其旋转时反作用力相互抵消。横列式双旋翼直升机的最大优点是平衡性好,其缺点与纵列式双旋翼直升机差不多,操纵也比较复杂。横列式双旋翼直升机要在机身两侧增装旋翼支架,无形中会增加许多质量,而且也加大了气动阻力。苏联米里设计局研制的米-12 是最典型的横列式双旋翼直升机。横列式双旋翼直升机的数量很少。

图 4-38 横列式双旋翼直升机

2.直升机的操纵性和稳定性

(1)直升机的操纵系统。直升机的操纵系统是指传递操纵指令、进行总距操纵、变距操纵和脚操纵(或航向操纵)的操纵机构和操纵线路。它通过总距操纵来实现直升机的升降运动;

通过变距操纵来实现直升机的前后左右运动;通过航向操纵来改变直升机的飞行方向。

1)总距操纵。总距操纵是用来操纵旋翼的总桨距,使各片桨叶的安装角同时增大或减小,从而改变旋翼拉力的大小。当拉力大于直升机重力时,直升机就上升;反之,直升机则下降,如图 4-39(a)所示。旋翼总桨距改变时,旋翼的需用功率也随着改变。因此,必须相应地改变发动机的油门,使发动机的输出功率与旋翼的需用功率相匹配以保持旋翼速度不变。为减轻驾驶员负担,发动机油门操纵和总距操纵通常是交联的。改变总距时,油门开度也相应地改变。因此,总距操纵一般又称为总桨距-油门操纵。

2)变距操纵。变距操纵即为周期变距操纵,它通过自动倾斜器使桨叶的安装角周期改变,从而使桨叶升力周期改变,并由此引起桨叶周期挥舞,最终导致旋翼锥体相对于机体向着驾驶杆运动的方向倾斜。由于拉力基本上垂直于桨盘平面,所以拉力也向驾驶杆运动方向倾斜,从而实现纵向(包括俯仰)及横向(包括滚转)运动。例如,当拉力前倾时,产生向前的分力,直升机向前运动,当拉力后倾时,产生向后的分力,直升机向后运动,如图 4-39(b)所示。

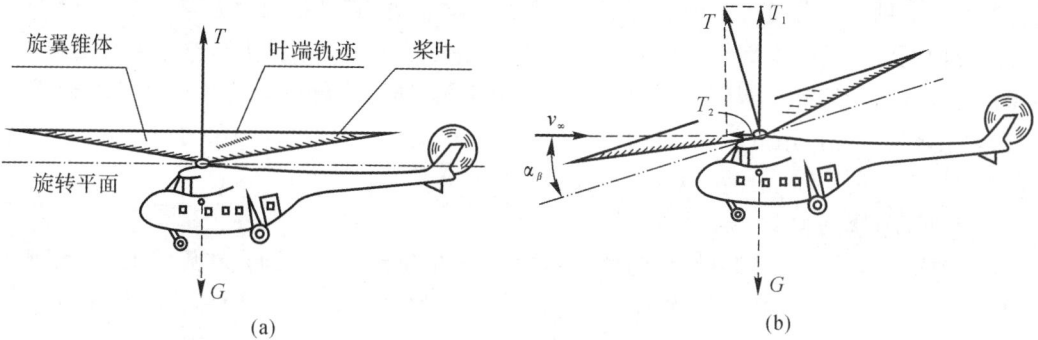

图 4-39　直升机操作

(a)上升;　(b)前飞

3)航向操纵。航向操纵是用方向舵操纵尾桨的推力(或拉力)的大小,实现航向操纵。当尾桨的推力(或拉力)改变时,此力对直升机重心的力矩与旋翼的反作用力矩不再平衡,直升机绕立轴转动,使航向发生变化。

直升机操纵性是指直升机的运动状态对驾驶员操纵动作的反应能力。驾驶员通过操纵驾驶杆的纵向或横向位移,来改变自动倾斜器的倾斜角,以实现纵向和横向力矩操纵。通过操纵脚蹬的位移,来改变尾桨距以实现航向力矩操纵。

直升机的稳定性是指直升机受到扰动后能够自己恢复其原来状态的能力。通常分为静稳定性和动稳定性。直升机的动稳定性通常不能令人满意,受到扰动后,其纵向运动和横向运动一般会发生变化。

3.直升机的飞行分析

(1)直升机的前飞。直升机的前飞,特别是平飞,是其最基本的一种飞行状态。直升机作为一种运输工具,主要依靠前飞来完成其作业任务。为了更好地了解有关直升机前飞时的飞行特点,从无侧滑的等速直线平飞入手。直升机的水平直线飞行简称平飞。平飞是直升机使用最多的飞行状态,旋翼的许多特点在平飞时表现得更为明显。直升机平飞的许多性能取决于旋翼的空气动力特性,因此需要首先说明这种飞行状态下直升机的力和旋翼的需用功率。

平飞时力的平衡:相对于速度轴系平飞时,作用在直升机上的力主要有旋空拉力 T,全机

重力 G,机体的阻力 X 及尾桨推力 $T_{尾}$。前飞时速度轴系选取的原则:X 轴指向飞行速度 v 方向,Y 轴垂直于 X 轴向上为正,Z 轴按右手法则确定。保持直升机等速直线平飞的力的平衡条件如下:

X 轴:$T_1 = X$;

Y 轴:$T_2 = G$;

Z 轴:$T_3 \approx T_{尾}$。

其中,T_1,T_2,T_3 分别为旋翼拉力 T 在 X,Y,Z 三个方向的分量。

(2)直升机的侧飞。侧飞是直升机特有的又一种飞行状态,它与悬停、小速度垂直飞行及后飞一起是实施某些特殊作业不可缺少的飞行性能。一般侧飞是在悬停基础上实施的飞行状态。其特点是要多注意侧向力的变化和平衡。由于直升机机体的侧向投影面积很大,机体在侧飞时其空气动力阻力特别大,所以直升机侧飞速度通常很小。由于单旋翼带尾桨直升机的侧向受力是不对称的,所以左侧飞和右侧飞受力各不相同。向后行桨叶一侧侧飞,旋翼拉力向后行桨叶一侧的水平分量大于向前行桨叶一侧的尾桨推力,直升机向后方向运动,会产生与水平分量反向的空气动力阻力 Z。当侧力平衡时,水平分量等于尾桨推力与空气动力阻力之和,能保持等速向后行桨叶一侧侧飞。向前行桨叶一侧侧飞时,旋翼拉力的水平分量小于尾桨推力,在剩余尾桨推力作用下,直升机向尾桨推力方向一侧运动,空气动力阻力与尾桨推力反向,当侧力平衡时,保持等速向前行桨叶一侧飞行。

4.直升机旋翼的空气动力特点

(1)旋翼的锥体。旋翼桨叶旋转且挥舞时所形成的倒锥体。锥顶点在旋转轴上,锥面是桨叶的旋转轨迹面,锥底是桨尖轨迹平面。旋翼锥体的倾斜方向基本上代表着旋翼气动合力的方向。如果旋翼桨叶中的一片和几片不同锥的话,则称为脱锥现象,会引起直升机振动。

在前面的分析中,假定桨叶没有在桨毂旋转平面内运动。实际上,目前的直升机都具垂直铰。旋翼不旋转时,桨叶受垂直向下的本身重力的作用[见图 $4-40(a)$]。旋翼旋转时,每片桨叶上的作用力除自身重力外,还有空气动力和惯性离心力。空气动力拉力向上的分力(T)方向与重力相反,它绕垂直铰构成的力矩,使桨叶上挥。惯性离心力($F_{离心}$)相对水平铰所形成的力矩,力矩使桨叶在桨毂旋转平面内旋转[见图 $4-40(b)$]。在悬停或垂直飞行状态中,这三个力矩综合的结果,使得桨叶保持在与桨毂旋转平面成某一角度的位置上,旋翼形成一个倒立的锥体。桨叶从桨毂旋转平面扬起的角度叫锥角。桨叶产生的拉力约为桨叶本身质量的 $10 \sim 15$ 倍,但桨叶的惯性离心力更大(通常为桨叶拉力的十几倍),因此锥角实际上并不大,仅有 $3° \sim 5°$。旋翼锥体如图 $4-40$ 所示。

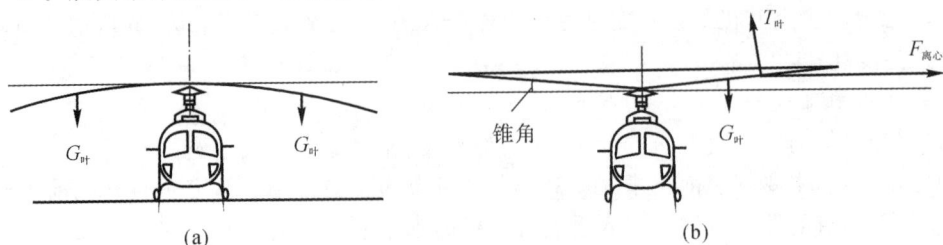

图 $4-40$ 旋翼锥体

(a)旋翼不旋转时; (b)旋翼旋转时

（2）悬停时的功率分配。从能量转换的观点分析，直升机在悬停状态时，发动机输出的轴功率，其中约 90％用于旋翼，分配给尾桨、传动装置等消耗的轴功率加起来约占 10％。旋翼所得到的 90％的功率当中，旋翼型阻功率又用去 20％，旋翼用于转变成气流动能以产生拉力的诱导功率仅占 70％。

5.直升机操作特点

直升机不同于固定翼飞机，一般都没有在飞行中供操纵的专用活动舵面。这是因为在小速度飞行或悬停中，其作用也很小，只有当气流速度很大时舵面或副翼才会产生足够的空气动力。单旋翼带尾桨的直升机主要靠旋翼和尾桨进行操纵，而双旋翼直升机靠两副旋翼来操纵。由此可见，旋翼还起着飞机的舵面和副翼的作用。

为了说明直升机操纵特点，先介绍直升机驾驶舱内的操纵机构。直升机驾驶员座舱操纵机构及配置直升机驾驶员座舱主要的操纵机构是驾驶杆（又称周期变距杆）、脚蹬和油门总距杆。此外还有油门调节环、直升机配平调整片开关及其他手柄。

（1）驾驶杆位于驾驶员座椅前面，通过操纵线系与旋翼的自动倾斜器连接。驾驶杆偏离中立位置表示：

1）向前——直升机低头并向前运动；

2）向后——直升机抬头并向后退；

3）向左——直升机向左倾斜并向左侧运动；

4）向右——直升机向右倾斜并向右侧运动。

（2）脚蹬位于座椅前下部，对于单旋翼带尾桨的直升机来说，驾驶员蹬脚蹬操纵尾桨变距改变尾桨推（拉）力，对直升机实施航向操纵。油门总距杆通常位于驾驶员座椅的左方，由驾驶员左手操纵，此杆可同时操纵旋翼总距和发动机油门，实现总距和油门联合操纵。

（3）自动倾斜器是指直升机改变旋翼倾斜方向和桨叶倾角的专用装置。通过它实现对直升机飞行状态的操纵。它经由球形套筒装在旋翼轴上，套筒和总距操纵杆相连并可在旋翼轴上下滑动。套筒的球面上套有一个不旋转的环，称为内环，和周期变距操纵杆相连。内环可沿球形套筒向任一方向倾斜，外环是旋转部分，通过滚动轴承绕内环旋转，同时通过拉杆与桨叶连接并一同运动。当操纵总距操纵杆时，球形套筒带动整个自动倾斜器向上或向下，使各个叶片的桨距同时变大或变小，使直升机上升或下降。推动周期变距操纵杆时，使内环绕套筒倾斜，带动外环倾斜，拉动桨叶周期性地改变桨距，使旋翼旋转平面倾斜，从而使直升机沿着旋翼拉力水平分量的方向飞行，达到控制直升机飞行方向的目的。

1）周期变距操纵。周期变距操纵用于改变直升机的滚转和俯仰姿态。驾驶员对周期变距杆（也称驾驶杆）的横向和纵向操纵通过操纵线系或液压助力装置使自动倾斜器向相应的方向倾斜。由于旋转环同桨叶的变距摇臂之间有固定长度的拉杆相连，所以自动倾斜器的倾斜会导致桨叶的桨距发生周期变化，使得旋翼空气动力不对称，桨叶的旋转平面将向所需方向倾斜，旋翼的拉力矢量方向因此发生改变，这样就达到了操纵直升机横向和纵向飞行的目的。

2）总距操纵。为了操纵旋翼桨叶的总距，整个自动倾斜器必须沿着旋翼轴向上或向下移动，并且不能改变周期变距操纵的方向。常规来讲，整个自动倾斜器是通过一个单独的执行机构(如液压助力器)来实现沿旋翼轴移动的。然而一些新型直升机已经取消了这种复杂的独立机械结构,其功能通过使用三个相互关联的执行机构同时动作来实现。这种操纵方式被称为周期变距和总距混合式。

自动倾斜器的构造如图 4-41 所示。自动倾斜器的主要零件包括旋转环连接桨叶拉杆,旋转环利用滚珠轴承连接在不旋转环上,不旋转环压在套环上;套环带有横向操纵拉杆和纵向操纵拉杆;操纵总桨距的滑筒。直升机的驾驶杆动作时,旋转环和不旋转环随同套环一起向前、后、左、右倾斜或任意方向倾斜。

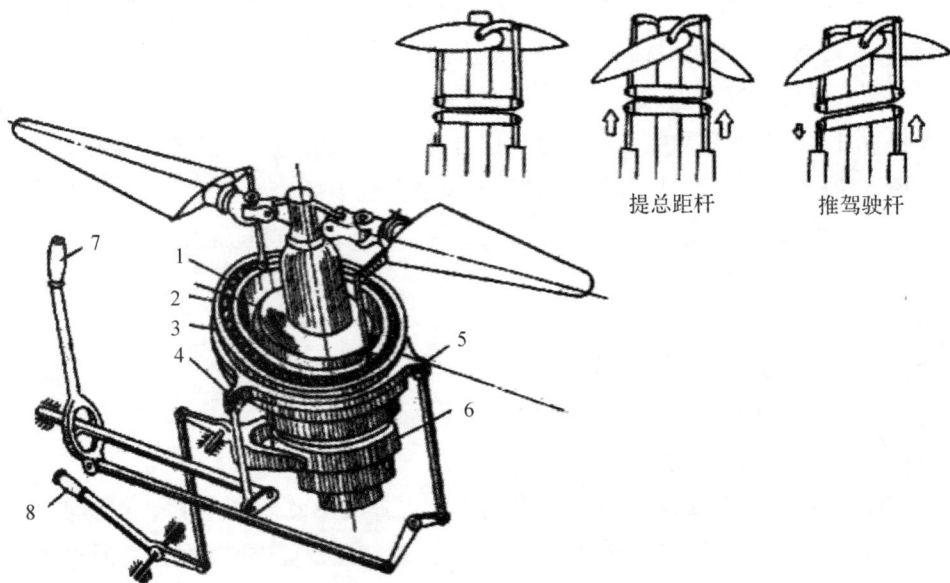

图 4-41　自动倾斜器构造简图
1—旋转环;　2—不旋转环;　3—套环;　4,5—操纵拉杆;
6—滑筒;　7—直升机驾驶杆;　8—油门变距杆

因为旋转环用垂直拉杆同桨叶连接,所以旋转环的旋转面倾斜会引起桨叶绕纵轴做周期性转动,即旋翼每转一周重复一次,换句话说,每一桨叶的桨距将进行周期性变化。为了解桨距的变化,应分别分析直升机的两种飞行状态,即垂直飞行状态和水平飞行状态。垂直飞行,靠改变总距来实施,换句话说,就是靠同时改变所有桨叶的迎角来实施。此时所有桨叶同时增大或减小相同的迎角,就会相应地增大或减小升力,因而直升机也会相应地进行垂直上升或下降。操纵总距是用座舱内驾驶员座椅左侧的油门总距杆。由图 4-41 可以看出,若上提油门总距杆,则不旋转环和旋转环向上抬起,各片桨叶的桨距增大,直升机上升;若下放油门总距杆,直升机则垂直下降。

直升机水平飞行要使旋翼旋转平面倾斜,使旋翼总空气动力矢量倾斜得出水平分力。旋转平面倾斜是靠周期性改变桨距得到的。这说明,旋翼每片桨叶的桨距在每一转动周期中(每转一周),先增大到某一数值,然后下降到某一最小数值,继而反复循环。各种方位的桨距周期性变化如图 4-42 所示。

I

桨距减小

270°

$-\Delta\varphi$

180°

β

$+\Delta\varphi$

0　β

90°

桨距增大

α

II

α

φ

10°

0°　　　　90°　　　　180°　　　　270°　　　　360°

桨叶方位

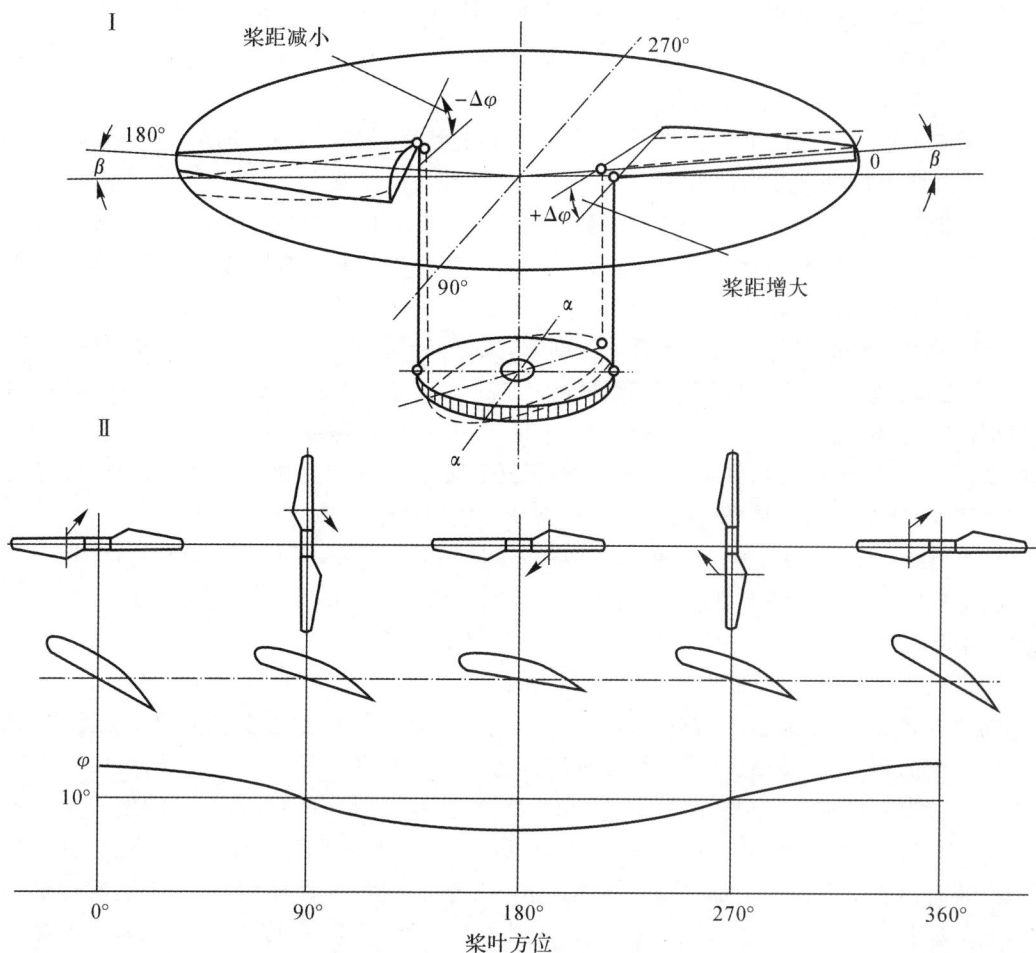

图 4 - 42　各种方位的桨距周期性变化

4.5　多旋翼无人机飞行原理

多旋翼无人机种类很多,而市场上多旋翼的主流产品是四旋翼,这里以常用的四轴飞行器来做介绍,如图 4 - 43 所示。

图 4 - 43　某四旋翼航拍无人机

　　四轴飞行器的控制原理就是,当没有外力并且质量分布平均时,四个螺旋桨以一样的转速转动,在螺旋桨向上的拉力大于整机的质量时,四轴就会向上升,在拉力与质量相等时,四轴就可以在空中悬停。

　　在四轴的前方受到向下的外力时,前方马达加快转速,以抵消外力的影响从而保持水平,同样其他几个方向受到外力时四轴也是可以通过这种动作保持水平的。

　　当需要控制四轴向前飞时,前方的马达减速,而后方的马达加速,这样,四轴就会向前倾斜,也相应地向前飞行。同样,需要向后、向左、向右飞行也是通过这样的控制就可以使四轴往想要控制的方向飞行了。

　　当要控制四轴的机头方向向顺时针转动时,四轴同时加快左、右马达的转速,并同时降低前、后马达的转速,因为左、右马达是逆时针转动的,而左、右马达的转速是一样,所以左、右是保持平衡的,而前、后马达是顺时针转动的,但前、后马达的转速也是一样的,所以前、后、左、右都可以保持平衡,飞行高度也是可以保持的,但是逆时针转动的力比顺时针大,因此机身会向反方向转动,从而实现控制机头的方向。这也是要使用两个反桨、两个正桨的原因。

　　旋翼越多,无人机越稳定。如果旋翼数量众多,那么旋翼就可以更有效地对抗阵风。

　　陀螺仪对微小的转动非常敏感,因此它对飞行器飞行姿态的控制起着重要作用,飞机有一点点的偏转陀螺仪就能自动修正,简单来说,陀螺仪就是帮助飞机保持稳定姿态的,因此有陀螺仪的飞机飞行稳定,但是四轴飞行器没有陀螺仪就不能飞了,因为四个螺旋桨的动力有一点点差别就会侧翻,三轴加速计用来分析陀螺仪的信号,转了多少角度,分析此时飞行姿态,它能够记住飞机的姿态,当操纵杆回位后,飞机就自动恢复水平。

　　四旋翼无人机构造简图如图 4-44 所示,四轴飞行器的构造特点是在它的四个角上各装有旋翼,由电机分别带动,叶片可以正转,也可以反转。为了保持飞行器的稳定飞行,在四轴飞行器上装有由三个方向的陀螺仪和三轴加速度传感器组成的惯性导航模块,它还通过电子调控器来保证其快速飞行。如图 4-44 所示,电机 1 和电机 3 逆时针旋转的同时,电机 2 和电机 4 顺时针旋转,因此当飞行器平衡飞行时,陀螺效应和空气动力扭矩效应均被抵消。

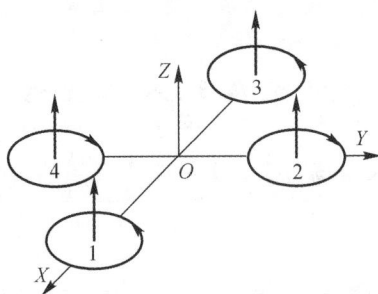

图 4-44　四旋翼无人机构造简图

　　与电动直升机相比,四旋翼飞行器有下列优势:各个旋翼对机身所施加的反扭矩与旋翼的旋转方向相反,因此当电机 1 和电机 3 逆时针旋转的同时,电机 2 和电机 4 顺时针旋转,可以平衡旋翼对机身的反扭矩。四旋翼飞行器在空间共有 6 个自由度,这 6 个自由度的控制都可以通过调节不同电机的转速来实现。

　　基本运动状态有垂直运动、俯仰运动、滚转运动、偏航运动、前后运动和侧向运动。

1. 垂直运动

如图 4-45 所示为四旋翼无人机的垂直运动,因有两对电机转向相反,可以平衡其对机身的反扭矩,当同时增加四个电机的输出功率时,旋翼转速增加使得总拉力增大,当总拉力足以克服整机的质量时,四旋翼飞行器便离地垂直上升;反之,同时减小四个电机的输出功率,四旋翼飞行器则垂直下降,直至平衡落地,实现了沿轴的垂直运动。当外界扰动量为零,旋翼产生的升力等于飞行器的自重时,飞行器便保持悬停状态。保证四个旋翼转速同步增加或减小是垂直运动的关键。

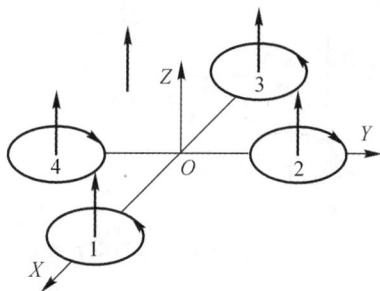

图 4-45　四旋翼无人机垂直运动

2. 俯仰运动

如图 4-46 所示为四旋翼无人机的俯仰运动,电机 1 的转速上升,电机 3 的转速下降,电机 2、电机 4 的转速保持不变。为了不因为旋翼转速的改变引起四旋翼飞行器整体扭矩及总拉力改变,旋翼 1 与旋翼 3 转速改变量的大小应相等。由于旋翼 1 的升力上升,旋翼 3 的升力下降,所以产生的不平衡力矩使机身绕 Y 轴旋转(方向见图 4-46),同理,当电机 1 的转速下降,电机 3 的转速上升时,机身便绕 Y 轴向另一个方向旋转,实现飞行器的俯仰运动。

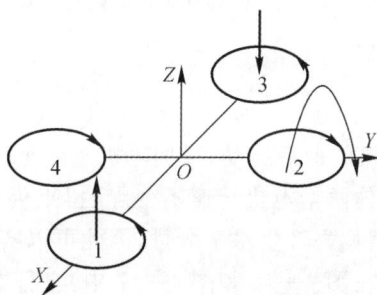

图 4-46　四旋翼无人机俯仰运动

3. 滚转运动

与图 4-46 的原理相同,如图 4-47 所示为四旋翼无人机的滚转运动,改变电机 2 和电机 4 的转速,保持电机 1 和电机 3 的转速不变,则可使机身绕 X 轴旋转(正向和反向),实现飞行器的滚转运动。

4. 偏航运动

四旋翼飞行器偏航运动可以借助旋翼产生的反扭矩来实现。旋翼转动过程中由于空气阻力作用会形成与转动方向相反的反扭矩,为了克服反扭矩影响,可使四个旋翼中的两个正转、两个反转,且对角线上的各个旋翼转动方向相同。反扭矩的大小与旋翼转速有关,当四个电机转速相同时,四个旋翼产生的反扭矩相互平衡,四旋翼飞行器不发生转动;当四个电机转速不完全相同时,不平衡的反扭矩会引起四旋翼飞行器转动。如图4-48所示为四旋翼无人机的偏航运动,当电机1和电机3的转速上升,电机2和电机4的转速下降时,旋翼1和旋翼3对机身的反扭矩大于旋翼2和旋翼4对机身的反扭矩,机身便在富余反扭矩的作用下绕Z轴转动,实现飞行器的偏航运动,转向与电机1、电机3的转向相反。

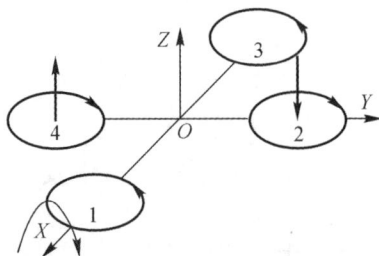

图4-47　四旋翼无人机滚转运动

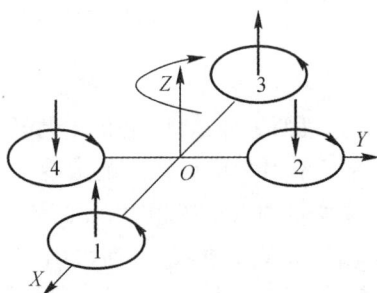

图4-48　四旋翼无人机偏航运动

5.前后运动

要想实现飞行器在水平面内前后、左右的运动,必须在水平面内对飞行器施加一定的力。如图4-49所示为四旋翼无人机的前后运动,增加电机3转速,使拉力增大,相应地减小电机1转速,使拉力减小,同时保持其他两个电机转速不变,反扭矩仍然要保持平衡。飞行器首先发生一定程度的倾斜,从而使旋翼拉力产生水平分量,因此可以实现飞行器的前飞运动。向后飞行与向前飞行正好相反。当然在图4-46和图4-47中,飞行器在产生俯仰、翻滚运动的同时也会产生沿X,Y轴的水平运动。

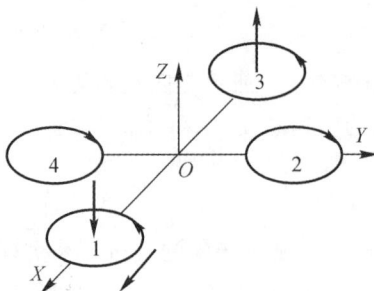

图4-49　四旋翼无人机前后运动

6.侧向运动

如图 4 - 50 所示为四旋翼无人机的侧向运动,由于结构对称,所以侧向飞行的工作原理与前后运动完全一样。

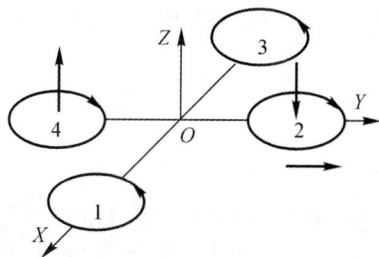

图 4 - 50　四旋翼无人机侧向运动

本 章 习 题

1.简述固定翼无人机升力产生的原因。

2.简述固定翼无人机增升装置及其原理。

3.简述固定翼无人机阻力种类、减阻措施及原理。

4.简述直升机三大铰链及其作用。

5.简述多旋翼无人机飞行原理。

第5章 航空气象

内容提示

航空气象学是研究不同气象条件同飞行活动和航空技术之间的关系,研究航空气象保障的方式和方法,以及飞行器在地球大气层中飞行时的气象问题的一门学科。飞机在大气中飞行,大气状态的每一种变化都会对飞行活动带来影响,严重时甚至可危及飞行安全。随着航空事业的发展,飞机性能的提高,气象对飞行的影响不仅依然存在,而且对航空气象保障提出了更高的要求。目前,飞行活动与气象条件之间的关系正在从气象条件决定能否飞行,变为在复杂气象条件下如何飞行的问题。气象条件是客观存在的,但它对飞行活动的影响,却往往因人们主观处置是否得当而有不同的结果。航空气象保障就是为航空活动提供需要的气象情报及提出安全合理的综合措施,因此航空从业人员都要具备相当的航空气象知识,才能做到充分利用有利天气,避开不利天气,预防和减少危险天气的危害,增加效益,顺利完成飞行任务。

教学要求

(1)掌握大气的运动状态,各种天气现象的发生、发展与变化规律;

(2)了解影响飞行的恶劣天气对飞行的危害,以及在飞行活动中如何避免这些危害;

(3)掌握常规天气图及飞行气象资料的分析和运用能力。正确分析所获得的航空气象资料。

内容框架

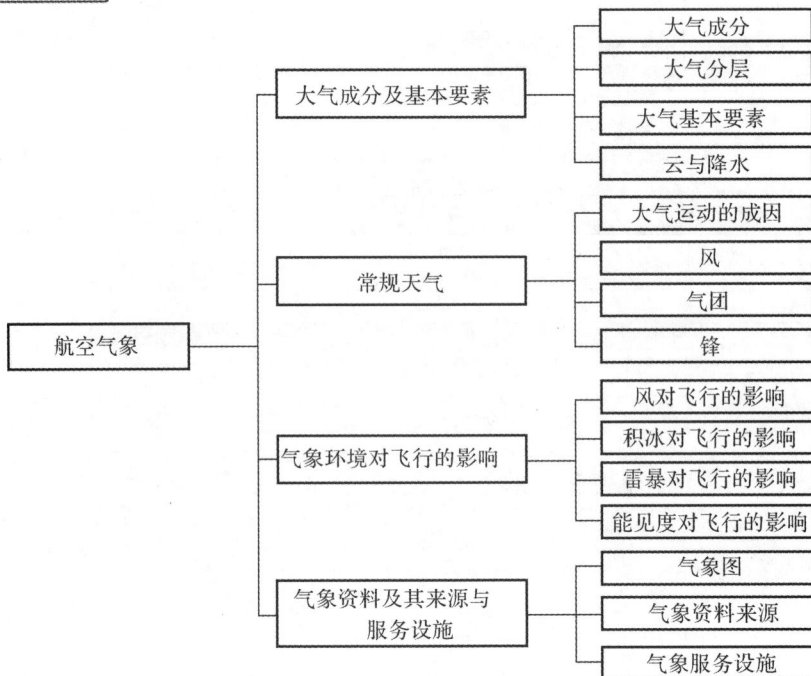

5.1　大气成分及基本要素

5.1.1　大气成分

大气成分指组成大气的各种气体和微粒,包括干洁空气、水蒸气和尘埃。它包围着整个地球的空气圈。

干洁空气主要由 78% 的氮气、21% 的氧气和 1% 的其他气体组成(见图 5-1)。

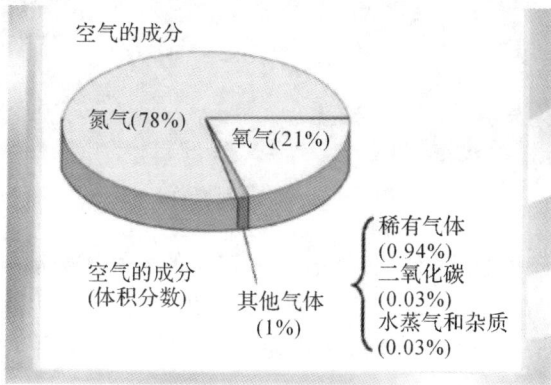

空气的成分

氮气(78%)　氧气(21%)

稀有气体
(0.94%)
二氧化碳
(0.03%)
水蒸气和杂质
(0.03%)

空气的成分
(体积分数)　其他气体
(1%)

图 5-1　干洁空气的组成

水蒸气主要来自地球表面的水分蒸发和植物叶面的蒸腾,约占整个大气体积的 0~5%,并随着高度的增加逐渐减少(见图 5-2)。

水汽输送

降水　降水

植物蒸腾　蒸发　地表径流　蒸发

基岩　下渗　地下径流　海洋

图 5-2　水蒸气的来源与大气循环

5.1.2　大气分层

按照大气在垂直方向的各种特性,将大气分成若干层次。按大气温度随高度分布的特征,可把大气分成对流层、平流层、中间层、热层和散逸层(见图5-3)。

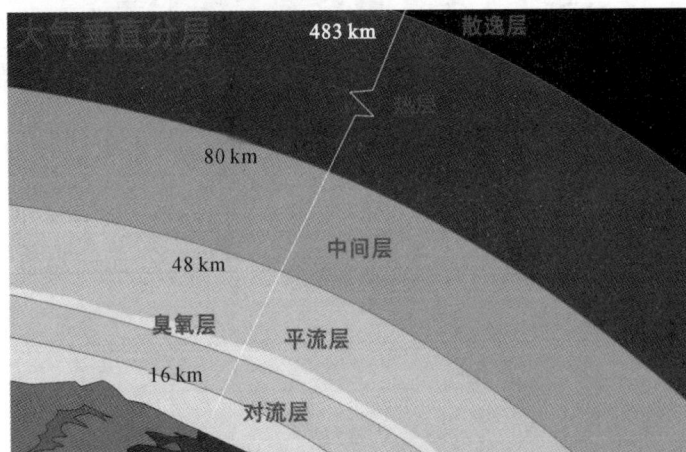

图5-3 大气垂直结构

(1)地球对流层位于大气的最低层,集中了约75%的大气的质量和90%以上的水汽质量。其下界与地面相接,上界高度随地理纬度和季节而变化,它的高度因纬度而不同,在低纬度地区平均高度为17~18 km,在中纬度地区平均为10~12 km,极地平均为8~9 km,并且夏季高于冬季。

对流层是地球大气层中天气变化最复杂的一层,人类在航空中遇到的几乎所有天气变化都出现在这一层。它在气象学上的主要特点有:气温随高度升高而降低;风向和风速经常变化;空气上、下对流剧烈;有云、雨、雾、雪等天气现象。

对流层中,按气流和天气现象分布的特点,可分为上、中、下三个层次。

1)下层(离地1 500 m以下):空气运动受地形扰动和地表摩擦作用最大,气流混乱,又称摩擦层。

2)中层(1 500~6 000 m):气流相对平稳,云和降水大多生成于这一层。

3)上层(6 000 m到对流层顶):受地表影响更小,水汽含量很少。

(2)平流层,亦称同温层,是地球大气层里上热下冷的一层,此层被分成不同的温度层,其中高温层置于顶部,而低温层置于低部。它与位于其下贴近地表的对流层刚好相反,对流层是上冷下热的。在中纬度地区,平流层位于离地表10~50 km的高度,而在极地,此层则始于离地表8 km左右(见图5-4)。

平流层气温随高度增高而升高。空气几乎没有垂直运动,气流平稳。空气稀薄,水汽和杂质含量极少,空气阻力小,能见度好。大气不对流,以平流运动为主,飞机在其中受力比较稳定,便于飞行员操纵架驶。

目前大型客机大多飞行于此层,以增加飞行的稳定度。

(3)从平流层顶到80 km高度为中间层,气温随高度增高而迅速降低,出现强烈的对流运动,又称为高空对流层或上对流层。

(4)热层即中间层顶(约80 km)至250 km(在太阳宁静期)或500 km左右(太阳活动期)之间的大气层。

(5)散逸层,又称"外层""逃逸层",是热层(暖层)以上的大气层,也是地球大气的最外层。

这层空气在太阳紫外线和宇宙射线的作用下,大部分分子发生电离,使质子和氦核的含量大大超过中性氢原子的含量。散逸层空气极为稀薄,其密度几乎与太空密度相同,故又常称为外大气层。

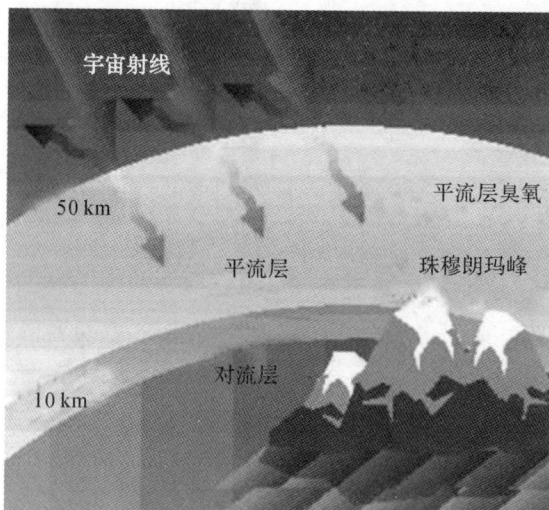

图 5 - 4　平流层

5.1.3　大气基本要素

大气的三大要素为气温、气压和空气湿度。

(1)气温:表示空气冷热程度的物理量。大气系统热量主要是吸收太阳辐射,当太阳辐射通过大气层时,有 24% 直接被大气吸收。常用温标有摄氏温标(℃)、华氏温标(℉)和凯氏温标(K)三种:

1)摄氏温标(℃):纯水冰点 0℃,沸点 100℃;

2)华氏温标(℉):纯水的冰点温度定为 32℉,把标准大气压下水的沸点温度定为 212℉,中间分为 180 等份,每一等份代表 1℉。

3)凯氏温标(K):当温度为 0 K 的时候,气体分子的动能为零。

华氏温标和摄氏温标关系是:℃=5/9 (℉-32),℉=9/5℃+32;凯氏温标和摄氏温标关系是:℃=K-273.15。

(2)气压即大气压强,是指与大气相接触的面上,空气分子作用在每单位面积上的力。

气压大小与高度、温度等条件有关。一般随高度增大而减小。在水平方向上,大气压的差异引起空气的流动。表示气压的单位,习惯上常用水银柱高度。例如,一个标准大气压等于 760 mm 高的水银柱的质量,它相当于 1 cm² 面积上承受 1.033 6 kg 重的大气压力。气压单位:百帕(hPa)、毫米汞柱(mmHg)(见图 5 - 5)。

(3)空气湿度就是用来度量空气中水汽含量多少或空气干燥潮湿程度的物理量。

湿度表示方法:相对湿度 、露点、气温露点差 。相对湿度指空气中水汽压与同温度下饱和水汽压的百分比。空气中水汽含量:水汽含量越多,相对湿度越大;气温越高,则可以容纳的水汽就越多,相对湿度减小。

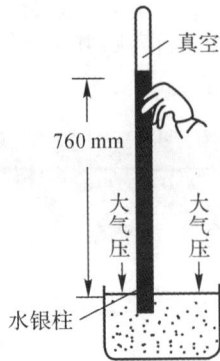

图 5-5　大气压的测定

　　空气在水汽含量和气压都不改变的条件下,气温降低到使空气达到水汽饱和的温度。形象地说,就是空气中的水蒸气变为露珠时候的温度叫露点。故当气压一定时,气温露点的高低可以表示空气中的水汽含量。

　　当空气处于未饱和状态时,其气温高于露点温度,只有在空气达到饱和时,气温才和露点温度相等,因此用气温露点差来判断空气的饱和程度,气温露点差越小,空气越潮湿。空气湿度用湿度计进行测量(见图 5-6)。

图 5-6　指南针式温湿度计

5.1.4　云与降水

　　云是水汽凝结物在空中聚集而成的现象,降水是水汽凝结物从云中降落到地面的现象。云和降水不仅能反映当时的大气运动状态、大气稳定度和水汽条件,还能在一定程度上预示未来天气变化的趋势。

　　云和降水对航空活动影响很大,如低云可严重妨碍飞机起降;云中飞行可产生飞机积冰;在云中或云外都会碰到飞机颠簸;降水可影响能见度,影响飞机气动性能;等等。作为一名航空从业人员,应能从云的外貌和降水的性质判断出其对飞行的影响,并估计出其变化趋势。

　　云有各种各样的外貌,它们千姿百态,变幻无穷,各自既有不同的成因,又有不同的特征,对飞行的影响也不尽相同。要了解云的演变规律,需要把云进行分类。云的分类方法有好几种,但一般是将云按云底高度分成以下三族:

　　(1)低云族,云底高度在 2 000 m 以下;

　　(2)中云族,云底高度在 2 000～6 000 m 之间;

　　(3)高云族,云底高度在 6 000 m 以上。

　　低云通常是指云底高度在 2 000 m 以下的云,这类云包括的种类最多,对飞行的影响也最大,是飞行人员需要了解的重点。

　　低云多由水滴组成,厚的或垂直发展旺盛的低云则是由水滴、过冷水滴和冰晶混合组成。云底高度一般在 2 000 m 以下,但又随季节、天气条件及不同的地理纬度而有变化。大部分低云都可能产生降水,雨层云常有连续性降水,积雨云多有阵性降水,有时降水量很大。低云主要包括积云、积雨云(见图 5 - 7)、层积云(见图 5 - 8)、层云和雨层云 5 个云类。

图 5 - 7　积雨云

图 5 - 8　层积云

中云的云底高度在 2 000～6 000 m 之间,中云根据其外貌特征可分为高层云(见图 5-9)和高积云(见图 5-10)。中云是由微小水滴、过冷水滴或者冰晶、雪晶混合组成。高层云在夏季多出现降雨,而在冬季多出现降雪。高积云较薄时不会出现降水,但在高原地区的高积云会出现雨(雪)幡。

图 5-9　高层云

图 5-10　高积云

高层云是浅灰色的云幕,水平范围很广,常布满全天。

高积云主要由中云高度上稳定而湿润的空气发生波动所形成。云体呈块状、片状或球状;云块有时分散孤立,有时聚集成群,排列成行,好像田垄或波浪;云块常呈白色或灰色,中部较阴暗;云体各部分的透光程度不同,薄的部分能见日、月轮廓,有时出现华和彩虹现象。薄的高积云稳定少变,一般预示天晴;厚的高积云如继续增厚,有时也有零星雨雪。其类别有透光、蔽光、积云性、絮状、荚状和堡状等数种。

高云云滴高度通常在 6 km 以上,主要由冰晶组成,一般不直接产生降水,冬季北方的卷层云、密卷云偶尔会降雪,有时可以见到雪幡。高云可分为以下 3 类。

卷云:它有时产生在能生成云的最高高度上,它由高空的细小冰晶组成,且冰晶比较稀疏,故云比较薄而透光良好,色泽洁白并具有冰晶的亮泽(见图 5-11)。

图 5-11　卷云

卷层云:白色透明的云幕,日、月透过云幕时轮廓分明,地物有影,常有晕环。有时云的组织薄得几乎看不出来,只使天空呈乳白色;有时丝缕结构隐约可辨,好像乱丝一般(见图 5-12)。

图 5-12　卷层云

卷积云:云块很小,白色无影,是由呈白色细波、鳞片或球状细小云块组成的云片或云层,常排列成行或成群,很像轻风吹过水面所引起的小波纹。白色无暗影,有柔丝般光泽。云体很薄,能透过日、月光,呈白色无暗形,在黑夜则呈灰黑色,几乎全由冰晶组成(见图 5-13)。

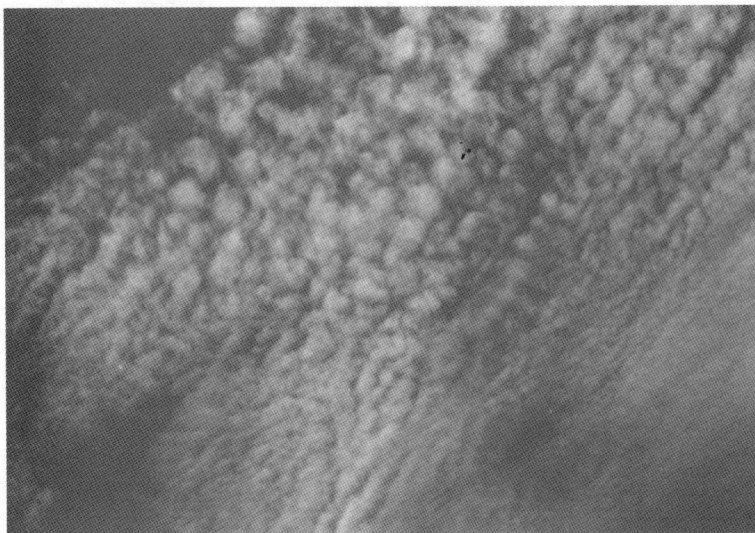

图 5-13　卷积云

　　总体来说,在云区飞行,一般常见的是低能见度和飞机颠簸,云状不同,影响的程度也不同。在低于 0℃的云中可遇到飞机积冰,在积雨云区可遇到天电干扰或雷击。

　　降水,是指从云中降落水(包括液态水和固态水)的现象,如雨、雪和冰雹等。依据国家气象部门规定,降水划分为小雨、中雨、大雨和暴雨四类。划分标准见表 5-1。

表 5-1　降雨级别划分表

名　称	雨量(24 h 以内)/mm
小雨	<10
中雨	10～24.9
大雨	25～49.9
暴雨	>50

　　依据降水形成原因不同,可划分为以下几类。

　　(1)锋面雨,指冷暖气团相遇,锋面(气团交界处)空气缓慢上升(以 cm/s 的速度计算),在冷气团一侧形成层状的降水。

　　(2)对流雨,指近地面高温潮湿,空气强烈受热,引起空气的对流运动,湿热空气在上升时遇冷成云而形成的降水。

　　(3)地形雨,指暖湿气流在沿地表流动的过程中,遇到地形的阻挡,被迫沿着山坡爬行上升,从而引起水汽凝结而形成的降水。地形雨一般只发生在山地迎风坡,因为背风坡气流存在下沉,温度不断增高,形成雨影区,不易形成地形雨。

　　(4)气旋雨,指地面气压高于空中,气流逆时针旋转上升,形成气旋,气旋中心附近气流上升,引起水汽凝结而形成降水。

5.2　常规天气

5.2.1　大气运动的成因

(1)太阳辐射。太阳辐射是地球大气最重要的能量来源。这也是大气运动最根本的动力。物体的温度越高,辐射中最强部分的波长越短;反之则波长越长。各种辐射的波长范围如图 5-14 所示。

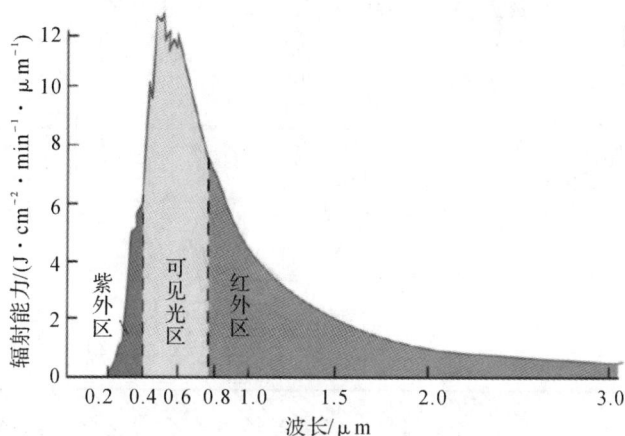

图 5-14　各种辐射的波长范围

大气对太阳辐射具有明显的削弱作用。如果把到达地球大气上界的太阳辐射按 100% 计算,其中约 19% 被大气吸收,约 34% 被大气和地面反射、散射回宇宙空间,最后被地球表面吸收的约占 47%(见图 5-15)。当红外线经过大气层时,对流层大气中的二氧化碳、水汽、云和浮尘,可直接吸收相当数量的红外光。

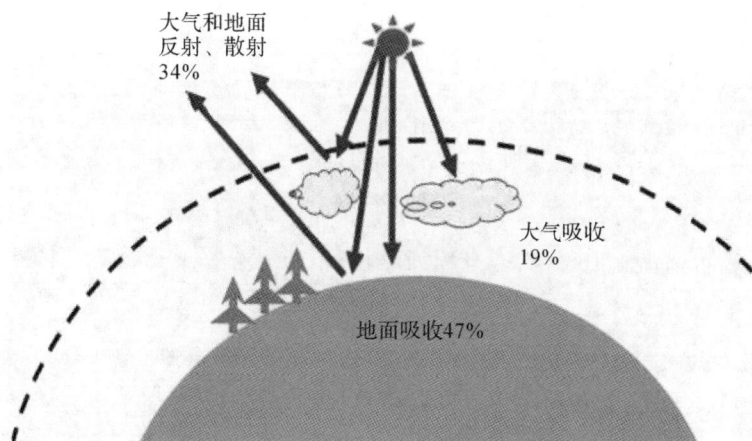

图 5-15　大气对太阳辐射的削弱

(2)大气的受热。大气的受热过程主要包括以下三方面(见图 5-16)。

1)太阳暖大地:太阳辐射能在传播过程中,部分被大气吸收和反射,大部分到达地面,并被地面反射和吸收,地面吸收后增温。

2)大地暖大气:地面吸收太阳辐射能而增温,同时又以地面长波辐射的形式把热量传递给近地面大气。近地面大气吸收了地面辐射以后,又以对流、传导等方式,层层向上传递能量,使大气增温。

3)大气还大地:大气增温后向外辐射能量形成大气辐射,其中向下称为大气逆辐射,大气逆辐射对地面起到保温作用。

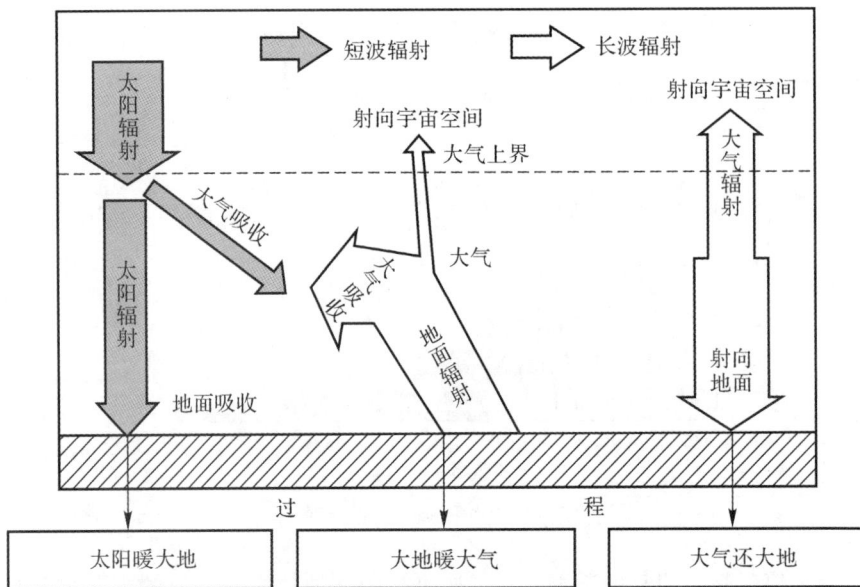

图 5-16 大气的受热过程

(3)大气的对流运动。由于地表冷热不均,受热空气膨胀上升,遇冷则收缩下沉,进而产生了大气的升降运动。温度越高,大气对流运动越明显,因此赤道地区的对流效果最明显。大气的对流运动示意图如图 5-17 所示。

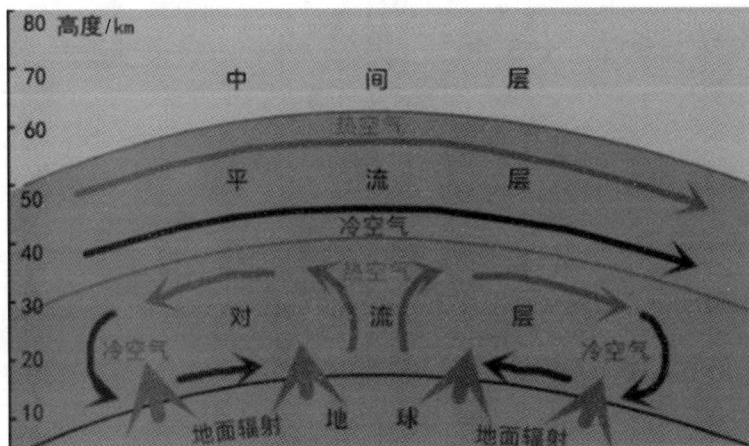

图 5-17 大气的对流

5.2.2　风

风是由空气流动引起的一种自然现象,它是由太阳辐射热引起的。太阳光照射在地球表面上,使地表温度升高,地表的空气受热膨胀变轻而往上升。热空气上升后,低温的冷空气横向流入,上升的空气因逐渐冷却变重而降落,由于地表温度较高又会加热空气使之上升,这种空气的流动就产生了风。日常生活及飞行中常见的风有以下几种类型。

(1)山谷风:在山区,白天风沿山坡、山谷往上吹,夜间则沿山坡、山谷往下吹。这种在山坡和山谷之间,随昼夜交替而转换风向的风叫山谷风。

(2)海陆风:在近海岸地区,白天风从海上吹向大陆,夜间又从陆上吹向海上,这种昼夜交替、有规律地改变方向的风称为海陆风。

(3)焚风:当空气跨越山脊时,由于空气下沉,背风坡上容易发生一种暖(或热)而干燥的风,叫作焚风。

5.2.3　气团

气团是指气象要素(主要指温度、湿度和大气稳定度)在水平分布上比较均匀的大范围空气团。气团的垂直高度可达几千米到几十千米,常常从地面伸展到对流顶层,水平范围可达几十千米到几千千米。

当气团在源地形成后,气团中的部分空气会离开源地移到与源地性质不同的地面,气团中的空气与新地表产生了热量与水分的交换,这样气团的物理属性就会逐渐发生变化,这种变化称为气团的变性。

一般来说,冷气团移到暖的地区变性快,而暖气团移到冷的地区变性慢。

5.2.4　锋

冷、暖气团之间的交界面称为锋面,锋面与地面的交线称为锋线,锋面与锋线统称为锋。锋面向冷气团一侧倾斜。锋面示意图如图 5-18 所示。

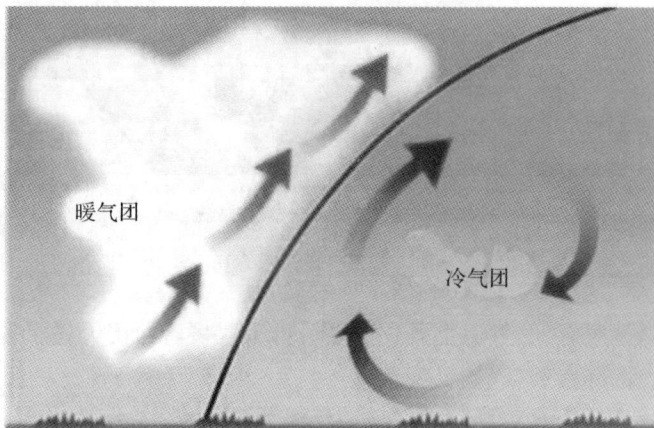

图 5-18　锋面

锋面有如下分类。

(1)冷锋:冷气团主动向暖气团一侧移动的锋面(见图5-19)。

(2)暖锋:暖气团主动向冷气团一侧移动的锋面(见图5-20)。

(3)静止锋:冷、暖气团势均力敌,锋面很少移动。

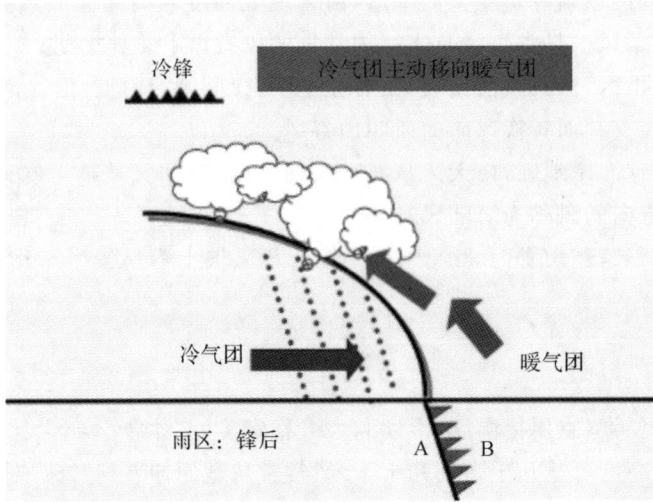

图5-19 冷锋示意图

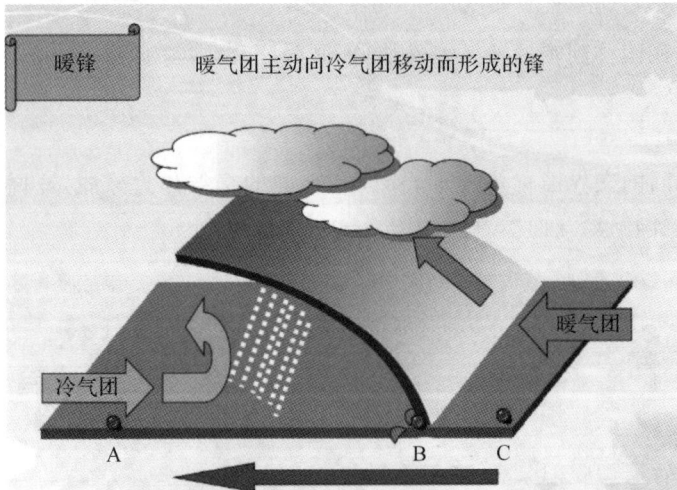

图5-20 暖锋示意图

当暖锋过境时,温暖湿润,气温上升,气压下降,天气多转云雨天气。暖锋比冷锋移动速度慢,可能出现连续性的降水和雾(能见度差)。

当冷锋过境时,云和降水主要出现在地面锋线后且较窄,多大雨;锋线一过云消雨散,天空通常很快放晴;风速增加,出现大风。

5.3 气象环境对飞行的影响

在飞机的飞行过程中,对飞机影响最大的当属气象条件,许多气象条件严重威胁着飞行安全。因此对影响飞行的气象环境进行了解和掌握是非常有必要的。

5.3.1 风对飞行的影响

对飞行影响较大的几种风的类型有顺风、逆风、侧风、低空风切变和湍流。

(1)顺风就是从飞机后面来的风,在起飞阶段,顺风会降低飞机与气流的相对速度,减小升力,因此对于固定翼飞机应尽量减少顺风起飞。高空顺风会增大地速、缩短飞行时间、减少燃油消耗和增加航程。

(2)逆风就是迎面吹来的风,同理,起飞阶段逆风会增大升力。高空逆风会减小地速、增加飞行时间。

(3)侧风是从飞机一侧吹来的风,飞机飞行过程中遇到侧风会偏离原来的航线,必须采取一定的措施加以控制。

(4)风切变是指在一个非常小的区域内风速或方向的突然变化。风切变会使飞机受突然的上升气流和下降气流的影响,导致飞机水平运动的突然改变(见图5-21)。

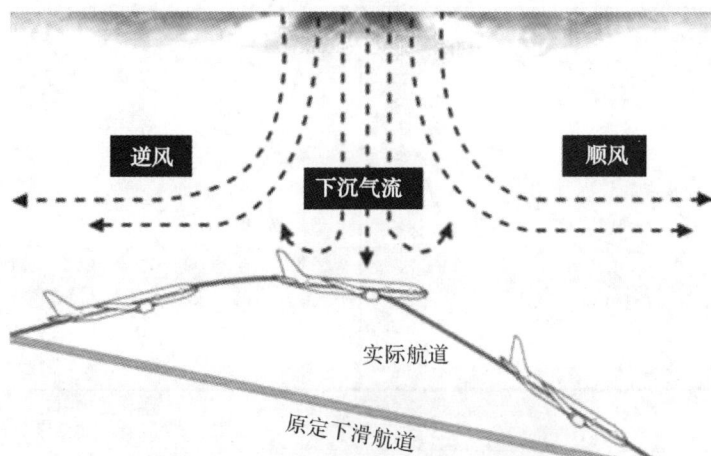

图5-21 下滑过程中的风切变

发生在低空的风切变是飞机起飞和着陆阶段的一个重要危险因素,被人们称为"无形杀手"。风切变对飞机的危险有多个原因。风向和速度的快速变化改变了飞机的相对风,破坏了飞机的正常飞行。根据飞机相对于风矢量的方位不同,把风切变区分为顺风切变、逆风切变、侧风切变和下冲气流切变四种形式。

1)顺风切变:是指飞机从静风到小顺风、小顺风到大顺风、逆风到静风、大逆风到小逆风区域内飞行,这是一种比较危险的风切变。在这种情形下飞行,顺风矢量增大,机体与空气的相对速度减少,升力随之减少,飞机会从正常轨道下跌。如果目测高度低,不及时修正,在着陆过程中,飞机将会提前触地。顺风切变的示意图如图5-22所示。

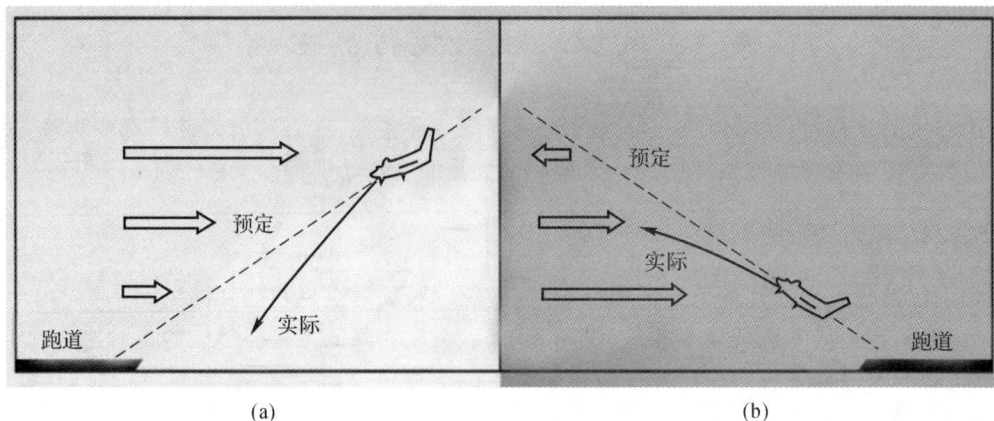

图 5-22　顺风切变

2)逆风切变:是指飞机从顺风由大到小、顺风到静风、静风到小逆风、小逆风到大逆风区域内飞行。在这种情况下飞行,顺风矢量减小,逆风矢量增大,机体与空气的相对速度增加,升力随之增大,飞机将高于正常轨迹。在着陆过程中,如果目测过高,不及时修正,就会造成飞机着陆速度过大,滑跑距离增长,甚至会冲出跑道。逆风切变的示意图如图 5-23 所示。

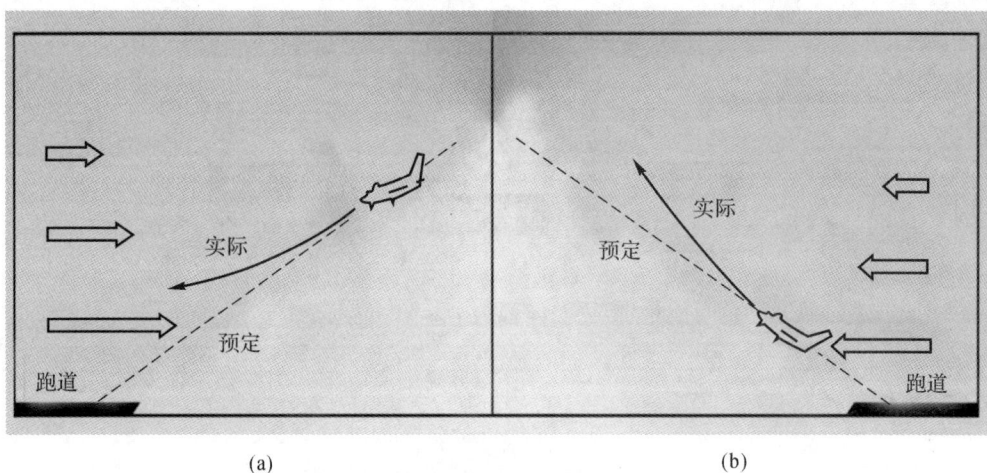

图 5-23　逆风切变

3)侧风切变:是指飞机从一种侧风(或无侧风)状态进入另一种明显不同的侧风状态的情况。在着陆过程中,使飞机向左或向右偏航,发生侧滑、滚转或偏转而对不准跑道。侧风切变的示意图如图 5-24 所示。

4)下冲气流切变:是指飞机从无明显的升降气流区域进入强烈的下冲气流区域的情形,在这种情形下飞行的危害最大,也是最危险的。

(5)湍流:是指大气中空气有不稳定气流的上下运动,这种气流称为湍流,飞行在这样的气流中,飞机抛上抛下是非常不舒服的,可造成飞行员操纵困难或暂时失去操纵,常见的湍流是表面湍流,它是由于空气受热上升或因地形而上升后温度差别较大,其中的水汽遇冷凝结后下降而造成的,所以地面的障碍物、山峰的背风面以及云层的下面在一定条件下都会出现颠簸。

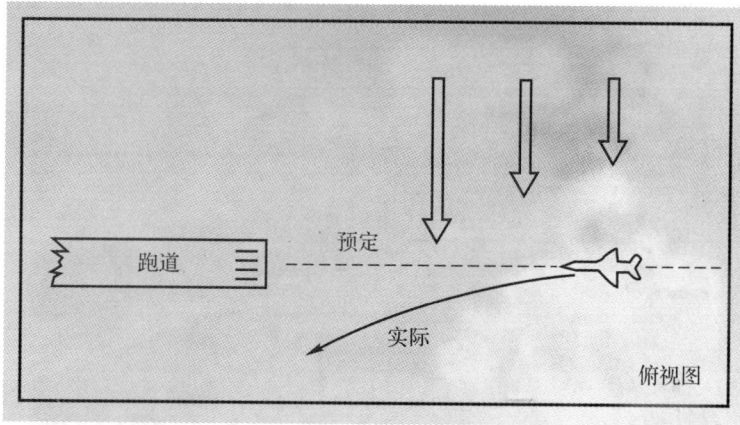

图 5 - 24　侧风切变

5.3.2　积冰对飞行的影响

飞机积冰是指飞机某些部位或部件聚集冰层的现象。结冰必须满足两个条件：①云中存在过冷水滴，即在 0℃ 以下尚未结冰的水滴；②必须有足够的湿度。

飞机积冰主要分为三大种：冰、雾凇和霜。

(1)冰：有明冰、毛冰和白冰三种类型。

1)明冰：光滑透明、结构坚实。在 −10～0℃ 的过冷雨中或大水滴组成的云中形成。表面粗糙不平，冻结得比较坚固，形成在温度为 −15～−5℃ 的云中(见图 5 - 25)。

图 5 - 25　明冰

2)毛冰：毛冰多形成在温度 −20～−5℃ 的过冷云或混合云中，如层积云和雨云，也叫"粗糙冰""雾凇冰"。在这种云中，大小过冷水滴同时存在，有时还夹杂着冰晶，在飞机表面一起冻结，因此它比较牢固，内部结构不均匀。毛冰对飞机空气动力特性的改变比明冰大，冻结得又比较牢固，因此它对飞行的危害不亚于明冰(见图 5 - 26)。

图 5-26　毛冰

飞机机翼结冰以后会引起阻力增加,升力下降,操控性能变差;发动机进气系统结冰会引起发动机进气流场畸变,进气通道阻塞,发动机性能恶化;机翼或者发动机进气系统结冰脱落如果被发动机吸入后会损伤发动机内部的叶片,造成机械损伤;飞机传感器一旦结冰,会使得飞行人员无法获得准确的飞行参数,引起飞机自动操控系统误操作。飞机在飞行中结冰会严重危害飞机的安全飞行。

(2)雾凇:不透明,表面粗糙。多形成在温度低于-10℃左右的云中。是低温时空气中水汽直接凝华,或过冷雾滴直接冻结在物体上的乳白色冰晶沉积物(见图 5-27)。

图 5-27　飞机上的雾凇

(3)霜是由于水汽凝结产生的白色小冰晶层。

对飞行影响最大的是明冰和毛冰,雾凇和霜容易脱落。

5.3.3　雷暴对飞行的影响

由对流旺盛的积雨云引起的,伴有电闪雷鸣的局地风暴,称为雷暴。雷暴是由强烈的积雨云产生的,形成强烈的积雨云需要以下三个条件:

(1)深厚而明显的不稳定气层;

(2)充沛的水汽;

(3)足够的冲击力。

根据不同的大气条件和地形条件,一般将雷暴分为热雷暴、锋雷暴和地形雷暴三大类。

(1)热雷暴:主要是由于局地强烈受热,使地面迅速增温,在大尺度天气系统比较弱的情况下,由近地面气层的超绝热层形成而发展成的。热雷暴多发生在炎热季节的午后到傍晚,云的演变一般为:淡积云—浓积云—积雨云。

(2)锋雷暴:主要是冷气团和暖气团相遇,冷空气排挤暖而湿的空气,并把它抬升起来,使那个地方的天气发生急剧地变化。锋雷暴根据冷暖空气流动的情况分为暖锋雷暴和冷锋雷暴且以冷锋雷暴为主。锋前暖湿空气的状态直接决定冷锋雷暴生成与否。如果观测到了钩卷云,一般预示着天气将要变化,可能产生锋雷暴。

(3)地形雷暴:在山岭地区特别容易产生雷雨,当暖空气经过山坡被强迫上升时,在山地迎风的一面空气沿山坡上升,到一定高度变冷而形成雷云;但到了山背风的那一面,空气沿山坡下沉,温度升高,雷雨消散或减弱。

一般雷暴的发展过程:积云阶段(发展阶段)—成熟阶段—消散阶段(见图5-28)。

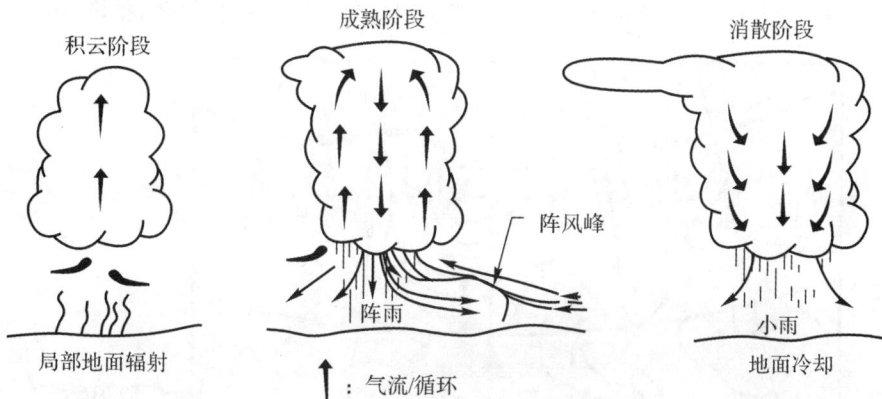

图 5-28　雷暴的发展过程

(1)积云阶段:地面气压持续下降,一般没有降水和闪电,风很小。

(2)成熟阶段:随着积雨云中迅速下沉的冷空气到达地面后,风向突转,风力迅速增大,阵风风速常在 20 m/s,伴随局部下降气流,降水产生并发展,有强烈的湍流、积冰、闪电、阵雨和大风等危险天气。

(3)消散阶段:下降气流遍布云中,云体趋于瓦解和消散。

雷暴对飞行的影响:雷暴会产生电闪雷击、冰雹袭击、风切变和湍流,使飞机颠簸、性能降低,强降雨使飞机气动性能变差、发动机熄火。

5.3.4 能见度对飞行的影响

能见度是反映大气透明度的一个指标,航空界将其定义为具有正常视力的人在当时的天气条件下能够看清楚目标轮廓的最大距离。气象学中,能见度用气象光学视程表示。气象光学视程是指白炽灯发出色温为 2 700 K 的平行光束的光通量,在大气中削弱至初始值的 5% 所通过的路径长度。

影响能见度的因素有霾、雾、雨、风雪和大气稳定度等。国际上对烟雾的能见度定义为不足 1 km,薄雾的能见度为 1~2 km,霾的能见度为 2~5 km。

由于飞行过程中所观察的目标物及其背景是在不断变化的,所经大气的透明度也在随时变化,影响空中能见度的因素多变,观测相对困难,所以对空中能见度一般不作观测,只大致估计其好坏。当空气混浊、大气透明度差时,可进行垂直能见度的观测,其数值等于飞机爬升到开始看不清地面较大目标物或飞机下降到刚好能看见地面较大目标物时的高度。

5.4 气象资料及其来源与服务设施

5.4.1 气象图

1. 地面天气图

地面天气图,是天气分析和预报业务中最基本的天气图,包含地面气温、露点、风向、风速、水平能见度、海平面气压、一些高空气象要素和短期气象要素等变化趋势,如图 5-29 所示。

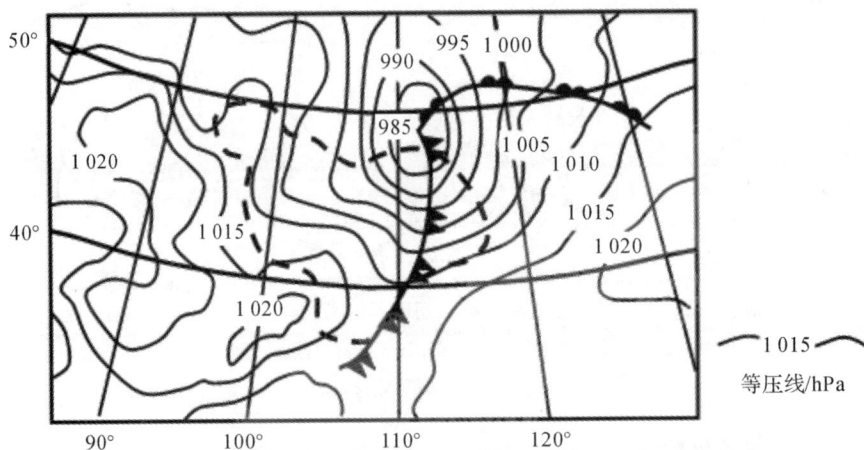

图 5-29 地面天气图

地面天气图上填写的气压是海平面气压。根据地面天气图上分析的等压线,能观察出气压梯度。

2. 卫星云图

卫星云图是由气象卫星自上而下观测到的地球上的云层覆盖和地表特征的图像。卫星云图分为红外线卫星云图和可见光卫星云图。

(1)红外线卫星云图:利用卫星上红外线仪器,来测量云层温度,如图 5-30 所示。

图 5-30　红外线卫星云图

在红外云图上物体的色调取决于自身的温度,物体温度越高,发射的辐射越大,色调越暗,红外云图是一张温度分布图。

(2)可见光卫星云图:利用云顶反射太阳光的原理制成,可显示云层覆盖的面和厚度,由卫星上的扫描辐射仪(早期用电视摄像机)在可见光波段感测地面和云面对太阳光的反射,并通过地面接收、显示装置还原成的图像(见图 5-31)。

图 5-31　可见光卫星云图

可见光云图的色调取决于目标反射太阳辐射的大小:物体的反照率越大,色调越亮;反照率越小,色调越暗。

卫星云图上云的识别：

（1）卷状云。在可见光云图上，卷云呈灰（深灰）色。在红外云图上，卷状云温度很低，呈白色，无论在可见光云图还是红外云图上，卷状云都有纤维结构。

（2）中云。中云与天气系统相连，表现为大范围的带状、涡旋状或逗点状。在可见光云图上，中云呈灰白色到白色，可由色调的差异判断云的厚度；在红外云图上，中云呈中等程度灰色，介于高低云之间的色调。

（3）积雨云。在卫星图像上的积雨云常是几个雷暴单体的集合，无论在可见光云图还是红外云图上，积雨云的色调最白。积雨云的尺度相差很大，一般初生的较小，成熟的较大。

（4）层云（雾）。在可见光云图上，层云（雾）表现为光滑均匀的云区，在红外云图上，层云（雾）色调较暗，与地面色调近。层云（雾）边界整齐清楚，与山脉、河流和海岸线走向相一致。

3. 水汽云图

卫星接收到的辐射取决于水汽含量（见图 5 - 32）。

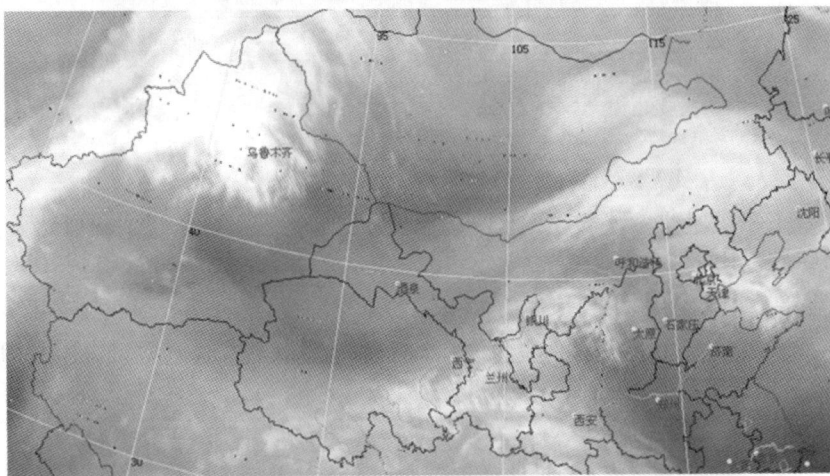

图 5 - 32　水汽云图

4. 航路天气预报图

航路天气预报是指自起飞机场到降落机场或目标区的整个航路地段的天气预报。它提供飞机在沿航线飞行过程中将会遭遇的天气以及降落站的天气。航路天气预报通常在起飞前1 h，由飞航站气象台向机组提供。

5.4.2　气象资料来源

目前国内气象资料获取的主要途径有民航气象预报、气象台站和互联网。

（1）民航气象预报。民航气象预报，一般包括民航机场预报、着陆预报、起飞预报、区域预报、航路预报、重要气象情报、低空气象情报、机场警报和风切变警报等。

（2）气象台站。气象台站，是为国民经济建设和国防建设服务的气象机构。其职能是进行气象观测，积累、整编气象资料，发布天气预报、警报，开展气象科学研究，负责对气象站进行技术指导。

（3）互联网查询。

5.4.3　气象服务设施

气象设施,是指气象探测设施、气象信息专用传输设施和大型气象专用技术装备等。气象设施是集气象资料收集、传输和分析各个功能于一体的所有设备的总称。

气象设备包括气象卫星、气象雷达、现代遥感仪器(如激光雷达、风廓线仪、微波辐射仪)、计算机及特殊辅助设备等。

(1)气象卫星。气象卫星是从太空对地球及其大气层进行气象观测的人造地球卫星。卫星所载各种气象遥感器,可接收和测量地球及其大气层的可见光、红外和微波辐射,以及卫星导航系统反射的电磁波,并将其转换成电信号传送给地面站。地面站将卫星传来的电信号复原,绘制成各种云层、风速风向。气象卫星可连续监测大范围的天气变化,观测一些难以观测的资料,如云顶高度、海面温度、高空风场、臭氧分布等。它所提供的气象信息已广泛应用于日常气象业务、环境监测、防灾减灾、大气科学、海洋学和水文学的研究。

气象卫星具有观测范围广、观测次数多、观测时效快、观测数据质量高、不受自然条件和地域条件限制等优点。

气象卫星采用太阳同步轨道或地球静止轨道。卫星逆地球自转方向与太阳同步,称作太阳同步轨道气象卫星;卫星与地球保持同步运行,相对地球是不动的,称作地球静止轨道气象卫星,又称作地球同步轨道气象卫星。

为了保证云图的质量,气象卫星的太阳同步轨道呈圆形,偏心率要求小于千分之一,倾角大于 90°,高度一般在 $800\sim1\,500$ km,以便飞经地球各地区时获取的图像具有相同的光照条件。为了保证云图的图片质量,气象卫星必须具有很高的姿态稳定性。太阳同步轨道气象卫星要求姿态的变化率小于千分之几度每秒,地球静止轨道气象卫星要求姿态的变化率小于 $0.000\,2°/s$ 和小于 $0.002°/0.5$ h。气象卫星对姿态的控制精度要求一般为 $0.5°\sim1°$。气象卫星的数据传输有 4 种:气象遥感仪器获得的原始数据向地面数据处理中心站传输,常用频段为 $1\,700$ MHz,数据传输速率较高,最高可达 28 Mb/s;气象遥感仪器获得的数据经卫星上初步处理后,实时向地面发送云图等气象资料,常用频段为 137 MHz 和 $1\,700$ MHz,数据传输速率较低;气象遥感仪器获得的数据经传到地面作各种数据处理后,再通过气象卫星向各地广播云图等气象资料,常用频段为 $1\,700$ MHz;收集地面气象站、海洋自动浮标和设置在无人值守地区的自动气象站所获得的温度、压力、湿度等环境资料,常用频段为 401 MHz 和 468 MHz。

气象卫星可以观测如下内容:

1)卫星云图的拍摄;

2)云顶温度、云顶状况、云量和云内凝结物相位的观测;

3)陆地表面状况的观测,如冰雪和风沙,以及海洋表面状况的观测,如海洋表面温度、海冰和洋流等;

4)大气中水汽总量、湿度分布、降水区和降水量的分布;

5)大气中臭氧的含量及其分布;

6)太阳的入射辐射、地气体系对太阳辐射的总反射率以及地气体系向太空的红外辐射;

7)空间环境状况的监测,如太阳发射的质子、α 粒子和电子的通量密度。

1960 年 4 月 1 日,美国首先发射了第一颗人造试验气象卫星"泰罗斯 1 号"(见图 5-33)。卫星上主要装备有电子摄像机、电视摄像机的辅助同步发电机、电视传输装置、旋转稳定喷嘴、电视摄像机、宽角物镜、辅助仪器的控制开关电路和稳压器等。20世纪60年代初期,美国军方,尤其是美国空军,主要依靠"泰罗斯"卫星获得云图资料。

图 5-33　泰罗斯 1 号

美国从 1960—1965 年间,共发射了 10 颗"泰罗斯"气象卫星,其中只有最后两颗才是太阳同步轨道卫星。1966 年 2 月 3 日,美国研制并发射了第一颗实用气象卫星"艾萨 1 号",它是美国第二代太阳同步轨道气象卫星,轨道高度约 1 400 km。

1969 年,苏联首次发射了"流星 1 型"气象卫星,采用太阳同步轨道,通常保持 2～3 颗卫星运行在相互垂直的轨道平面上。这样就可以提供全球气象资料。后来这类卫星由"流星 2 型"卫星系列所取代。"流星 2 型"卫星系列是获得全球覆盖的卫星系列。

日本发射了两颗地球静止轨道气象卫星,欧洲空间局发射了两颗地球静止轨道气象业务卫星,印度也发射了通信广播和气象多用途卫星,图 5-34 所示为目前在轨的气象卫星。

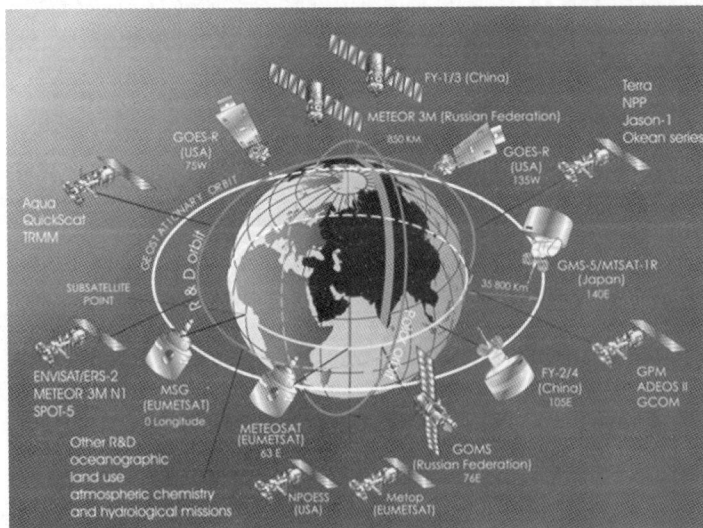

图 5-34　目前在轨的气象卫星

中国 1988 年 9 月 7 日发射了第一颗气象卫星——"风云一号"太阳同步轨道气象卫星。但由于卫星上的元器件发生故障,它只工作了 39 天。之后成功发射了 4 颗极轨气象卫星("风云一号")和 3 颗静止气象卫星("风云二号"),经历了从极轨卫星到静止卫星,从试验卫星到业务卫星的发展过程。目前,我国的极轨气象卫星和静止气象卫星已经进入业务化,在轨运行的卫星分别是"风云一号 D 星"(2002 年发射,见图 5 - 35)、"风云二号 E 星"(2004 年发射)、"风云三号"(2008 年发射,见图 5 - 36)、"风云四号"(2016 年发射)。我国是世界上少数几个同时拥有极轨和静止气象卫星的国家之一。

图 5 - 35　"风云一号"气象卫星

图 5 - 36　"风云三号"气象卫星

2016 年 12 月 11 日零时 11 分,中国在西昌卫星发射中心用"长征三号乙"运载火箭成功发射"风云四号"卫星(见图 5 - 37)。

图 5-37 "风云四号"气象卫星发射

"风云四号"卫星是我国静止轨道气象卫星从第一代("风云二号")向第二代跨越的首发星,也是我国首颗地球同步轨道三轴稳定定量遥感卫星,使用全新研制的 SAST5000 平台,设计寿命 7 年。卫星成功突破了代表国际前沿的高精度图像定位与配准、微振动测量与抑制等20 余项核心关键技术,装载 4 种先进有效载荷,整体性能达到国际先进水平。

"风云四号"的主用户为中国气象局。卫星投入使用后,可更加精确地开展天气监测与预报预警、数值预报、气候监测。卫星装载的闪电成像仪能 1 s 拍摄 500 张闪电图,探测区域范围内的闪电频次和强度,为国内提供首次闪电预警。"风云四号"能每 3 min 对台风区域进行一次观测,可弥补目前在轨卫星云图分辨率不够高的缺点,还将对灾害及环境监测、人工影响天气、空间天气研究等提供有力支撑。

(2)气象雷达。气象雷达(见图 5-38)是专门用于大气探测的雷达,属于主动式微波大气遥感设备。

图 5-38 河池气象雷达

气象雷达属于雷达领域中的一个重要分支,其发展至今大致经历了从模拟、数字到以美国NEXRAD 为代表的新一代气象雷达 3 个发展阶段。

第二次世界大战前雷达用于军事目的。当时云、雨等气象目标的回波被作为干扰看待。1941 年在英国最早使用雷达探测风暴。1942—1943 年,美国麻省理工学院专门设计了为气象目的使用的雷达。在气象雷达发展初期,一般都靠手工操作,回波资料只能作定性分析。20世纪 60 年代采用了多普勒技术,气象多普勒雷达具有对大气流场结构的定量探测能力。

20 世纪 70 年代,除联合使用多部多普勒雷达外,又相继发展出了大功率、高灵敏度的甚高频和超高频多普勒雷达和具有多普勒性能的高分辨率调频连续波雷达;在雷达结构上,广泛采用了集成电路,配备小型或微型电子计算机,使气象雷达能对探测资料进行实时数字处理和数字化远距离传输;有的气象雷达已能按照预先编好的程序,由电子计算机操纵观测,并逐步向自动化观测网的方向发展。

20 世纪 80 年代以后,在多普勒雷达的基础上,科罗拉多州立大学电子工程系的教授提出了偏振气象雷达的思想,为大气雷达探测及气象资料分析提供了一个更为先进的平台。偏振多普勒雷达参数为分析雨滴等降水信息分布,以及降雨形状分布提供了更为精确的信息。科罗拉多州立大学的 CSU－CHILL 雷达也是世界上该领域最为先进的气象雷达,属于美国国家气象雷达设备,由 NSF 提供资金,科罗拉多州立大学负责。

气象雷达是通过目标对雷达波的反射来确定目标的位置和特性的。物体导电性越好,对雷达波的反射能力越强,反射面积越大,反射能量越高,物体的几何尺寸与波长相差很大时反射的能量变得非常微弱,而当反射面的直径可与波长相比拟时,反射回来的能量会明显升高。

气象雷达主要用于探测气象状况及变化趋势,已广泛应用于天气预报以及农业、水文、林业、交通、能源、海洋、航空、航天、国防、建筑、旅游、医疗等领域的专业气象服务。

本 章 习 题

1. 对流层和平流层有哪些基本特征? 它们对飞行有什么影响?
2. 什么是低空风切变?
3. 简述冰的形成机理及分类。
4. 飞机容易结冰的部位有哪些?
5. 积冰对飞行的危害有哪些?
6. 气象资料的来源有哪些?

第6章 无人机管理体系和法律法规

内容提示

无人机应用涉及范围越来越广,逐步普及到各个领域,但同时会带来诸多社会问题。为了使无人机使用规范化,消除和抑制应用隐患,对于无人机的使用,国际国内层面上制定了相应的管理体系和相关法律法规对其进行规范管理。本章主要从国内国外两个层面介绍无人机的相关管理体系和法规政策。

教学要求

(1)了解国外无人机主流管理体系;

(2)掌握无人机管理相关法规政策。

内容框架

```
                                              ┌─ 美国无人机航空监管体系

                            ┌─ 无人机国际航空条例 ├─ 其他国家无人机航空监管体系

                            │                    └─ 无人机的授权认证
无人机管理体系
和法律法规 ──┤
                            │                    ┌─ 我国无人机相关法规条例

                            └─ 国内航空管理条例 ├─ 我国无人机授权认证

                                                 └─ 我国无人机管理发展趋势
```

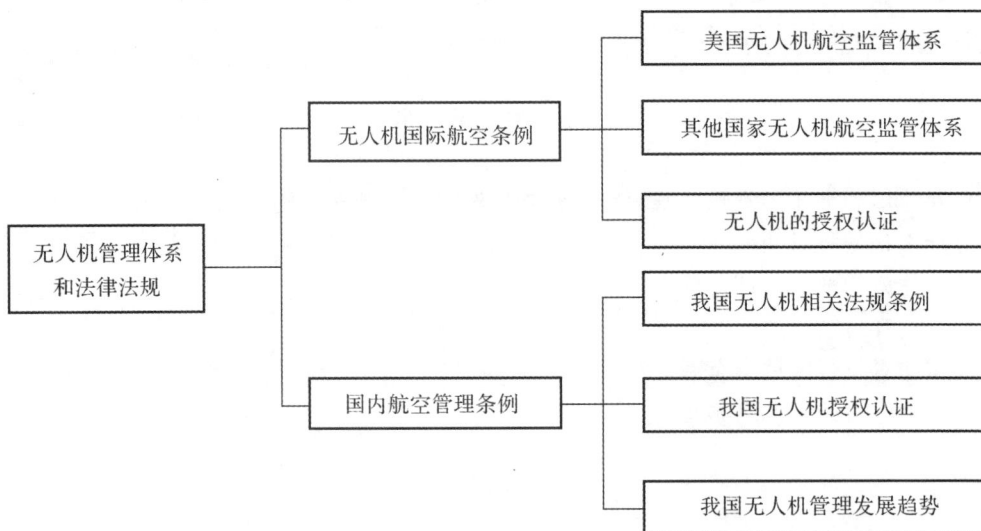

无人机由于其独特的控制模式和执行任务的广泛性,其飞行管理存在着与其他航空器、飞行器管理不同的特点,因此,无人机飞行管理必须要有针对性地采取措施、科学管理,从而保证飞行任务顺利实施。

6.1　无人机国际航空条例

早在 1919 年,航空和平会议委员会(Aeronautical Commission of the Peace Conference)就制定了《空中导航监管公约》(Convention for the Regulation of Aerial Navigation),也称为《凡尔赛条约》(Versailles Treaty)。这项条约中规定,公海的空域自由度比其中水域自由度要低。在公约中,各缔约国均承认国家领土和领海上空空域的专属管辖权,但也同意在和平时期,只需遵守公约的其他规定,允许其他国家的民用航空器在不导致损害的情况下通过。各国仍然保留处于军事需要或国家安全利益考虑而设立禁飞区的权利。

这项条约可谓是国际航空条例的先驱。而目前针对无人机行业的迅速发展,世界各国也都开始对各自的航空条例进行修改完善,以适应目前飞速发展的无人机系统。

6.1.1　美国无人机航空监管体系

1.背景

美国的航空体系发展得较早,其航空条例与技术监管几乎是同时诞生的。美国联邦航空管理局(Federal Aviation Administration,FAA)会收集用户在实践中遇到的意外事件、问题和异常情况等的报告,而这些报告的数量达到一定程度时,就会对相关条例进行修订。FAA在向国家空域系统(National Airspace System,NAS)引进某项新技术或新规程之前,需要进行全面的安全分析,或者对已有条例法规进行对比回顾,从而判断新提议的技术或规程是否符合现行条例的规定。因此在无人机迅速发展的今天,FAA针对目前无人机的现状先一步做出了制定相关条例规则的决定,从而来确保航空环境的安全。

2.美国航空条例历史

美国有着悠久灿烂的航空条例历史。早在 1918 年,美国邮政总局在航空业务领域内就开始了尝试,而此时距离首次载人有动力飞行仅仅只有 15 年。早在 1915 年,美国总统威尔逊就签署了一项法案,设立了国家航空咨询委员会(National Advisory Committee on Aeronautics),它的职能就是对与飞行相关的“问题”进行科学研究及监管。在此之后,美国陆续制定了至少 6 部相关联邦法规,对特定航空领域进行了规范。大多数法规的制定是出于对安全的考虑,以及对规范商业航空的必要性的认识。在当时,航空坠机事件的数量、建设规范民用机场网络的需求、统一或通用的空中导航系统的缺失,以及是否能够支持军用或民用工业增长和稳定发展的民航基础设施的建设需求等都是社会各界关注的问题。

FAA 对于《联邦航空条例》的执行主要通过三种途径,分别是咨询通告(AC)、适航性指令(Airworthiness Directive,AD)和政策声明。

在对安全相关的事件或系统异常做出反应时,可以发布咨询通告或适航性指令,而技术标准规范(Technical Standards Order,TSO)的制定则是为了整治特定的技术问题。咨询通告为飞机或系统的所有人或运营机构提供指导,以便他们遵守相关的法规。适航性指令则是向已经认证的飞机所有人或运营机构发出通告,告知某种特定型号的飞机、发动机、航空电子设备或其他系统存在已知的不足,必须予以纠正。政策声明是美国国会赋予其制定具有法律效力的规则的权利,且在行使该权利的过程中宣布应对某项法律条文予以尊重时,各级法院应按照已经发布的政策声明中的声明或记录,对该法律条文的行政执行给予尊重。

3.有关无人机的现行规定

如果要在国家空域中操作无人机飞行,必须首先获得授权认证的许可,或取得按《美国联邦法规》第 14 章相关部分规定颁发的试验性适航证。严禁在未取得授权证书的情况下进行商业性质的飞行活动。

2007 年 2 月 13 日,FAA 意识到部分商业租用无人机系统在政策漏洞中进行无人机操作飞行,于是又发布了第二份政策声明,规定无人机必须在现有的授权证书和实验性飞机安排下进行飞行。

FAA 于 2016 年 8 月 31 日发布了针对商业无人飞机操作者的规章制度,其中规定有相关工作业务需求的飞行员应通过飞行测试,并取得认证。

美国联邦航空管理局(FAA)于 2020 年 12 月 28 日发布了两项无人机使用新规,分别是有关无人机"远程识别"和"操作限制",据称它们将提高无人机操作使用的安全性。是将无人机进一步整合到国家空域系统中的重要举措。

4.执法与制裁

制定了法规政策,当然需要机构对其进行执法和制裁。虽然 FAA 制定了有关无人机的政策声明,但其对具体的实施还需进一步的执行和监管。因为无人机自然是属于飞机的范畴,而且 FAA 对于能够在全国通航空域中飞行的所有飞机均具有监管权,所以 FAA 对于美国境内的无人机也有着执法权和监管权。

5.无人机系统的未来管理条例

随着科学技术的发展,无人机产业必将越来越庞大,而对于美国这个科技大国,势必将针对无人机的管理条例进行丰富和改革。FAA 所面临的压力必将不断增大,这将促使其通过立法程序实行合理的运营标准和工程标准。

经上述分析,FAA 还需对民用无人机设立空域准入评估和批准标准,并对"商用"无人机系统的飞行活动进行定义,避免将商业无人机系统的飞行任务与模型飞机相混淆。

6.1.2 其他国家无人机航空监管体系

1.英国

英国民航局(CAA)在 2010 年首次制定英国空域无人机系统操作指引。英国民航局基于无人机用户的行为、对无人机的态度等对此前的操作指引做出了修改。英国空中导航服务提供商 NATS 的 Andrew Sage 表示:"无人机是一项不可思议、鼓舞人心的技术,但更重要的是人们应该安全地使用它们。由于无人机事故数量的不断增加,所以人们了解其法律责任及进行安全飞行也显得更加重要。"

英国民航局在"Dronecode"中提出了五点要求,分别是不能在机场附近使用无人机、无人机的飞行高度不能超过 400 ft(约 122 m)、离建筑物和人群的距离至少在 150 ft(约 46 m)、无人机飞行时不得离开操作人员视线范围、无人机不能靠近飞机。"Dronecode"获得了各大航空公司、无人机零售商和制造商,以及英国交通部的支持。

2.日本

在 2015 年 12 月以前,日本对无人机的管理较为宽松,仅规定无人机的飞行高度需低于

150 m,至少距离机场 9 km,在农业生产中使用的无人驾驶飞机需要两个操作员。

2015 年 12 月,受到一系列无人机侵入事件的影响,日本政府修改法律,禁止无人机在人口密集的地区、机场附近、敏感地区和体育场等人口密集建筑上空飞行,另外,禁止无人机在夜间飞行。

日本东京大都会警察局为一些重要的场所配备了一种"捕猎"的无人机,可以用网兜直接捕获非法飞行的无人机。非法飞行的无人机驾驶员将面临 50 万日元的罚款(约合 29 000 元人民币)。然而,由于无人机行业的快速发展和技术革新,早期的法规框架已逐渐显示出其局限性。为此,日本政府在 2018 年宣布修订《无人机法》,以适应新的市场需求和技术发展。

3. 加拿大

随着无人机越来越受到大众的喜爱,加拿大交通部计划出台一部无人机新法规,从而加强对无人机的管理。加拿大交通部曾于 2015 年征集过公众的意见,他们表示将于 2016 年某个时候出台新的无人机管理法规。该法规将适用于 25 kg 以下的无人机,并要求无人机必须操作于视野范围之内。

2017 年,加拿大交通部颁布了一项新的临时无人机法,放宽了小飞机用户的规定。这项新法律取消了无人机在建筑物 75 米以内飞行的限制,无人机爱好者指出这条规定实际上消除了城市内和密集地区的所有飞行。新条例规定,重 250 克和 1 公斤之间的无人机必须在距离汽车、船舶和公众至少 30 米远的距离操作,而重 1 kg 到 35 kg 的无人机需要在距离车辆、船只和公众 75 米远的距离操作。

4. 俄罗斯

俄罗斯于 2010 年 3 月 11 日颁布《俄罗斯联邦空中管理条例》。根据条例第 52 条,无人机使用必须提前提交申请,并且拿到相关许可。2016 年 1 月 2 日,有媒体报道称俄罗斯总统普京通过了无人机须注册的规定。根据该法律文件,俄罗斯所有 250 g 以上的私人拥有的无人机都必须向俄罗斯联邦航空运输署注册备案。这一新法律于 2016 年 3 月末开始正式实施,拥有无人机的个人或者企业都必须有指定人选对无人机安全飞行负责任。同时该法律同样也要求 115 kg 以上的有人驾驶的飞行器进行义务注册。此外,已经注册的无人机使用者必须向地方上的空中交通管理部门提交飞行计划。

相对于民用无人机的法律困境,俄罗斯的军队和政府部门却在大规模使用无人机。在俄罗斯内务部,已经有 12 个无人机飞行队伍,每个队伍由 5～8 台无人机组成,国防部甚至还设置了一个无人机特别培训中心,该中心在索契奥运会期间出色地完成了各种任务,移民局使用无人机在边境线进行非法移民的监控,联邦药物管理署用来检测毒品的跨境运输情况,等等。

5. 新西兰

2015 年 7 月 23 日,新西兰运输部出台新规,规定自 2015 年 8 月 1 日起在新西兰,夜间及水平或垂直远距离使用无人飞行器须经新西兰民航管理局批准。

新规规定,无人飞行器只能在白天自由使用,同时不能飞出操控者肉眼视野范围之外,且不得超过 120 m 的垂直高度。如需在夜间或超出规定距离使用,必须获得民航管理局批准。另外,无人飞行器须为其他飞行器让路,不得在机场附近 4 km 范围内活动。关于审批所需时间,农户在偏远地区夜间操控无人飞行器从事农业活动,获批时间可能会短于城市商业活动。

6.1.3 无人机的授权认证

1.美国无人机的授权认证过程

在美国,各个部门的无人机系统使用者都希望无人机使用国家空域系统能够常态化,以满足自身的需求。

随着无人机系统的发展,其带来的飞行中的某些不确定性安全因素不断增多,美国联邦航空管理局于2006年2月做出了一项重要的决定,建立了无人机项目办公室(Unmanned Aircraft Program Office,UAPO)。

无人机项目办公室的职能是制定政策和调节关系,以确保无人机在国家空域系统内的安全运行。而该办公室是由FAA内有安全、管理、工程和空中交通服务等方面丰富工作经验的人员组成。

无人机项目办公室组建后的第一个任务就是制定一个全面的授权认证申请程序,用来确保联邦航空管理局能从公共无人机的倡议者那里获得足够的信息和数据。最初的授权认证申请是人工进行的,经过多次数据收集及修改,终于在2007年,无人机项目办公室的空中交通组织(Air Traffic Organization,ATO)建立了一套基于网络的授权认证申请系统,该系统申请授权认证所需信息见表6-1。

表6-1 美国无人机项目办公室申请授权认证所需信息

项 目	说 明
倡议者信息	明确申请组织及组织中的个人
联络人信息	明确联邦航空管理局和申请人之间的联络人员
操作说明	说明计划中的开始日期和结束日期,简要介绍总体方案的目的;说明飞行是否在关闭灯光的条件、目视飞行条件和/或仪表飞行条件下进行;是否日间和/或夜间飞行;明确飞行位置;说明飞行活动将要使用的空域类型;还应包括一份飞行摘要,列出申请程序未要求提供的其他信息
系统说明	对无人机、控制站和通信系统的说明;此方面信息通常通过附件提供,包括照片
经认证的技术标准规定	组件或其他系统信息
性能特点	爬升率、下降率、转弯速率、巡航速度、飞行高度、进场速度、起飞总重、发射/回收方式
适航性	联邦航空管理局颁发的型号合格证,或带有官方组织信头的声明,说明倡议者已进行过验证无人机适航性的有关工作
程序	明确将用于链路丢失、通信中断和紧急情况的程序
航空电子/设备	列出应答机后缀,并明确无人机的设备中是否包括GPS、移动地图指示器、跟踪能力、航站管制区域、空中防撞系统、应急定位发射机及应答机。此外,倡议者还应说明应答机具备的功能

续表

项　目	说　明
灯光	说明该无人机灯光系统是否包括着陆灯、位置/航行灯、防撞灯和红外灯
频谱分析的批准	说明所使用的数据链和控制链路等的频谱分析是否已进行并获批,还要提供批准文件;另外说明在飞行中是否将使用《美国联邦法规》第 47 章第 95 条中所列的无线电控制频率
空中交通管制通信	说明所使用的双向语音功能是否是甚高频 VHF、超高频 UHF、高频 HF 发射器和接收器,以及保护(应急)频率;此外,倡议者还应说明是否具备通过无人机直接联系飞行员、卫星通信或中继的即时双向通信能力
电子监视/探测功能	说明机载设备中是否包括光电/红外设备、地形探测装置、天气/结冰探测装置、雷达、电子探测系统等;如机上装有电子探测系统,在对系统进行描述之外,倡议者还应说明是否将进行雷达观测
飞机性能记录	说明是否可进行飞行数据记录、控制站记录、录音等
飞行操作区域/计划	可通过定义纬度/经度点或以单个纬度/经度点为中心,以海里为单位确定半径等方法,明确飞行操作区域面积。明确每个已定义区域的最低及最高高度,以及无人机将要使用的最小和最大速度;此外,还必须提供一份示出各个计划飞行区域的地图
机组人员资质	明确所有飞行员和观察员的联邦航空管理局或国防部同等部门认证情况:私人书面、私人认证、仪表、商业、空运、特训飞行员,并分别进行说明;如有机组成员为国防部认证/培训,应提供记录;说明所有机组成员的生理评定、描述其技术保持水平和值班时间限制;说明是否只操纵一架无人机,并提供对如何控制无人机的说明。如果计划同时控制的无人机数量在一架以上,倡议者必须说明同时控制飞机的具体数量,以及每个机组成员的航空生理评级(FAA 或国防部同等部门评定)情况
特殊情况	可包括倡议者认为是重要的,但在本授权认证申请中尚未提供的信息或数据

2. 国际无人机标准化

在国际上,也存在一些协会或是机构会制定一些标准或规则来规范无人机产业。在民用航空和经济发展的牵引下,国际无人机系统种类和数量均大幅增加,在发展民用航空、促进经济增长的同时,也引发了对安全融入各国空域系统、实现互联互通互操作、确定系统级最低性能要求等热点共性基础问题的思考。随着对上述问题的研究工作不断深入,世界科技强国都逐步认识到通过标准化手段来落实安全管控、规范研制生产、引导科学运营的必要性和迫切性,并基于此成体系地开展了大量标准研制工作。

通常所熟知的国际无人机标准制定协会有四个,分别为航空无线电技术委员会(RTCA)分技术委员会 SC-203、美国材料与试验协会(ASTM)分技术委员会 F-38、美国机动车工程师协会(SAE)无人机系统工作组 AS-4 和欧洲民用航空装备协会(EUROCAE)无人机系统工作组 WG-73。

(1)RTCA SC-203。RTCA SC-203 成立于 2004 年 10 月,致力于研究无人机系统级、C3 系统、感知和规避系统的最低性能标准,旨在确保联邦机构和商业机构在国家空域系统操作无人机系统的安全性、高效性和与其他有人/无人系统的兼容性。该分委会开展标准研制均以 DO-264《基于数据通信的空中交通服务提供和使用许可指南》的系统方法为基础,包括系统操作、安全、性能和互操作等需求模型,目前已编制颁布 3 项标准。2007 年 3 月发布 DO-304《无人机系统指导手册与考虑》,规定了无人机系统关键定义和假设条件,综合考虑了有人驾驶飞机和无人机的协调性。2010 年 10 月发布 DO-320《无人机系统操作服务与环境定义》,规定了无人机系统操作功能和性能特征、空中交通管制服务、国家空域系统环境和程序基线,以及 DO-344《无人机系统操作、功能和安全性要求》。

(2)ASTM F-38。ASTM F-38 成立于 2003 年 7 月,下设 3 个分组,分别开展无人机系统适航设计、运行操作和人员认证三个专业领域的标准制定工作,覆盖系统设计、执行、质量一致性要求、安全监测、最低性能和系统成熟度要求、适航基线设计、产品验收试验和程序等内容。F-38 致力于发展一个新概念,即"互补的成套标准",用于实现单项标准不能实现的特殊目标。

标准研究的重点方向包括机载感知与规避系统设计规范与性能规范、微型无人机适航要求、无人机系统设计/制造/试验标准惯例、无人机系统运行操作手册、基于空域限制的无人机系统标准操作流程、无人机操作员训练和体验、无人机航空知识要求;无人机许可运营机构操作员认证训练要求;无人机操作员标准医疗要求等。

(3)SAE AS-4。SAE AS-4 由于美国 DOD 联合无人系统架构工作组(JAUS WG)转移到 SAE,SAE 于 2004 年 8 月专门成立了 AS-4 工作组负责研究编制无人系统标准,研究对象涉及空中、地面、水面和水下的各类无人系统。最初工作组分为结构框架、网络环境、信息建模与定义、性能评估 4 个小组共同开展 JAUS 系列标准编制,目前已将前期 4 小组合并为 1 个组,负责维护 JAUS 系列标准。JAUS 系列标准并非针对整个无人系统的物理架构,而是基于组件的消息传输体系,规范了计算节点之间数据格式和通信方式,定义了信息和组件的独立于技术、计算机硬件、操作使用和平台等行为,从而实现各类无人机系统、无人和有人系统之间的交互操作。目前已编制颁布 8 项标准,仍有 8 项标准在编,包括顶层域模型、传输规范、接口定义语言、核心服务集,以及不同应用领域的特殊服务集标准。

(4)EUROCAE WG-73。EUROCAE WG-73 成立于 2006 年 4 月,重点研究无人机系统的发展需求框架以支撑适航性认证、无间隙空域内的安全操作、空域交通管理框架及兼容性问题。截至目前,WG-73 共确定了 6 份交付物,包含 31 个工作包。交付物 1 为《无人机系统操作概念相关要素》,提出了适航性认证和操作许可条目的初步清单。交付物 2 为《工作计划》,确认了工作包和时间进度,用于指导 WG-73 的未来工作及活动。交付物 3 为《无缝空域环境下无人机系统适航认证和操作许可》,由 4 册组成,用于辅助其国内无人机系统需求框架发展,范围涉及通用规则、安全、无线电频谱要求、操作许可和适航认证及维护,其中有一册针对小于 150 kg 视距操作的轻型无人机系统。交付物 4 为《无人机系统指挥、控制和通信系统》,定义了包括自主操作在内的通信、指挥与控制需求,与 RTCA SC - 203 合作。交付物 5 为《无人机系统感知与规避系统》,定义了与分隔保证和碰撞规避相关的无人机系统需求,与 RTCA SC - 203 合作。交付物 6 为《无人机系统空中交通管制兼容性问题》,侧重研究了无人机系统常规和非常规操作对空中交通管制提出的特殊考虑,以及辅助空中交通管制兼容性研发的潜在解决方案。

6.2　国内航空管理条例

6.2.1　我国无人机相关法规条例

2003 年 5 月 1 日,我国开始施行《通用航空飞行管制条例》,明确规定无人机用于民用业务飞行时,须当作通用航空飞机对待。从 2005 年开始,按民航部门的要求,无人机都必须加装空管应答机,并具备防撞功能。

2009 年以来,中国民用航空局航空器适航审定司发布了《关于民用无人机管理有关问题的暂行规定》(ALD2009022)和《民用无人机适航管理工作会议纪要》,主要解决无人机的适航管理问题。

2009 年 6 月 26 日,中国民用航空局空中交通管理局和中国民用航空局空管行业管理办公室发布《民用无人机空中交通管理办法》(MD - TM - 2009 - 002),主要解决无人机的空域管理问题。

2013 年 11 月 18 日,中国民用航空局飞行标准司发布《民用无人驾驶航空器系统驾驶员管理暂行规定》(AC - 61 - FS - 2013 - 20),主要解决无人机的驾驶员资质管理,并且规定质量≤7 kg 的微型无人机,飞行范围在目视视距内半径 500 m、相对高度低于 120 m 范围内,无须证照管理,但应尽可能避免遥控飞机进入过高空域;质量等指标高于上述标准的无人机以及飞入复杂空域内的,驾驶员需纳入行业协会甚至民航局的监管。

2014 年 4 月 29 日,中国民用航空局发布《关于民用无人驾驶航空器系统驾驶员资质管理有关问题的通知》(民航发[2014]27 号)有效期至 2015 年 4 月 30 日。民航局规定,无人机驾驶员资质及训练质量管理由中国航空器拥有者及驾驶员协会(中国 AOPA)负责,这也是我国首次对无人机驾驶员的资质培训提出要求,这意味着我国迈出了无人机正规化管理第一步。

2012 年以来,工业和信息化部已经就无人机企业的准入问题,启动了《民用无人机研制单位基本条件及评价方法》的研究。此研究由中国航空综合技术研究所牵头,旨在通过对民用无人机研制单位基本条件进行评价,规范民机制造业市场竞争秩序,侧面引导行业基本资源与能力需求,引导资源配置、技术研究与管理水平的发展方向,促进国内民用无人机产业的健康快速发展。

2014年7月,《低空空域使用管理规定(试行)》(征求意见稿)主要针对民用无人机,包括无人机飞行计划如何申报、申报应具备哪些条件,以及在哪些空域里可以飞行。无人机的飞行不存在航线一说,只是划设一块区域,让无人机在区域内作业。这意味着民用无人机飞行合法化向前迈进一步,对打开无人机市场有重要意义。

2015年12月29日,中国民航局出台《轻小无人机运行规定(试行)》,这是继《轻小型民用无人机系统运行暂行规定》征求意见稿之后的正式规定,在此前的意见稿基础上稍作变动。该规定以大数据和"互联网+"为依托,对低、慢、小无人机运行实施放管结合的细化分类管理,以进一步维护轻小型无人机的飞行秩序,确保运行安全。

2017年4月14日至4月27日,在成都双流机场接连发生8起无人机扰航事件,中央领导高度重视。紧接着,在5月17日,民航局正式下发《民用无人驾驶航空器实名制登记管理规定》,要求自6月1日起,民用无人机的拥有者必须实名登记。

2016年9月,民航局发布《民用无人驾驶航空器系统空中交通管理办法》。

2017年5月,民航局发布《民用无人机驾驶航空器实名登记管理规定》。

2017年12月,工信部发布《关于促进和规范民用无人机制造业发展的指导意见》。

2018年5月,民航局发布《民用无人驾驶航空器经营性飞行活动管理办法(暂行)》。

2018年8月,民航局发布《民用无人机驾驶员管理规定》。

2018年10月,民航局发布《低空飞行服务保障体系建设总体方案》。

2019年1月,民航局发布《高风险货运固定翼无人机系统适航标准(试行)》。

2019年2月,民航局发布咨询通告《特定类无人机试运行管理规程(暂行)》。

2020年5月,民航局发布《民用无人驾驶航空试验基地(试验区)建设工作指引》。

2020年5月,民航局发布《民用无人机产品适航审定管理程序(试行)》和《民用无人机系统适航审定项目风险评估指南(试行)》。

2020年10月,工信部发布《民用无人机无线电管理暂行办法》。

2021年3月,民航局发布《民用无人驾驶航空试验基地(试验区)管理办法》。

2022年3月,民航局发布《城市场景物流电动多旋翼无人驾驶航空器(轻小型)系统技术要求》。

2022年8月,民航局发布《城市场景轻小型无人驾驶航空器物流航线划设规范》。

2022年8月,民航局发布《民用无人驾驶航空器系统分布式操作运行等级划分》。

2022年12月,民航局发布《民用无人驾驶航空器系统适航审定管理程序》(AP-21-71)。

2022年12月,民航局发布《民用无人驾驶航空器系统适航审定分级分类和系统安全性分析指南》(AP-21-40)。

2023年4月,国务院常务会议审议通过《无人驾驶航空器飞行管理暂行条例(草案)》。

2023年6月,国务院、中央军委正式发布《无人驾驶航空器飞行管理暂行条例》。

在我国,按照现行的相关法规,将一架遥控无人飞行器飞上天,涉及的手续是很多的。而随着无人机产业的迅速发展,我国的无人机相关法规也会越来越完善,越来越健全,图6-1所示为我国民用无人机驾驶员合格证。

图 6-1　民用无人机驾驶员合格证

6.2.2　我国无人机授权认证

CCC 认证也就是 3C 认证,就是中国强制性产品认证的简称。它是对产品实施的强制性产品认证的统一的规定。3C 认证涉及人类健康安全和动植物生命安全和健康,是环境保护和公共安全的产品实行统一的强制性产品认证制度。3C 认证是一个先进的标志,有着不可替代的重要性,是为保护广大消费者人身和动植物生命安全,保护环境,保护国家安全,依照法律实施的一种产品合格评定制度。

无人机生产也需要 3C 认证,其需要具备的要求有以下两点。

(1)《强制性产品认证管理规定》第十三条规定:《中华人民共和国实施强制性产品认证的产品目录》(以下简称"《目录》")中产品的生产者、销售者和进口商可以作为申请人,向指定认证机构提出《目录》中产品认证申请。

(2)申请人也可委托国家认证认可监督管理委员会注册的强制性产品认证代理申请机构代为申请。

无人机取得 3C 认证申请的流程如图 6-2 所示。

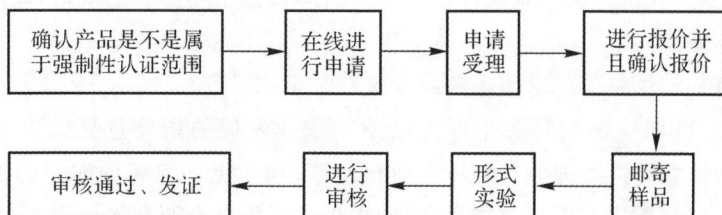

图 6-2　无人机 3C 认证申请流程图

若进行无人机 3C 认证,还需要一些技术文件,包括申请人的证明文件,申请者公司信息表,产品的电气原理图、线路图、关键元器件和主要原材料清单,其他申请人需要说明的文件。申请人为销售者、进口商时,应当向指定认证机构同时提交销售者和生产者或者进口商和生产者订立的相关合同副本。申请人委托他人申请《目录》中产品认证的,应当与受委托人订立认证、检测、检查和跟踪检查等事项的合同,受委托人应当同时向指定认证机构提交委托书、委托合同的副本和其他相关合同的副本。

6.2.3 我国无人机管理发展趋势

1. 拟制定无人机适航管理标准体系

针对快速发展的无人机市场,中国民用航空局(以下简称"中国民航局")计划制定基于运行风险的适航标准和适航管理体系,目前这项工作刚刚开始,处于调研阶段。

中国民航局适航司在"2018民用无人驾驶航空器发展国际论坛"上透露了上述消息。

据介绍,目前中国无人机生产企业达650家,无人机登记数量达18万台,无人机用户数量达17万。值得注意的是,中国无人机市场份额已占据全世界市场份额的70%。

自2014年以来,中国无人机产业市场快速发展,无论是无人机出货量还是产值均呈线性增长。从提供的图表数据可以看到,从2015—2017年,中国无人机市场规模从15.2亿元上升至35.4亿元,截至2017年,无人机出货量达52万台。

不过,目前中国无人机适航管理面临三大挑战:①管理规章欠缺,适航标准、专业技术标准空白;②机型多、技术更新快、运行环境复杂;③局方人力资源不足,业界人才储备不够,缺乏经验。

为应对上述挑战,中国民航局计划基于最大起飞质量、视距范围、运行环境、无人机型号和技术、运行区域等进行综合的风险评估,制定基于运行风险的适航标准和适航管理体系。该体系将包括风险评估、事中管理、诚信体系、罚则和事前批准五方面,局方参与程度逐个递增,对无人机的运行限制逐个递减,建立系统化、一体化、与运行风险相结合的管理。目前这项工作正在做调研,刚刚开始。

对于未来的无人机适航管理,中国民航局将利用物联网技术、大数据技术和区块链技术等,进行运行风险评估,面向"智慧化、数据化、生态化"方面发展,建立适航管理体系和标准体系,促进产业健康可持续发展。

智慧化,即随着信息技术的发展,在适航管理中借鉴其他智慧新技术;数据化,即充分利用大数据,开展基于大数据的运行风险评估;生态化,即根据市场需求定政策,政策为产业的生态化发展提供服务支持。

2. 支持利用无人机提供航空物流解决方案

2018年5月11日,《民航局关于促进航空物流业发展的指导意见》(以下简称"《指导意见》")正式出台,旨在促进我国航空物流专业化发展,构建更加完善的航空物流服务体系。对于近年来发展迅速的物流无人机,《指导意见》提出支持物流企业利用通用航空器、无人机等提供航空物流解决方案。

《指导意见》围绕深化对航空物流发展规律的研究把握、优化航空资源配置、提高航空物流信息化水平、提高地面服务质量和效率、完善货运安保链条管理、推进标准化建设和绿色发展、创新推进融合发展等方面,提出了九项主要任务。

就创新推进融合发展这一主要任务,《指导意见》明确指出:"支持物流企业利用通用航空器、无人机等提供航空物流解决方案,加快制定和完善有关运行规章制度和标准体系,规范市场秩序,制定货运无人机设计要求,创新开展无人机适航审定工作,推动新兴商业模式健康发展。"

民航业和物流业是支撑我国经济社会发展的战略产业,发展航空物流业,对深度参与国际分工与合作、服务国家重大战略实施、实现经济结构转型升级、加快推进民航强国建设和实现国家经济高质量发展具有重要意义。

加快完善统计评价管理体系。以推动高质量发展为导向,改革完善航空物流业统计制度,科学设定统计指标体系,加快建立运行监测和统计调查机制,及时准确反映行业发展规模和质量。建立航空物流服务质量评价指标体系,推动机场、航空公司等服务水平提升。研究发布航空物流年度发展报告,定期发布航空物流运价指数,积极探索利用大数据、第三方机构开展航空物流发展绩效和服务质量定期测评,将评估结果与资源配置和政策执行挂钩,建立并不断完善对行业企业效率提升的倒逼机制。

3.工业和信息化部推进无人机地理围栏标准化

日前,工业和信息化部发布公告,公开征集对《民用无人机地理围栏数据技术规范》等 2 项强制性国家标准计划项目的意见。消息一出,"无人机地理围栏"这个曾经火热传播过一段时间的名词再度引发了行业人士的强烈关注。

如今,随着相关核心技术的进步以及产业链的成熟,无人机已经实现了民用化转型,不仅在各行各业广泛应用,更是成为了不少个人消费者手中的"自拍神器"与飞行玩具。不过,无人机保有量的快速增长,也对公共安全和航空安全造成了巨大隐患。

2018 年 12 月,英国盖特威克机场受到无人机干扰,不得不临时关闭,致使数百架航班停飞,机场中断运营三天,上千人出行受阻;此外,美国纽瓦克自由机场、阿联酋迪拜机场和爱尔兰都柏林机场都发生过无人机导致的运营中断事件。

数据统计显示,近年来英国涉及无人机的安全事件持续攀升,到 2017 年,已经增加至约100 起。根据英国法律规定,机场上空及周边 1 km 范围内不允许无人机等低、慢、小航空器活动。不仅如此,英国法律还规定,无人机飞行高度不得超过 120 m,违反者可被判处 5 年监禁。

因而,为了应对无人机扰航这一难题,除了积极探索反无人机技术以外,不少无人机企业已经开始研发、部署地理围栏技术,试图从源头上限制无人机进入敏感、高危地区。借助地理围栏技术,可以在依靠系统预先划定多边形区域,通过蓝牙、Wi-Fi、GPS 等定位技术完成对定位源的跟踪和报警,由此对无人机飞行区域进行限定。

在无人机迅速占领天空的情况下,对于监管部门而言,地理围栏系统是存在很大吸引力的。因此,推进地理围栏技术与应用的规范化、标准化也理所当然。此番工业与信息化部公开征集对《民用无人机地理围栏数据技术规范》强制性国家标准计划项目,为我国无人机地理围栏技术走向规范化、可持续发展起到了重要作用。

据悉,本次《民用无人机地理围栏数据技术规范》强制性国家标准计划项目由装备工业司主管,中国航空综合技术研究所、深圳市大疆创新科技有限公司、中国民航科学技术研究院负责起草。实际上,大疆的参与实属意料之中。

作为全球知名民用无人机企业,大疆不仅在消费级无人机领域占据领军地位,在工业级无人机领域的发展也十分迅猛。早在 2016 年初,大疆就上线了 GEO(地理空间环境在线)系统。

　　根据大疆的介绍,新版地理围栏系统将在 32 个欧洲国家启用,其中包括 19 个以前还没有采用过地理围栏的国家。地理围栏会根据机场大小,使用三种不同大小的禁区。除了限制无人机在跑道周围椭圆形区域的飞行外,地理围栏还包括机场两端的高度区。

　　当前,虽然地理围栏系统已经实现广泛应用,但是由于成本等方面影响,还仅搭载于高端无人机上。但是,这些无人机的飞行员往往是专业人士,往往对空域限制更为清楚,在操控无人机的时候会更注意安全。而恰恰是中低端无人机的所有者更可能是无经验的新手,甚至是孩童。

　　因此,为了进一步保障无人机飞行安全,推动地理围栏技术持续覆盖更多机型,并确保地理围栏系统的性能、品质与成本控制,加快标准化进程有其必要性。相信随着地理围栏技术的规范化、标准化取得新进展,无人机黑飞、扰航等现象将能够得到有效的遏制。

本 章 习 题

1.简要叙述我国无人机授权认证体系。

2.目前,我国与无人机相关的规定有哪些?

3.举例介绍国外无人机管理体系。

第7章　无人机应用技术

内容提示

世界科技的发展与进步，使人们对未知世界探索的求知欲愈加强烈，人们开始研究越来越高端的技术，推动人类社会走向繁荣。相较于其他传统行业，无人机是全球新一轮科技革命和产业革命的热点，其应用技术的发展关乎国家利益、公民权益。由于其具有成本相对较低、无人员伤亡风险、生存能力强、机动性能好和使用方便等特征，所以无人机不但可以用于军事，还可广泛用于民用和科学研究。在民用领域，无人机已经和即将使用的领域多达 40 多个，例如农业植保、航拍、海上监视与救援、环境保护、电力巡线、渔业监管、消防、城市规划与管理、气象探测、交通监管、地图测绘和国土监察等。无人机代表着未来通用航空业的发展方向，将成为中国经济增长的新动力。本章主要介绍无人机植保技术、无人机航拍技术、无人机巡检技术和无人机测绘技术。

教学要求

（1）了解无人机植保技术的发展现状，熟悉存在的问题及发展趋势；
（2）了解无人机航拍技术的发展现状，熟悉存在的问题及发展趋势；
（3）了解无人机巡检技术的发展现状，熟悉存在的问题及发展趋势；
（4）了解无人机测绘技术的发展现状，熟悉存在的问题及发展趋势。

内容框架

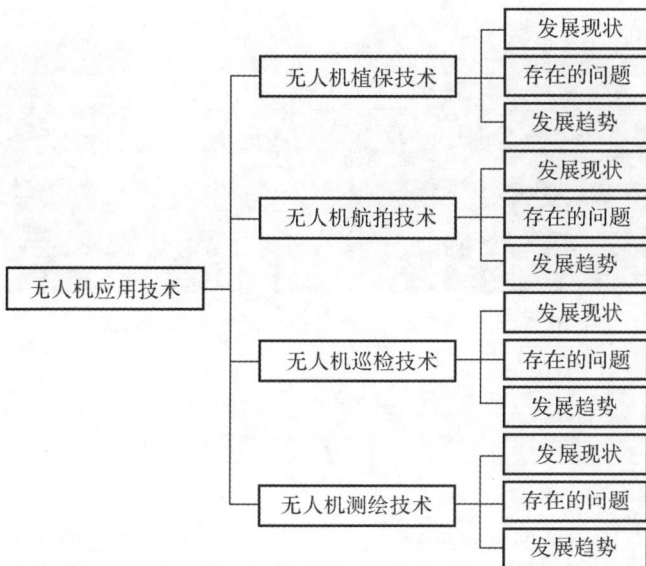

7.1 无人机植保技术

随着互联网信息技术的带动和市场需求的驱动,各种新技术逐渐出现在智慧农业的应用领域,其中无人机植保技术已成为了人们的关注焦点,是民用无人机在非消费市场的第一次成功商业化应用。植保无人机即用于农林植物保护作业的无人驾驶飞机,该型无人飞机由飞行平台(固定翼、单旋翼、多旋翼)、GPS 飞控系统和喷洒机构三部分组成,通过地面遥控或 GPS 飞控系统,来实现喷洒作业,可以喷洒药剂、种子和粉剂等。

相比于传统的农业机械和人力对农作物进行农药喷洒的作业形式,无人机植保作业具有更好的机动性和更高的作业效率,可有效解决山地丘陵地区和水田等机械难以作业的问题,减少对施药人员的农药危害,对于缓解农村劳动力短缺问题、提升施药装配市场竞争力、推进农业生产的可持续发展有着极其重要的意义。无人机植保技术正逐步成为我国农业的战略新兴产业。

因植保无人机作业时通常要求在距地面不超过 2 m 的超低空贴地飞行,这需要飞手不但具有较高的操作水平,同时也要具备较强的心理素质。如图 7-1 所示为植保无人机在丘陵地区施药作业的现场照片。到目前为止,国内无人机植保技术的应用领域已初具规模,不但可以提供各种规格和性能的植保无人机,还成立了很多植保服务型的公司、合作社和服务社等机构,吸引了大批从业人员。

图 7-1 植保无人机在丘陵地区施药作业示意图

7.1.1 发展现状

1. 国外植保无人机发展现状

日本是国外最早应用植保无人机的国家,因此当前日本关于植保无人机的技术也最为成熟。日本的特点是人多地少,因此主要使用小型机喷雾和直升飞机航空服务等方式进行农业植保,当前日本的植保无人机已经超过 3 000 架,操作人员已经超过 14 000 名,植保无人机的作业面积已经超过全部耕地面积的 50%。可以看出植保无人机在日本有着比较高的应用度,而这也是其植保无人机技术较为领先的保障之一。

美国也是应用植保无人机比较早的国家之一,早在 1949 年美国就已经开始针对农用飞机进行研究,而且美国的农业航空在农业中已经有超过 15% 的贡献率,其中水稻种植对农业航空应用达到 100%。美国曾经因为水稻种植成本较高而放弃了国内种植,直到开始应用农业航空以后从一个水稻进口国转变为了水稻出口国。

韩国耕地面积达到国土面积的 1/5,农业人口占全国总人口的 1/10,而且主要使用的是家庭农业模式,因此韩国虽然也应用了农用无人机,但实际数量较少。直到 2010 年才达到 130架,近几年韩国的无人机数量有所增长,目前已经超过 500 架。

2.国内植保无人机发展现状

我国在 20 世纪 50 年代才开始研究无人机,虽然相较于其他国家起步较晚,但我国对无人机投入了非常多的资源。就农用无人机而言,在土地制度改革的背景下,传统零散的种植方式转变为集约化的农业生产,这为无人机的快速发展与应用范围的拓展提供了充分保障,而且也出现了很多优秀的无人机机型,其中应用范围比较广泛的有大疆公司的 MG-1 农业植保无人机(见图 7-2)、零度公司的守护者 Z-10 农业植保无人机(见图 7-3)等。而且中国有的省份还在政府财政规划中为植保无人机提供了非常大的支持,中国的农业植保无人机因此得到了迅速发展。在 2014 年中国有 600 架左右的植保无人机,2017 年时已经超过 8 000 架,这一数量的变化显示植保无人机在中国有着非常好的发展前景,而且相关专家还表示 2020 年中国的植保无人机数量将超过 1 万架,而植保无人机在中国的良好发展必将令中国的农业生产进入一个新的发展时期。

图 7-2　大疆公司 MG-1 农业植保无人机

图 7-3　零度公司守护者 Z-10 农业植保无人机

7.1.2　存在的问题

1. 缺乏系统的标准与体系

当前,虽然我国已出台了《民用无人机空中交通管理办法》和《关于民用无人机的管理有关问题的暂行规定》,但这两大政策法规都只是对无人机的作用进行简单规范和管理的一些概括性的说明。对于如何运行无人机,通过何种途径申请空域及管理等的相关部门及办理飞行许可证的具体流程仍有待完善。而这直接导致了飞行等申请通过率低,各地区无人机"乱飞"和"黑飞"的情况常有发生。与此同时,缺乏系统的管理机制和标准也导致市面上无人机质量良莠不齐,无法较好地保障无人机的植保作用效果,不利于植保无人机的长远发展。

2. 价格昂贵,配套服务不足

当前,虽然更为方便、效率更高的植保无人机早已进入了市场,但其价格高昂,农业户购买率低。其中游动单旋翼植保无人机的价格一般都超过了 10 万元,而电动多旋翼植保无人机的价格则在 5～8 万元。在我国,拥有农机补贴的省份较少,这也是阻碍很多农业户使用无人机的重要原因。此外,在无人机的应用过程中还存在着"行业实力不足,配套服务缺乏"的问题。随着近几年植保无人机逐渐兴起并投入应用,全国各地都兴起了植保无人机制造生产。根据官方数据显示,近两年,注册无人机的企业高达 400 多家,而真正能够确保产品生产的企业则只有 100 余家,除了少部分企业具有较强的技术优势外,大部分企业都缺乏相应的技术支持。

3. 缺乏专业培训,作业人员农业知识素养不足

在植保无人机的应用过程中,无人机作业人员在实施作业的过程中占据着重要角色,植保无人机作业作为一个新兴工作领域,与其他行业有着很大的不同。在施药技术方面,作为作业人员需要根据植物或是农作物的不同选择不同的农药种类及喷洒浓度等。而这实际上也对作业人员提出了新的岗位知识要求。与此同时,植保无人机的智能化较高,在应用和维护保养等方面相对其他产品来说复杂很多,不仅需要有农业知识素养,还需要作业人员了解和掌握无人机的调试、操控和维护。但现阶段很多无人机作业人员缺乏专业培训,并不具备相关的农业知识素养,且只能进行简单的操控作业,并不完全具备无人机的应用调试和维护等素养,这不仅会降低农业户对植保无人机的使用满意度,也不利于农作物的生长和无人机的推广与发展。

7.1.3 发展趋势

在当前的实际情况之下,我国对于无人机研发的重视程度仍远远不够,专业的研发团队较少,因此,重视植保无人机在农业发展中的重要性,加大对低空领域的开发和扶持力度是非常必要的。具体来说,不断改善无人机的问题,推动其在植保方面的发展,可以通过以下几方面来进行。

1. 完善相关标准和政策法规

相关政府部门需不断加强农业航空的技术作业标准和规范制定,通过专家的分析与探讨明确植保无人机的安全技术标准、鉴定标准、施药检测及具体的作业操控规范。对于生产植保无人机的相关企业来说,也需要制定长远的产业发展规范,尽快出台相关的行业服务制度和市场准入制度,加强政府等相关部门对植保无人机产品质量和操作安全的监管力度及宣传推广力度。同时还需尽快将植保无人机纳入到农机补贴当中,促进农业户的消费,推动植保无人机产业的健康可持续发展。

2. 进行专业技术人员培训,提升综合素养

从现阶段农业产业的发展现状来看,对农用植保无人机的使用需求是非常大的,农用植保无人机具有较大的市场发展潜力,所需的专业作业人员也较多。但是当前专业的植保无人机岗前培训的机构比较少,需要建立更多的专业培训与学习的机构及企业,储备高素质的植保无人机专业技术人员。此外,农业管理部门及相关的生产型企业需要充分利用所具有的培训资源,对作业人员进行集中培训,培养全面的植保无人机专业人才,从根本上完善植保无人机的相关配套服务,提高无人机的使用效率。

3. 加快研发,提高无人机的性能

现阶段,国内不同区域内的地形有所差别,应根据不同地区的地貌特征,研制和创新无人机的其他性能,促使其能够适应不同区域不同地方的特点,提升无人机的操作便捷性和使用效率,提高其安全系数,还可延长其使用寿命。此外,作为推动无人机不断研发的相关主体——科研院所、农药生产企业及无人机生产企业三者需建立良好的合作机制,不断研发创新,如加快研发飞防专用的超低容量喷雾实制剂,更易于润湿、铺展与吸收的飞防制剂等,从多方面确保无人机的作业成效。可以明确的是,未来农业植保无人机的研究发展趋势主要集中在创建成熟稳定安全的移动端操控平台,促使植保无人机自主飞行控制系统更加便捷、稳定和可靠;运用静喷雾技术,提升药液的附着率,减少浪费与飘移,有效地提升药物的使用效率;提升无人机的高载质量、高效率和长航时,解决现阶段无人机存在的问题,推动其未来发展的重要趋势。

总的来说,植保无人机行业尽管暴露出了一些问题,但整体发展势头良好,自2018年进入规模化应用阶段以来,产品保有量、作业量和驾驶员培训人次都快速提升,行业管理和标准制定也步入正轨,产品智能化水平和作业质量明显提高,飞防药剂研发也逐渐加快。但对于将要从事植保行业的新人而言,无人机植保行业不但需要一定的技术水平,还要具备吃苦耐劳的个人品质,如果操作技术不成熟,又难以忍受这样的工作强度,那很难在无人机植保领域尝到甜头。

7.2 无人机航拍技术

时至今日,航拍已经历了170多年的历史,从早期的热气球、飞艇,到后来的滑翔伞、直升机,再到今天各式各样的无人机,尽管搭载平台发生了变化,但它们都有共同之处,都是通过某种方式将相机带入高空,由摄影师在高空或地面遥控来操纵相机,获得航空视角下的影像资料。从某种意义上讲,航拍已经改变了人们的观影方式与视角。航拍是民用无人机最早的应用市场,也是现阶段最成熟、最核心的应该领域,国内主流的无人机厂商中,其中有42.8%是从事专业航拍的无人机厂商。在"互联网+"的热潮中,通过搭载高清摄像头,小型无人机可以在高空拍摄、录制影视素材,包括极限运动航拍作品、风景航拍作品及商业宣传片等,无人机航拍在社区视频平台中愈加受欢迎。

7.2.1 发展现状

随着中国改革开放进程不断加快,科学技术发生了巨大的变化。深圳大疆创新科技有限公司于2013年推出了首款"精灵"系列的个人航拍无人机,凭借平民的售价、简化的操作方式、优良的自稳控制能力以及专业的数字镜头,吸引了众多摄影爱好者。此后,"精灵"系列航拍无人机不断推陈出新,并于2015年成功激活了中国的民用无人机航拍市场,越来越多的人开始接触无人机,由此揭开了我国民用无人机航拍市场的序幕。如今,大疆已占据了全球大半的市场份额,成为了与华为并肩的世界一流民族企业。图7-4所示为大疆公司Phantom 3 Professional精灵3专业版航拍无人机。客观地讲,国内外无人机航拍技术的发展在某种程度上得益于大疆公司的不懈努力。据统计,近年来我国航拍无人机市场以80%以上的高复合增长率快速扩张,到2017年,航拍无人机市场规模突破40亿元。专家预计,2025年我国航拍无人机市场规模有望达到300亿元。

图7-4 大疆公司 Phantom 3 Professional 精灵3专业版航拍无人机

7.2.2　存在的问题

1. 社会"黑飞"行为扰乱无人机航拍秩序

无人机"黑飞"行为,是指没有取得私人飞行驾照或者飞行器本身未取得合法身份的飞行,即未经登记的飞行行为。无人机的操控涉及法律、电磁和气象等多方面的知识,仅掌握简单的开关机和飞行位移是远不能保证飞行安全与规范的。实际上,出于培训机构缺乏、培训费用昂贵和培训周期漫长等多种原因,大多数飞手并没有按照规定要求学习培训,只是在商家的简单操作指导下便进行飞行实践,规范飞行意识差,飞行技巧掌握不到位。这些无人机飞手一旦违反无人机飞行管理的相关法规"黑飞",就会对国家和人民群众的生命财产安全带来严重的威胁。以 2017 年为例,国内多家机场发生了"恶性"无人机黑飞事件,多架无人机入侵机场净空保护区,妨碍航班运行安全的事件,其中数成都双流机场受"黑飞"影响最为严重,仅 5 月份就发生了多起无人机干扰民机起降事件。

以市面常见的四旋翼航拍无人机为例,其翼片厚度一般不超过 3 mm,工作状态下的马达转速可达 7 000 r/min,飞行速度可达 16.3 m/s(58.7 km/h)。如果飞手在新闻现场操作不当或者失误,带给现场人员人身安全的威胁不可想象。

2. 相关管理制度存在"一刀切"

以电视为例,作为社会公众服务事业,电视与一般的个人航拍飞行活动和商业航拍飞行活动不同,电视新闻具有基础的社会服务性质,行业具有成熟的新闻制作、人才管理和职业伦理规范,运用无人机航拍的专业性和规范性有一定约束和保障。这一点和自发性、追逐利益的、个人或商业的航拍飞行行为有明显区别。

为适应无人机行业发展的现状,规范其发展方向,近年来,中国民用航空局有针对性地出台了《民用无人驾驶航空器从事经营性飞行活动管理办法(暂行)》《轻小无人机运行规定》等一系列规范无人机行业发展的规章和制度,对无人机管理和约束越来越紧,笼统界定经营性飞行活动,没有将新闻行业的特殊性考虑在内,制度存在明显的"一刀切"。

3. 无人机航拍在新闻报道中扮演的角色并非完美

随着实践的深入,无人机航拍技术在新闻实践中的缺点愈发明显,越来越多的业界人士逐渐形成共识,无人机航拍在电视新闻报道中扮演的角色并非完美。

(1)采访形式单一。目前,航拍无人机还没有解决同期声收录的问题,新闻实践中,无人机往往被用于录制没有声音的"静片""默片"画面,形式较为单一。为增强视听感受,后期制作中添加音效的现象较为常见,平衡画面的真实性与声音的真实性成为新的挑战。

(2)任务完成存在不可预知性。除了军事管理区、政府机关和机场等无人机法规规定的禁飞区域不能飞行拍摄外,无人机在强磁场、强电场和没有 GPS 信号区域,极寒、极热和雷电雨雪大风天气,飞行状态均会受到严重影响,能否使用无人机采访取决于新闻发生地的物理环境和天气状况,采访任务能否顺利进行的不可预知性加大。

(3)连续性不能保障。无人机的续航能力是饱受诟病的缺陷之一。截至目前,没有哪款民用航拍无人机单次能在空中持续作业 30 min 以上,对于持续时间较长的新闻活动,很难保持其连续性,大型直播报道中更是不能满足拍摄需求。

4. 无人机飞手水平参差不齐,影响了行业形象

无人机航拍新兴时间较短,业内并未形成专业、统一的培训体系,各单位对无人机飞手的培训投入不尽相同,飞手水平参差不齐。甚至有的单位无人机飞手"自学成才",专业技术水平不过关,时常出现"黑飞"现象。此外,无人机以其空间位置自由的绝对优势,在某些违法犯罪领域受到犯罪分子的"青睐",以无人机侵害隐私的情况而言,部分违法人员利用无人机高空偷拍他人生活照片,在网上进行贩卖,部分犯罪分子利用无人机进行走私。

7.2.3　发展趋势

针对目前无人机航拍市场存在的问题,今后无人机航拍技术可向以下几方面发展改进。

1. 统一国内无人机行业生产标准

无人机在执行航拍、植保、巡检和测绘等作业任务时,首要考虑的问题应是安全,如在执行任务时失控,轻则出现财产损失,重则导致地面伤亡。作为无人机生产厂家,其产品的质量水平将直接影响无人机的飞行性能。由于目前暂无统一的生产技术标准,所以导致不同品牌的无人机飞行和操控水准存在差异,无人机巨大的利润市场也会诱使无良厂家以次充好、以假乱真。如果在我国行业内制定无人机厂家生产标准,统一规定无人机出厂前的最低技术和参数要求,可从整体上提高无人机产品质量,也就能从源头上减少无人机在飞行中的操控失误概率,继而降低其飞行的致损风险。2020 年 3 月 20 日,工业和信息化部组织起草了《民用无人机生产制造管理办法(征求意见稿)》,并向社会公开征求意见,统一国内无人机行业生产标准指日可待。

2. 实施人机双身份登记系统

对于当前存在的大量无人机"黑飞"问题,其原因在于政府管理部门对无人机新兴产业反应较慢,并未认识到无人机飞行的空间领域在今后将和地面交通系统具有同样的重要性。想要将低空领域管理规范有序,就要对无人机和驾驶人员实施身份认证,无人机生产必须有架次号,做到机器和号码——对应,而对于购买无人机的个体,要做好与之相应的身份登记,并且要求无人机拥有者定期进行无人机驾驶人员考核,做到人与机器关联的双身份登记。此外,随着无人机技术的成熟,目前对无人机起飞前的申请管理反应不够及时,真正做到起飞前申请难以实现,以至于"黑飞"现象大量存在,因此政府管理部门要根据现实情况对当前起飞申请制度进行调整,提高效率。身份双登记和定期飞行考核,将机器和人绑定在一起,加强无人机所有者的责任意识,降低其飞行致损风险。

3. 立法细化无人机飞行管理规定

当前对无人机的管理法律体系并不完善,尽管多地政府出台地方规章对无人机进行规制,但在全国范围内并无统一的对无人机进行管理的法律文件,即各地管理标准不一。对于新兴技术和产业融入民众生活,并且已经与现有的社会规范发生冲突而无法妥善解决的情况下,应当及时对无人机的生产、运行进行立法,并细化管理。在此基础上,各地区再根据上位法按照本区的地理和人文特点细化无人机管理规章制度,比如对无人机驾照的申领、考核办法,无人机飞行区域及限制,对特殊领空的保护规定,以及违法规定的处罚,等等。

4. 严惩利用无人机实施的违法犯罪行为

无人机作为新兴技术,在方便人们生活和工作的同时,也被不法分子利用,成为违法犯罪

的工具。技术发展便利生活的同时,也不断被犯罪分子利用,对于利用新技术实施的违法犯罪行为,应依据现有法律建立有效的追责机制,并对相关法律进行更新修改,结合犯罪情况出台相应的司法解释,严厉打击违法犯罪行为。

7.3　无人机巡检技术

群雄逐鹿是当下时代的特质,各领域创业者都会有很多竞争者,智能手机是这样,巡检无人机也是这样。在国内,大疆、华讯方舟、易瓦特、中航智乃至安防行业巨头海康威视、大华股份和苏州科达等都在巡检无人机领域有所布局,并在城市安全方面有所应用,其不俗表现受到市场各方关注。涉及无人机巡检的项目计划正在制定中,巡检无人机将成为一片蓝海,产品、软件设计和售后服务等也将成为行业竞争的焦点。

7.3.1　发展现状

巡检无人机主要用于电力巡检、高速公路巡检以及城市巡检。

1. 电力巡检

在我国,国家电网公司和南方电网公司承担着全国的电网运营。其中国家电网公司负责26 个省市,南方电网公司负责广东、广西、云南、贵州和海南南方五省,我国的电力巡检工作主要由国家电网公司和南方电网公司负责统筹。图 7-5 所示为无人机电力巡检作业。

图 7-5　无人机电力巡检作业

早期,我国电力巡检"孤军作战",以人力巡检方式为主。经过设备、技术的发展,出现了载人直升机电力巡检的方式,2004 年,南方电网公司首次启用直升机巡线,开创了南方电网公司直升机电力作业的新局面。此后,得益于无人机技术的进步和应用的拓展,为了弥补人力巡检、载人直升机巡检的局限性,无人机电力巡检应运而生。经过多年发展,电力巡检方式从人力巡检"孤军作战"转变为人力巡检、载人直升机巡检和无人机巡检"协同发展"的新局面,如图7-6 所示。

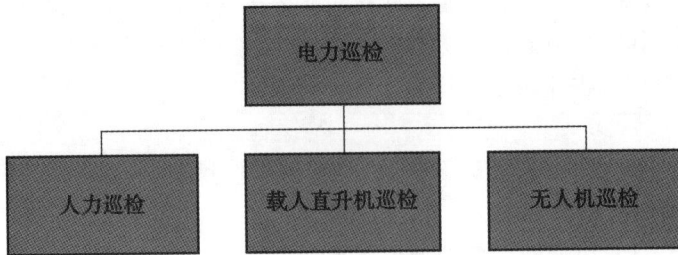

图 7-6 电力巡检方式

目前国家电网公司和南方电网公司相关部门正在着力推进无人机班组建设,完善各类保障支撑体系。2015 年,国家电网公司系统全面推广直升机、无人机和人工巡检相互协同的输电线路新型巡检模式;南方电网公司计划于 2020 年基本实现"机巡为主+人巡为辅"的协同巡检目标。

电力巡检领域是无人机市场的重头戏。随着技术成熟,无人机合理配置资源、提高电力巡检总效率的优势将凸显,人力和载人直升机对其替代作用将逐渐缩小。

若仅考虑无人机整机,预计 2020 年电力巡检无人机市场规模在不放量与 1.5 倍放量的情况下分别约为 19.48 亿元和 29.23 亿元;若同时考虑整机与服务,预计 2020 年在不放量与 1.5 倍放量的情况下约为 58.45 亿元和 87.68 亿元。

2. 高速公路巡检

高速公路里程长、路桥多,管理部门难以及时应对,这为无人机巡检提供了巨大的发挥空间。不过,无人机存在时效性差、操作复杂和人工成本高等短板,这限制了其在高速公路巡检领域的大规模应用。图 7-7 所示为无人机高速公路巡检作业。

图 7-7 无人机高速公路巡检作业

3. 城市巡检

城市巡检整体市场规模庞大,杭州、济南、南京、长春、石家庄和咸阳等城市均启用无人机进行巡检巡逻,不仅节省人力资源与成本,更能保障执法的准确性与及时性,有效提升城市管理与公共安全水平。需要指出的是,考虑到无人机的飞行安全问题,在人口密集城市空域推广时需谨慎,目前还仅处于试点阶段,且以三四线城市为主。

行业应用决定着无人机技术发展的方向。例如在警用领域,需要全天候、全地域巡逻执勤,因此有了防风防雨的机身;电力巡检行业要求无人机能够在复杂的超低空环境与近距离安全稳定飞行,因此发展出抗强电磁干扰技术。

7.3.2　存在的问题

目前无人机巡检技术普遍存在的问题有以下几项:
(1) 无人机电池的续航能力问题;
(2)无人机飞控距离有限问题;
(3)无人机与巡检线路的距离控制问题;
(4)输电线路复杂的地理环境(如山谷横风等)增加了操作的难度问题;
(5)无人机巡检作业所收集资料的整理、缺陷的研判,缺乏高效的平台辅助判断的问题。

7.3.3　发展趋势

越来越多的事例证明,无人机已经逐渐开始在电力、公路以及城市安全等保障民众人身安全的领域中崭露头角。随着市场潜力进一步释放,巡检无人机行业也将迎来发展的黄金时期,有望成为继航拍之后又一个热门领域,在变革巡检行业的同时,也将进一步完善无人机产业生态链。

7.4　无人机测绘技术

近年来,随着地理信息产业的发展和应用的普及,遥感作为地理信息产业的前端,也受到了非常多的关注。传统地理空间数据的获取方式正在面临着现代科技设备的挑战,而遥感技术的进步,尤其是高分辨率卫星影像的大量应用和航空遥感的发展,都为数据获取方式注入了新鲜血液。

卫星遥感影像的优点毋庸赘述,其作为矢量地图的补充已经获得了大众用户的欢迎。但是作为专业地理信息应用来说,数据获取能力不足、现视性差和回访慢等特点则是其硬伤。传统大飞机航摄相比卫星遥感更加灵活,影像质量也更高,但是飞机租赁、机场管理和空域申请流程过于复杂,对云层的要求也相对较高。与此同时,随着通信、传感器等技术的发展,测绘无人机作为一种低成本、高精度、操作简便的遥感影像获取设备应运而生,并在传统测绘、数字城市建设、地理国情监测和灾害应急处理等方面取得了良好的效果。

7.4.1　发展现状

在传统的国土测绘应用中,相较于卫星影像,无人机获取的影像除了分辨率更高,似乎没有更多的优势。但在更多的应用中,无人机所能做的,远远超出人们的想象。

1. 国土测绘

相较于传统的测绘手段,无人机测绘能够凭借其机动灵活等特点,在国土测绘领域发挥重要作用。通过分析计算测绘无人机的航摄数据,能够快速掌握测区的详细情况,应用于国土资源动态监测与调查、土地利用和覆盖图更新、土地利用动态变化监测、特征信息分析等,高分辨率的航空影像还可应用于区域规划等。图7-8所示为无人机国土测绘示意图。

图7-8　无人机国土测绘示意图

2.选线设计

遥感无人机可应用于电力选线、公路选线和铁路选线,能够根据项目需求,快速获取线状无人机航空影像,为选线快速提供设计数据。此外,遥感无人机还可以针对石油、天然气管道进行选线设计和全方位的监测,厘米级别的航空影像和高清视频能够协助进行安全监测与管理,同时利用管道压力数据结合影像发现管道渗漏、偷盗等现象。

3.环境监测

高效快速获取高分辨率航空影像能够及时地对环境污染进行监测,尤其是排污污染方面。此外,海洋监测、溢油监测、水质监测、湿地监测、固体污染物监测、海岸带监测和植被生态等方面都可以借助遥感无人机拍摄的航空影像或视频数据进行实施。其中,水质调查监测(见图7-9)、污染物监测、大气环境监测、固态废物检测和秸秆禁烧监测是主要的应用方向。

图7-9　水质调查监测无人机作业

4. 水利监测

在陆地上,遥感无人机可应用于洪涝监测(见图 7-10)、河道管理和河道污染检测等。无人机可根据地形和河流情况,确定航线,并进行凌情应急监测、滩区洪水灾害监测和水污染等突发事件监测。此外,遥感无人机还可应用于海岸带调查,如填海造地、水产养殖和海岸带变迁等情况,近海岛礁监测、船只、藻类、浮标等目标识别,以及海洋环境监测等。

图 7-10　无人机洪涝监测作业

5. 农林

高分辨率航空影像能够提供准确的土地纹理和作物分类信息,可应用于农业用地分析、作物类型识别、作物长势分析、土壤湿度测定、农业环境调查、水产养殖区监测、森林火灾监测、森林覆盖率分析、森林植被健康监测和森林储积量评估等。图 7-11 所示为森林火灾监测无人机。能够针对特定农业作物,确定种植面积、生长状况、生长阶段和产值预估,比如在烟草、农业物联网等行业有重要应用。

图 7-11　森林火灾监测无人机

6. 土地变化分析

通过自定义重访周期,遥感无人机能够有效地对局部地区的动态变化进行监测。例如在水淹分析、拆迁赔偿等应用中,往往会因为双方各执一词而引发很多矛盾。利用遥感无人机进行航拍后,相关变化区域可以在最终的影像上非常清楚。在城市建设与规划、海岸水淹分析等领域中,遥感无人机都可以发挥重要作用。

7. 应急救灾

无人机在测绘领域受到重视,是从应急救灾中开始的。无论是汶川地震、玉树地震,还是舟曲泥石流、安康水灾,测绘无人机都在第一时间到达了现场,并充分发挥机动灵活的特点,获取灾区的影像数据,为救灾部署和灾后重建工作的开展,起到了重要作用。图 7-12 所示为九寨沟震中救援无人机。

图 7-12　九寨沟震中救援无人机

7.4.2　存在的问题

与传统的测绘方式相比,尽管无人机测绘技术具有性价比高、方便携带运输、无场地要求和机动灵活等优点,但在实际测绘作业过程中也暴露出了一些问题。

1. 受天气影响明显

无人机不适宜在雨雪冰雹天气飞行,这是显而易见的。因此在准备起飞时,即使只有零星的小雨点,也不能冒险起飞。如在飞行过程中遇到雨云天气,也要注意返航保护无人机,等天气转晴再起飞。

高温或低温天气都会影响无人机的一些功能组件,导致降低飞行效率,影响飞行稳定。在炎热的天气,切忌飞行太久,且应在两次飞行间,让无人机进行充分的休息和冷却。因为无人机的电机在运转产生升力的时候,也会产生大量的热量,电机非常容易过热,在一些极端情况下甚至可能会融化一些零部件和线缆。在严寒的天气,要避免飞行时间过长,在飞行中要密切关注电池情况。因为低温会降低电池的效率,续航时间会有所下降。

穿云航拍摄取的图像朦胧飘逸、令人惊艳。但是云层过厚,就不能实时监测到无人机的动向,具有一定的危险性。因此要注意时刻观察无人机,当发现踪影比较模糊时,就要注意返航确保飞行安全。

实际上大雾天气不仅影响能见度,也影响空气湿度。在大雾中飞行,无人机也会变得潮湿,有可能影响到内部高精密部件的运作,而且镜头上形成的水汽也会影响航拍效果。

除去大雾,空气湿度也是一项可能影响无人机正常工作的天气情况。对于无人机这类精密的电子产品,水汽一旦渗入机体,非常可能腐蚀其内部电子元器件。因此使用后,除了简单的拭擦外,还要做好干燥除湿的保养。

此外,无人机对风和气流的要求也较为苛刻。在大风的情况下,无人机为了保持姿态和飞行,会耗费更多的电量,续航时间会缩短,同时飞行稳定性也会大幅度下降。因此在操控无人机时要注意最大风速不要超过无人机的最大飞行速度。

2.测绘专业性较强,人才紧缺

以实际测绘情况看,因为无人机测绘作业中测绘图像处理环节专业性较强,需要接受正规的测绘专业科班教育以及多年的航测工程应用训练,所以无人机航测后处理工作表现的分工现象比较明显,能够将后处理各个流程全部掌握的人比较少。

除此之外,在对森林等植被覆盖度较高区域进行测绘时,无人机测绘的精度可能会受影响,致使其精度下降。

7.4.3　发展趋势

总体而言,目前我国无人机测绘市场需求还是比较旺盛的,主要服务于地方政府城市发展规划、国有土地测量、基础设施建设和农村土地确权测量等,费用核算主要采用项目制,以单个项目单个竞标方式为主,如果以测绘面积来核算价格区间,则多在 12 000～20 000 元/km²,不同项目会有浮动,整体的利润空间要比植保、普通航拍高一些。

本 章 习 题

1.无人机植保技术存在的问题有哪些?发展建议是什么?

2.无人机航拍技术面临的问题有哪些?发展建议是什么?

3.无人机巡检技术的应用领域有哪些?主要存在哪些问题?

4.除本章介绍的无人机应用技术外,无人机还可应用于哪些方面?

参 考 文 献

[1] 周淑贞.气象学与气候学[M].北京:高等教育出版社,1997.

[2] 于坤林,陈文贵.无人机结构与系统[M].西安:西北工业大学出版社,2016.

[3] 符长青.无人机空气动力学与飞行原理[M].西安:西北工业大学出版社,2018.

[4] 马文来,术守喜.航空概论[M].北京:中国民航出版社,2018.

[5] 符长青,曹兵.多旋翼无人机技术基础[M].北京:清华大学出版社,2016.

[6] 王细洋.航空概论[M].北京:航空工业出版社,2006.

[7] 江善元,王云.航空航天概论[M].北京:高等教育出版社,2012.

[8] 彭延辉,徐国华.无人驾驶直升机的技术发展及其关键技术[J].飞行力学,2004
    (1):1-5,17.

[9] 兰玉彬,陈盛德,邓继忠,等.中国植保无人机发展形势及问题分析[J].华南农业大学学
    报,2019(5):217-225.

[10] 周志艳,袁旺,陈盛德.中国水稻植保机械现状与发展趋势[J].广东农业科学,2014,41
    (15):178-183.

[11] 王健生,陈卫宇,李明苗,等.南京市植保无人机应用现状与思考[J].农业开发与装备,
    2020(3):35,45.

[12] 陈仕洲.解析植保无人机发展现状及未来展望[J].农业开发与装备,2019(10):
    36-37.

[13] 李楠,于艳青,于深州,等.浅谈农用植保无人机的发展现状及应用推广[J].北方水稻,
    2020,50(1):63-64.

[14] 刘伏秋,刘建英,黎良平.我国植保无人机应用现状及发展趋势分析[J].湖北农机化,
    2019(15):10-11.

[15] 顾伟,薛新宇,杨林.植保无人机行业现状和发展建议[J].农业工程,2019,9(10):
    18-23.

[16] 王雪.民用无人机法律风险分析与防控[J].法制与社会,2020(8):57-59.

[17] 申增辉.无人机航拍技术现状及发展趋势研究[J].中外企业家,2017(19):188.

[18] 张程皓.小型多旋翼无人机航拍的新探索[D].昆明:云南艺术学院,2019.

[19] 张继伟,文立菊.浅析无人机遥感技术在测绘工程中的应用[J].信息记录材料,2020,21
    (1):119-120.

[20] 陶杨.浅谈无人机遥感测绘技术的应用[J].科学技术创新,2020(7):183-184.

[21] 于庆启.测绘工程中无人机技术的应用研究[J].建材与装饰,2020(7):252-253.